INHALT

Meer –
ein ausuferndes
Thema 6

Der Blaue Planet 8

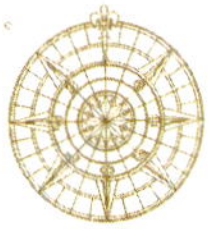

**Die Dreifaltigkeit der
Ozeane**
(CPL) 10

Das Segel
Ein Zaubertuch enthüllt den
Globus (CPL) 14

Riff
Scheitern und
Schichten (CPL) 19

Wellen
Lieblich, lustig,
lyrisch oder lebens-
gefährlich? (CPL) 23

**Küste, Watt und
Katastrophen**
(CPL) 29

Schwimmen
Von Flossen, Fluken,
Flippern und Flügeln
(CPL, MR) 38

Tauchen
Der Traum vom Unter-
wasser-Sein (CPL) 45

Eismeer
Leben gegen alle Wahr-
scheinlichkeit (CPL) ... 50

Die Kreaturen 55

Haie
Das Grauen aus der
Tiefe? (MR) 56

Aal
Der Mythos vom
sterbensmatten Weit-
wanderer (CPL) 66

Quastenflosser
Das lebende Ur-
viech (CPL) 68

Fliegende Fische
Die göttlichen
Wundertiere (CPL, MR) . 70

Seepferdchen
Die geborenen
Fabelwesen (MR) 73

Seeschlangen
Mythos und
Wirklichkeit (MR) 81

Delfine
Die guten Geister des Mittelmeers (MR) 85

Giganten der Weltmeere
Gefürchtet und
verfolgt (MR) 94

Robben
Seehund, Seelöwe,
Walross & Co (MR) 106

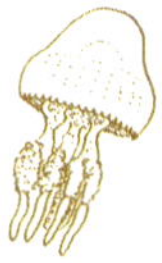

Medusen
Gefährliche Grazien
(MR) 116

Muscheln
Gefäße für Gesundheit,
Sex und Tod (CPL) 120

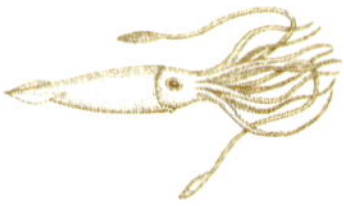

Riesentintenfische
Die größten
Heimlichtuer (MR) 124

Tiefseebewohner
Die Unwahrschein-
lichen (CPL) 129

INHALT

Der Meer-Bär
Ursus maritimus (MR) . . 133

Pinguine
Manche mögens
kalt (CPL) 136

Wanderalbatros
Mythenvogel der
Südmeere (CPL) 139

Vogelzug
Ostsee – das Meer
der Vögel (CPL) 142

Die Schätze   147

Gold
Es liegt auf der (Meeres)-
Straße (CPL) 148

Bernstein
Göttertränen aus
dem Meer (CPL) 151

Fischfang
Unermesslicher Reichtum
(MR) 155

Kaviar und Hummer
Der Inbegriff von
Luxus (CPL, MR) 162

Korallen
Die Blumenkinder des
Meeres (MR) 167

Galapagos
Das Versuchlabor
im Ozean (MR) 172

Mythen, Märchen und Legenden   177

**Klabauter und
Meerjungfrau**
(CPL) 178

Kap Horn
Wo der Teufel mit
den Ketten rasselt
(CPL) 183

Bermudadreieck
Endet ein Mythos
in Gestank?
(CPL) 192

Terra
Meer- oder
landgeboren? (CPL) 196

Sündflut
Atlantis und andere
Untergänge (CPL) 202

Wikinger
Der Kompass vor
dem Kompass (CPL) . . . 207

Inseln
Zwischen Paradies und
Verdammung (MR) 211

Anhang   215

Weiterführende und ver-
  wendete Literatur 215
Stichwortverzeichnis 216
Quellenverzeichnis/
  Autorenporträt 222
Bildnachweis 222
Impressum 223

Autoren der Kapitel:
MR = Monika Rößiger
CPL = Claus-Peter Lieckfeld

Meer –
ein auferndes Thema

Meer ist für den Menschen seit jeher ambivalent – gut wie böse. Es ernährt, verbindet, machte seefahrende Nationen reich und mächtig; es zerstört, ertränkt, ist Kriegsschauplatz. Es gebiert Märchen und Monster, ist fruchtbar und furchtbar. Seine Mythen sind schaurig, schön und beides. Und häufig ist eine Ahnung von Unendlichkeit spürbar.

Das Thema in ein Buch und mit einem Buch »packen« zu wollen, wäre ein maßloses, ein lächerliches Unterfangen. Was wir* uns indes zutrauen, ist einen Blick aufs Meer zu werfen und auf die wunderbaren Geschichten, die von ihm bewegt werden.

Damit das Thema nicht alle redaktionellen Ufer überflutet, haben wir vier große Gliederungskategorien gewählt: Der Blaue Planet; Kreaturen des Meeres; Schätze; und nicht zuletzt Mythen, Märchen und Legenden. Uns ist dabei bewusst, dass die wenigsten der Themen klar einer Kategorie zugeordnet werden können; in den »Geschichten« werden stets sehr unterschiedliche Aspekte beleuchtet.

Als wir dieses Buch planten und begannen, stand ein scheinbares Problem im Raum: Woher bekommen wir gute, verlässliche Informationen? Schon bald erhob sich eine andere Frage: Was müssen, was können, was dürfen wir alles weglassen?

Wer also meint, sein/ihr spezieller Meeres-Mythos-Aspekt fehle, fühle sich bitte durch unsere Auswahl angeregt, ihm auf eigene Faust suchend zu begegnen.

Monika Rößiger,
Claus-Peter Lieckfeld,
Hamburg und Windach,
im Januar 2004

---

* Wer mag, findet die Differenzierung in zwei Ichs in der Inhaltsangabe: MR = Monika Rößiger; cpl = Claus-Peter Lieckfeld

Der Blaue Planet

Nicht »terra« sollte unser Planet heißen sondern »aqua«; denn er ist eher wasserblauer Sonnentrabant als blattgrün oder erdbraun. Doch auch da, wo die Erdkruste begehbar ist, ist sie vom Meer abhängig; Wind, Wetter, Klima und besonders die lebenswichtigen Niederschläge werden überm Meer angerichtet.

Menschen hatten mit den Ozeanen immer so ihre Abgrenzungsschwierigkeiten: Wo sich das Meer auf Landgang begab und Deiche überrannte, wurde es zur Furie, wo seine Wellen zu Monsterseen aufliefen, geriet das Meer zum Unterwasserfriedhof der Seefahrt.

All das konnte die Menschheit nicht davon abhalten, sich diesen Teil der Erde zu erobern: schwimmend, tauchend oder fahrend, mit Ruder, Wind, Dampf, Diesel. Und neuerdings stehen Computer bereit, um noch den letzten feuchten Winkel zugänglich zu machen.

Der Blaue Planet

Die Dreifaltigkeit der Ozeane

Entstehung des Urozeans

Unendlicher Regen aus der frisch geschaffenen Atmosphäre stand am Beginn der Entwicklung unseres Planeten, den erst Wasser zu einer lebensfreundlichen Oase im Weltraum machte.

*Wenn ihr das Alter der Erde sehen wollt,
dann blickt hinaus aufs Meer
bei Sturm.*

Joseph Conrad, der Dichter der Meere

Die Erde ist eine Feuergeburt. Vor 5–6 Milliarden Jahren – die Schätzzahlen sind ein wenig unpräzise – sollen sich kosmische Gase und Stäube in dem damals noch jungen Sonnensystem allmählich abgekühlt haben. Wasser gab es in dem, was einmal die Erde werden sollte, auch damals schon, allerdings chemisch gebunden, nicht in der uns vertrauten Form.

Wasser im landläufigen Sinne entstand über einen Zeitraum von rund 1 Milliarde Jahren: Dämpfe mit hohem Wasserstoffanteil bildeten allmählich die Erdatmosphäre, die dann Wolken »tragen« konnte, aus denen es unvorstellbar lange, unvorstellbar heftig, unvorstellbar ergiebig regnete.

Ozeane sind gigantische Regenpfützen aus den Kindertagen der Erde. Das älteste durch Wasser geformte Sedimentgestein lässt vermuten, dass die ersten Meere vor 3,8 Milliarden Jahren entstanden.

Gegenwärtig sind von den 510 Millionen Quadratkilometern Erdoberfläche 361 von Meeren überspült (71%). Und 97% des auf der Erde befindlichen Wassers sind Meerwasser. Aber Salzwasser kann sich – zum Glück für das Prinzip Leben – in Süßwasser rückverwandeln. Wasser zirkuliert permanent zwischen Meer, Atmosphäre und Festland: Die Sonne heizt die Meeresoberfläche auf, Wasserdampf kondensiert in der Atmosphäre zu Wolken, die verdriften und sich (auch) über dem Land entleeren; es fällt Regen, Schnee oder Hagel. Dieser große Wasserkreislauf ist lebensstiftend. Gelänge es uns, ihn empfindlich zu stören – und man muss kein Zyniker sein, um dem »erfolgreichsten« Wesen aller Zeiten auch das zuzutrauen –, würde die Erde über kurz oder lang absolut lebensfeindlich. Der Blaue Planet – so genannt, weil er aus dem Weltall betrachtet wie ein blauer Diamant

Die Dreifaltigkeit der Ozeane

Erstaunlich genau in Umriss und Proportionen: die Weltkarte des Jodocus Hondius (1563–1611) in einer kolorierten Fassung aus dem Jahre 1630.

schimmert – kann grünen, weil sein Wasserreichtum Klima und Lebensbedingungen stabilisiert.

Noch sind die Ozeane Segen stiftend: alle drei, die wir hier steckbriefartig vorstellen wollen. Der Stille oder Pazifische Ozean, Kurzform Pazifik, ist mit 179 Millionen Quadratkilometern der größte. Und er ist keineswegs besonders still; seine Namensgebung verdankt er dem Zufall, dass er sich bei seiner Erstbeseglung durch Europäer im 16. Jahrhundert gerade mal von seiner ruhigen Seite zeigte.

Der zweitgrößte ist der Atlantische Ozean (Atlantik) mit 106 Millionen Quadratkilometern – einschließlich Nordpolarmeer, Mittelmeer, Schwarzem Meer, Karibik, Nord- und Ostsee. Der Atlantik hat von Pol zu Pol die größte Nord/Süd-Ausdehnung; er stößt zweifach an »das Ende der Welt«.

Der Indische Ozean wurde mit 76 Millionen Quadratkilometern vermessen; strittig bleibt indes, wo genau man den Pazifik enden und den Indischen Ozean beginnen lässt.

Gewaltige Täler unter Wasser

Das Antlitz der Erde verändert sich ständig. Schroffe Gebirge altern (erodieren) zu sanft gerundeten Mittelgebirgen, Stein wird zu Sand zerrieben, abschmelzende Gletscher geben u-förmig gerundete Täler frei, Lavaströme überkrusten, was noch gestern glatt war, Wüstensand beerdigt ganze Großlandschaften.

Wie und wo sich auch der Meeresboden besonders spektakulär umformt, schildert der Heidelberger Geograf und Geologe Horst Eichler:

»Fast alle großen Ströme der Erde enden nicht da, wo die Karte es uns glauben macht, und nicht an der

Küste erstirbt ihre Täler und Schluchten schaffende Gewalt. Indus und Rhône, Mississippi und Ganges, Amazonas und Sambesi und viele andere mehr strömen weiter in ungebrochener Kraft, zersägen den Meeresboden und lassen sich auf Karten des Meeresbodens weit in die Ozeane hinaus verfolgen. Ein Gang ins Kartenhaus und die freundliche Bitte, einen Blick in eine der Seekarten oder Reliefkarten werfen zu dürfen, wird mit unvergesslicher ›Einsicht‹ belohnt werden. Da zeigen sich – zumindest auf der Karte – unter der Wasseroberfläche die gewaltigsten Flusstäler der Erde mit oft fast senkrechten Hängen und einem Gefälle, das manchmal dem einer Kinderrutschbahn gleichkommt.

Was allerdings hier rutscht, ist schlammige Masse; (...) wenn sich halbe Kubikmeter messende Schlick- und Sandpfropfen in Bewegung setzen. (...) So verbirgt sich Grandioses unter der weiten Maske der Ozeane, auf denen der Mensch mit seinen Schiffen zwischen den Kontinenten treibt.«

Salz-Reichtum

Was alle Ozeane und ihre Meere gemein haben, ist Salz, wobei der Salzgehalt regional leicht schwankt. Wo es viel regnet, süßt das Meer etwas aus, wo in trockener Hitze viel verdunstet, steigt der Salzgehalt.

Durchschnittlich stecken in einem Kubikmeter Meerwasser 35 kg Salz. Wieviel das tatsächlich ist, veranschaulicht ein Rechenexempel: Die im Meer gelösten Salze (ganz überwiegend Kochsalz) würden die Landmasse mit einer 1,20–1,50 m hohen Schicht bedecken, ließen sie sich vom Meer aufs Land umverteilen.

Salz wird tatsächlich umverteilt, wenngleich sehr langsam. Das Salz im Meer kommt aus der Erdkruste; dort liegen seine chemischen Bestandteile Chlor, Natrium, Magnesium, Kalium, Kalzium von Anfang an eingelagert. Und seit es Ozeane gibt, wird über Rinnsale, Bäche, Flüsse, Ströme das Salz – zuvor von Regen und Erosion an Land freigesetzt und ausgewaschen – zum Meer befördert. Stets nur so wenig, dass die Salz transportierenden Flüsse Süßwasserflüsse bleiben, aber in der Addition genug, um den Salzgehalt der Weltmeere im Laufe der Jahrmillionen beständig anzuheben. Meer ist eine »Salzfalle«, sagen die Geologen.

Da aber die »Aufsalzung« langsam geschieht, haben die maritimen Kreaturen Zeit genug sich anzupassen. Die Befürchtung, dass in den nächsten Jahrmillionen das Element der Fische in lebensbedrohlicher Weise versalzt, ist daher wohl unbegründet. Meer ist, nach menschlichen Maßstäben gemessen, eine Kategorie von Ewigkeit.

Die Technik, Salz aus dem Meer zu gewinnen, ist uralt. Doch auch hier erhöhte technisches Gerät die Förderkapazität um ein Vielfaches.

Schlote unter Wasser – neue Erkenntnisse hinterm Rauchvorhang

Schwarze Raucher, so genannt wegen der höllisch schwarzen Gaswolken, die sie ins Meer stoßen, sind im Prinzip Unterwasser-Geysire. Man findet sie dort, wo an untermeerischen Bruchkanten der Erdrinde Magma an die Oberfläche drängt.

Durch Spalten drückt Meerwasser in Tiefen von bis zu 1,5 km, wo es auf Temperaturen von bis zu 350 °C aufgeheizt wird. Normalerweise müsste Wasser natürlich bei diesen Temperaturen explosionsartig verdampfen, doch das verhindert der auflastende enorme Druck; es bleibt flüssig, allerdings in einem Zustand, den Wissenschaftler »superheated« nennen.

Aufsteigend reißt dieses »superheiße«, schwefelige Wasser Metalle und Spurenelemente aus dem Gestein und erreicht schließlich schussartig den Meeresboden. Dort kühlt es sich schockartig auf rund 100 °C ab; dabei fallen die gelösten Mineralien aus und lagern sich »schornsteinartig« um die Ausströmstelle ab, an manchen Stellen mehrere Stockwerke hoch.

Das vielleicht Verblüffendste, was Forscher im Umfeld der Schwarzen Raucher fanden, waren Tier- und Bakterienarten, die sich perfekt auf das kochende, schwefelige Wasser eingestellt haben und damit Grund zu einer populären Spekulation geben: Wenn es außerhalb des normalen, lebensfreundlichen Milieus (Sauerstoff, Licht, moderate Wärme) Leben gibt, warum dann nicht auch auf Planeten, die nach bisheriger Lehrmeinung als absolut lebensfeindlich gelten? Muss man nicht angesichts Schwarzer Raucher die wissenschaftliche Fantasie weiter ausgreifen lassen, wenn man sich extraterrestrisches Leben oder gar Intelligenz vorstellen will? Warum sollen nicht in einer fernen Galaxie auf einem Planeten ohne feste Oberfläche ... sagen wir, quallenartige, hochintelligente Wesen in kochender Schwefelsäure ein Leben führen, das genauso strukturreich und lebenswert ist wie unseres ... zum Beispiel? Wäre das so viel unwahrscheinlicher als Leben im kochenden, schwefeligen Salzwasser vor der Küste Neuseelands?

Dachte man lange, es handle sich bei den Schloten am Meeresgrund um relativ seltene Phänomene, weiß man heute, dass sie hoch produktive Gestalter der Meeresboden-Landschaften sind. Die jährlich neu gebildeten 20 Kubikkilometer frischen Meeresbodens reichen aus, um sämtliche Highways der USA 3 m dick mit einer Basaltschicht zu überziehen.

Superheißes Wasser – das aufgrund starken Drucks heißer als 100 °C sein kann, ohne zu verdampfen – lässt gelöste Metalle und Spurenelemente an die Oberfläche des Meeresbodens empor schießen.

DER BLAUE PLANET

Das Segel

Ein Zaubertuch enthüllt den Globus

Hanseschiff »Lübecker Adler«

Das Segel ist nach dem Rad wohl die wichtigste Erfindung in Sachen Mobilität. Unter Segel machte sich der Mensch die Erde untertan. Was weder Mensch noch Erde immer gut bekommen ist.

Wie darf man sich eine der folgenreichsten Entdeckungen der Menschheitsgeschichte vorstellen: die Erfindung des Segels?

Vielleicht so?

Lange bevor Schrift und fester Wohnungsbau erfunden wurden, fand eine kleine Gruppe von Küstenbewohnern es praktisch, sich bei passender Strömung auf einer Art Floß über eine Meeresbucht treiben zu lassen. Auch primitive Ruder kannte man schon. Der Ort sei – bei dieser nachempfundenen Stunde null der Segelschifffahrt – eine Bucht, die von Menschen wagemutig überquert wurde, etwa um sich einen langen Fußmarsch zu den Nestern maritimer Koloniebrüter zu ersparen.

Eines Tages fiel bei einer dieser Passagen jemand ins Wasser, zog sich aber gerade noch rechtzeitig wieder auf das rettende Holz. Er hängte sein Fell zum Trocknen an einen Ast, der aus dem roh zusammengefügten Floß aufragte wie ein Mast – der noch nicht erfunden war. Und da geschah das Mirakel. Eine Böe legte sich ins Fell und schob das urtümliche Wasserfahrzeug wie von Götterhand bewegt über die Bucht.

Der erste Segelschiff-Passagier der Menschheitsgeschichte könnte eine heilige Schrecksekunde lang an höhere Fügung gedacht, Tage später aber mit klugen Experimenten begonnen haben: Wie konnte man, etwa mit den verflochtenen Ranken des Wilden Weins, ein Fell so in den Wind stellen, dass sich die Schiebewirkung des Windes noch verbesserte?

Im Prinzip war das Ursegel erfunden – das Rahsegel. Es funktioniert, an einem Mast befestigt, in seiner rohen Form nur dann, wenn der Wind von hinten oder schräg hinten (achterlich) einfällt.

Über Jahrtausende waren alle funktionierenden Segel solche Rahsegel; die Vorwärtsbewegung war klar

Segel als Zweit- und Hilfsaggregat: Schon im 19. Jahrhundert wurden Falt- und Ruderboote mit simplem Zusatzsegel angeboten.

und eng definiert: mehr oder minder mit dem Wind. Für den Rückweg benötigte man folglich Wind aus der Gegenrichtung. Und weil Winde und Strömungen sehr verlässliche und langlebige Phänomene waren und (im Großen und Ganzen) immer noch sind, war bekannt, wann man auf welcher Route den nötigen passenden Wind für die Rückreise hatte. Zur Segelschifffahrt gehörte denn auch über die Jahrtausende hinweg das Warten auf den sprichwörtlichen »guten Wind«. Ausnahmen gab es indes schon früh: Die ersten genialen Segler des Abendlandes waren die Phönizier (1600–300 v. Chr.), die etliche Jahrhunderte vor dem vermeintlichen Erstumsegler des Kaps der Guten Hoffnung, Vasco da Gama (1469–1524), die Südspitze Afrikas umrundeten – kreuzend, wie auch sonst.

Seit Schiffe gebaut werden, faszinieren sie; die Literatur ist voll ihres Lobes; ein prächtiges oder (see)tüchtiges Schiff ist fast zwangsläufig ein Symbol, ein Sinnbild. In einem der innigsten Kirchenlieder, »Es kommt ein Schiff geladen«, Text von Daniel Sundermann (1550–1631), wird ein Segelschiff zur großen Metapher der geschenkten Gottesgnade. Die zweite Strophe lautet:

Das Schiff geht still im Triebe,
es trägt ein teure Last.
Das Segel ist die Liebe,
der Heilig Geist der Mast.

Eine andere, weniger metaphorische Lobeshymne auf ein Schiff findet sich im Alten Testament (Hesekiel 27, 4–7):

Sie haben all dein Plankenwerk aus Zypressenholz von Senir gemacht und die Zedern vom Libanon geholt, um deine Mastbäume daraus zu machen.

Deine Ruder haben sie aus Eichen von Basan gemacht und deine Wände mit Elfenbein getäfelt, gefasst in Buchsbaumholz von den Gestaden der Kittier.

Dein Segel war beste bunte Leinwand aus Ägypten als dein Kennzeichen, und deine Decken waren blauer und bunter Purpur von den Gestaden Elischas…

ERFOLGREICHE SEGELTECHNIKEN

Eine kühne Neuerung gegenüber dem Rah- bot das Schratsegel. Das Tuch wird parallel zur Längsachse des Schiffes angebracht; eine Innovation, die es erlaubt, »höher an den Wind« zu gehen. Selbst ein Ziel, das genau in Windrichtung liegt, ist bei Schratbesegelung erreichbar.

Die Wikinger konnten nicht nur vor dem Wind (wie auf dieser Darstellung) fahren: Schiffsrumpf, Segel und Takelage ermöglichten es ihnen auch – besser als den meisten zeitgenössischen Seglern – gegen den Wind anzukreuzen.

Allerdings waren mit Erfindung des Schrats die Rahsegler nicht aus dem Rennen. Bei rauer See liegt ein klassischer Rahsegler sicherer im Wasser. So hatten auch die modernen Kap-Horn-Schiffe, die »Flying P-Liner«, noch Rahsegel, die beweglich genug waren, um an den Wind zu gehen.

Rahsegler besonderer Art wurden schon früh im Norden gebaut. Die schnittigen Wikingerschiffe, die schon lange vor der ersten Jahrtausendwende nach Christus die Meere kreuzten, konnten einerseits mit gebauschtem Segel – also klassisch – vor dem Wind fahren, aber zum anderen auch mit dicht geholtem Tuch noch Fahrt machen, wie ein moderner Schratsegler, dessen Vorzüge sie durch geschicktes Trimmen annähernd erreichen konnten. Sam Svendson schreibt in seinem Nautischen

... UND DIE BREITEN, SCHWARZEN SEGEL

Es gibt ungezählte poetische Annäherungen an die große Fahrt unter Segeln: romantische und realistische, schöne und schaurigschöne. Es gibt Weltliteratur à la Joseph Conrad, der 1918, zwei Jahre nach Erscheinen seines großen Seeromanes »The shadow line« schrieb: »Das Schiff, dieses Schiff, unser Schiff, ist das moralische Symbol unseres Lebens.« Und es gibt – nicht zu knapp – jede Menge Maritim-Schmalz: mit Meerwasser gesalzenen Kitsch. Kitsch, Schmalz oder nicht: Ich gestehe, dass ich bei Freddy Quinns Millionenhit »Die Gitarre und das Meer« als Kind herzinniglich geweint habe und durch den Tränenvorhang über die rotierende Polydor-Schallplatte hinweg das Weltmeer gesehen habe. Da wollte ich hin, auch wenn bekannt war, dass man zum Abendbrot wieder zurück sein musste.

Wie und wo es einen erwischt, das Meer und seine Magie, ist dem biografischen Zufall geschuldet. Als Jungpfadfinder in der nicht ganz meerfernen nördlichen Lüneburger Heide hat mich, besonders an Lagerfeuern, immer das Lied vom alten Steuermann hart an die Tränengrenze herangeweht: Das Lied vom einsamen Alten, der den Tod schon in den Gliedern spürt, aber standhaft bleibt, um noch einmal den »nächt'gen« Graugansflug unter Segeln zu spüren.

Und die breiten, schwarzen Segel
treiben schwankend durch die Nacht.
Und der Alte lehnt am Steuer,
leicht gebeugt, und lauscht und wacht.

Jahr für Jahr zieht er die Straße,
die die trübe Flut ihm weist,
Jahr für Jahr am selben Tage,
wenn die Graugans nordwärts reist.

Einmal will er sie noch fühlen,
dieses Zuges große Macht.
Und zum letzten Mal noch ahnen
alle Wunder dieser Nacht.

Und sein müder Blick erhebt sich
suchend in das Sterngefunkel.
Und schon hört man fern ein Rauschen:
Graugansflug im nächt'gen Dunkel.

Auf den breiten schwarzen Segeln
lastet schwer das Morgenrot.
Und der Alte lehnt am Steuer
friedlich lächelnd, kalt und tot.

Lexikon: »Die Langfahrten der Wikinger in europäischen Gewässern und auf dem Atlantik wären nicht möglich gewesen, wenn die Schiffe nicht bei allen Windrichtungen hätten segeln können.«

Diese Beweglichkeit machte die Nordmänner ein paar Jahrhunderte lang auf Nordsee und Atlantik zu konkurrenzlos guten Seefahrern. Ihre berühmt-berüchtigte »Hit and run«-Taktik war überhaupt nur möglich, weil ihre Opfer, Franken, Sachsen und Angelsachsen, nicht ernsthaft daran denken konnten, ihre Peiniger aufs Meer zu verfolgen. Die mussten einfach nur (relativ) hart am Wind davonsegeln, auf einem Kurs, der für Schiffe herkömmlicher Bauart unmöglich war.

Etwa zeitgleich mit der beginnenden Vormachtstellung der Wikingerschiffe in den nördlichen Randmeeren und auf dem Atlantik ist für das Mittelmeer das Aufkommen des so genannten Lateinersegels verbürgt. Aus der Zeit gegen Ende des 9. Jahrhunderts sind griechische Darstellungen erhalten, die Rahsegler mit einem schräg darunter gestellten Dreiecksegel zeigen, das in etwa parallel zur Schiffslängsachse steht. Experten streiten sich, ob es sich dabei in Wahrheit um eine uralte (zeitweise vergessene) Erfindung der Phönizier handelt – frühantike Darstellungen stützen diese Theorie – oder um eine Art Neuschöpfung. Bis in die Mitte des 13. Jahrhunderts prägte das Lateinersegel die mediterrane Seefahrt. Es gilt als erstes echtes Schratsegel, das allerdings noch viel Handhabung beim Wenden erforderte. Bei modernen Yachten machen die Vorsegel (Fock bzw. Genua) den

Das Segel

Zur Kunst der alten Kapitäne gehörte es, Wind und Wetter rechtzeitig »lesen« zu können. Aber gegen eine Windhose aus dem Nichts half allenfalls Beten.

Kurswechsel mit dem Bug durch den Wind leicht.

Die Kunst der Takelage

Die Geschichte des Segelns ist die Geschichte von teils genialen Verbesserungen der Rah- und Schratsegelei. Es wurden Flaschenzüge (Taljen) und Winden entwickelt, später Dampfwinden, um das schwere Tuch optimal zum Wind zu positionieren. Die Verankerung der Masten – zum einen im Rumpf und zum anderen durch Abspannungen (Wanten) – wurde perfektioniert, damit Masten und Takelage dem gewaltigen Winddruck standhalten konnten. (Zur verblüffend lange währenden Konkurrenzfähigkeit großer Lastensegler gegenüber der aufkommenden Dampfschifffahrt siehe das Kapitel »Kap Horn«!)

Die Anpassung an verschiedene Windstärken gelang immer perfekter: Ein Schiff sollte sensibel genug sein, um bei wenig Wind noch Fahrt zu machen, aber trotzdem hinreichend robust, um schwere See abzuwettern. Segelschiffe hingen buchstäblich an hundert Schnüren; sie zu bedienen war eine Kunstfertigkeit eigener Art. Kein Wunder also, dass das Bild »vom großen Steuermann« – Mao Zedong ließ sich gern so titulieren – in allerlei möglichen und unmöglichen Bezügen Verbreitung fand.

Um allein das »laufende Gut« (die beweglichen Seile) auf einer Viermastbark zu benennen, brauchte es 39 Begriffe, darunter Zungenbrecher wie »Kreuz-Oberbramschot« oder »Groß-Unterbrambrasse«.

Die Herstellung von Tauen und Tuch rief hoch spezialisierte Experten auf den Plan: Seiler und Tuchmacher, deren Qualitätsbewusstsein über Leben und Tod entscheiden konnte. Die heute durch einschlägige Dienstleistung bekannte Reeperbahn in Hamburg/St.Pauli war früher die Straße der »Reeper«, der Seilmacher.

Bloss nicht die Segel streichen

Da das Segelschiff neben der Pferdekutsche über lange Zeiträume hinweg das einzige relativ schnelle Fernreisemittel war (in Ozeanien mit seinen genialen Katamaranen und Trimaranen war es das einzige), kann es kaum verwundern, dass Segel und Segeln in den Wortschatz eingingen und sprichwörtlich wurden. »Die Segel streichen« ist noch heute eine gebräuchliche Umschreibung für »aufgeben, sich geschlagen geben«, auch wenn man sich heute kein genaues Bild mehr von dem zugrunde liegenden Manöver macht. Das Gegenteil, »die Segel setzen«, hieß natürlich: aufbrechen. »Die Segel aufmachen« bedeutete früher so viel wie etwas wagen: Wer viel Tuch aufzieht, um schnell voranzukommen, riskiert dabei durchaus, von einem rasant aufziehenden Unwetter überrascht zu werden. »Die Segel dem Wind überlassen« besagte, eine Sache »dem Zufall anheim zu stellen«. »Die Segel in den Wind richtete« jemand, der sich dem Zeitgeist oder den Umständen beugte. »Die Segel entschlug« man, wenn man im Begriff war abzureisen. Und man »wendete die Segel«, wenn man seine Absichten änderte.

Und selbst das bekannte »in den Wind schießen« hatte nichts mit Pulver und Blei zu tun; es bedeutete, den

Die kommerzielle Seefahrt vergangener Jahrhunderte hätte viel gegeben für die Segeltuchqualität, die heute auf jedem Freizeitboot üblich ist.

Bug des Schiffes so auszurichten, dass der Wind genau von vorn kommt und das Schiff bremst. Wer überraschend und unerwartet irgendwo erscheint, »kreuzt auf«, genau wie ein Segelschiff, das eben noch auf anderem Kurs lief, aber nach schneller Wende plötzlich und unvermittelt auftaucht.

Und »den Wind aus den Segeln« nimmt man jemandem, der sich angeberisch in Positur wirft. Dieses besonders plastische Sprachbild ist dem Regattasport entnommen: Wer

Jemand den Wind aus den Segeln nehmen: Diese Standard-Übung, auf jeder Regatta vielfach zu sehen, wurde sprichwörtlich.

es schafft, sich im Luv (der dem Wind zugewandten Seite) dicht an seinem Konkurrenten vorbeizuschieben, fängt ihm zwangsläufig und absichtlich für einen entscheidenden Moment den Wind ab, also den Antrieb. Wer dagegen eine »Flaute hat«, bei dem tut sich absolut nichts; und selbst noch »die Ruhe vor dem Sturm« ist von See her in die Sprache gedriftet.

Das Verb »segeln« löste sich schnell von der Wasseroberfläche und geriet in andere Sphären: Der Mond segelte erst bei den Romantikern und dann allgemein durch die Wolken; wer stolperte, »segelte hin«; wer an einer Prüfung scheitert, ist »durchgesegelt«; wer mit unvorteilhaft angeordneten Ohrmuscheln geschlagen ist, hat »Segelohren«, wer »immer nur auf einem Bug segelt«, ist offenbar zu vernünftigem, notwendigem Kurswechsel nicht fähig und wird früher oder später ins Unglück segeln.

Apropos Glück und Unglück: Seeleute haben eine eigentümliche Redensart, in der ein Unglück beschworen wird in der Absicht, Glück zu wünschen: »Mast- und Schotbruch!« – also mit das Übelste, was einem unter Segeln passieren kann – bedeutet so viel wie: Ich wünsche dir gutes Gelingen und Glück! Etwas, das übrigens garantiert fern blieb, wenn jemand unter Segeln pfiff – noch heute ein Sakrileg bei allen Freizeitseglern rund um die Welt.

Die gängige Erklärung: Auf den großen Lastseglern wurden Kommandos per Trillerpfeife gegeben; unautorisiertes Pfeifen galt da natürlich als anmaßend. Eine romantischere Erklärung des Pfeifverbotes, die mir ein alter Fahrensmann anbot: Durch das geräuschvolle Gesäusel fühlt sich der Gott der Winde veralbert. Und wozu erzürnte Götter fähig sind, weiß man ja.

Riff
Scheitern und Schichten

Das Riff wurde zum Symbol des Scheiterns schlechthin und Riff/Schiff zu einem gebräuchlichen Reimpaar allegorischer »O Welt!«-Dichtung. Natürliche Riffe zählen zu den Top-Bauwundern der Natur.

Was ist ein Riff? Der nie endende Albtraum der Seefahrt, über die Jahrhunderte geträumt – von Brendan, dem seefahrenden Heiligen aus dem frühchristlichen Irland, bis zu den berstenden Öltankern unserer Tage. Riff ist Schicksal. Riff bringt Tod und Verderben.

Aber was ist ein Riff seiner Natur nach: Eine »sich lang hinstreckende Untiefe von Sand oder Klippen«, sagt das Deutsche Wörterbuch der Brüder Grimm und fügt hinzu, das Wort sei den Seefahrern des Nordens über Sprachgrenzen hinweg vertraut. In Gegenden mit überwiegend felsiger Küste verengte sich die Bedeutung von Riff zu »Felsenrippe« oder »Klippe im Meer«. In Norwegen oder Island war ein Riff steinern und unverrückbar, vor Holland konnte es durchaus ein sandiges Hindernis sein, unstet und vom Ebbstrom tückisch umgelagert.

DER SCHRECKEN DER SEEFAHRER

Riff zählt neben Orkan und Flaute, Hunger, Durst, Skorbut sowie (vor allem!) Feuer an Bord zu den universalen Schrecken der Seefahrt. Davon wurde so manches Lied gesungen. Eines kennt jeder Deutsche, der einmal am Lagerfeuer, die »Mundorgel« in der Hand, mitgesungen hat oder die Allzeit-Hits Heinos im Regal hat: »… wir lagen schon 14 Tage / kein Wind in den Segeln uns pfiff. / Der Durst war die größte Plage / dann liefen wir auf ein Riff … ahoi Kameraden, lebt wohl, lebt wohl …«, tönt es in dem bekannten Volkslied »Wir lagen vor Madagaskar«.

Dem Gassenhauer liegt eine reale Riff-Kollision zugrunde, die etliche zaristische Soldaten zur Zeit des russisch-japanischen Krieges (1904/05) vor der Nordspitze Madagaskars das Leben kostete. Das Kriegsschiff musste, aus St. Petersburg kommend, auf dem Weg zum japanischen Feind ganz Afrika umrunden, weil die Briten den Sueskanal für Militärschiffe gesperrt hatten. In Höhe der Nordspitze Madagaskars geschah es: katastrophale Grundberührung!

Wie genau und warum aus einem russischen Gedicht über ein Marineschicksal ein deutscher Lagerfeuer-Schlager wurde, ist nicht so ganz geklärt; »die Pest« jedenfalls war im russischen Original »Skorbut«: die typische Mangelkrankheit, die sich als Folge extremen Vitaminmangels auf langen Seetörns bisweilen einstellte.

Bekanntheit erlangten natürlich in erster Linie jene Riff-Dramen, die

DER BLAUE PLANET

Man darf vermuten, dass der Maler nie selbst zur See gefahren ist: Kein Kapitän bei Sinnen würde unter vollen Segeln auf Klippen zuhalten. Aber die Mythen entstanden ja überwiegend an Land. »Seestück« von Philipp Jacob Loutherbourg d. J. (1740–1812).

mindestens einer überlebte, um davon berichten zu können. Und am allerberühmtesten im christlichen Abendland wurde das des Heiligen Paulus auf dem Seeweg von Kreta nach Rom (Apostelgeschichte 27: 40 ff. und 28: 1):

Und sie hieben die Anker ab und ließen sie dem Meer, banden zugleich die Steuerruder los und richteten das Segel nach dem Wind und hielten auf das Ufer zu. Und da sie auf eine Sandbank gerieten, ließen sie das Schiff auflaufen, und das Vorderschiff blieb feststehen unbeweglich, aber das Hinterschiff zerbrach von der Gewalt der Wellen.

Der Hauptmann ... hieß, die da schwimmen könnten, sich zuerst in das Meer werfen (...) Und so geschah es, dass sie alle gerettet wurden. Und als wir gerettet waren, erfuhren wir, dass die Insel Malta hieß.

Erstaunlich an dieser biblischen Schilderung ist die Genauigkeit; das Unheil begann mit einem kalkulierten, allerdings riskanten Manöver (»... sie ließen das Schiff auflaufen«) des römischen Kapitäns, das dann prompt außer Kontrolle geriet. Die daraus resultierende Gefahr ist im Aposteltext zutreffend beschrieben,

denn tatsächlich sanken die aufgelaufenen Schiffe meist nicht durch die gerissenen Löcher im Rumpf; die konnte man, sofern nicht allzu groß, zur Not stopfen oder abdichten. Die größere Gefahr bestand darin, dass der fixierte oder verkeilte Schiffsrumpf – unfähig, dem Wasser- und Winddruck auszuweichen – von den Wellen zerschlagen wurde wie ein starres Brett, das gegen eine Kante geschmettert wird.

Das Riff, die äußerste Todesgefahr zur See, bot natürlich auch die Chance zu äußerster Bewährung. Berühmt, weil detailliert von einem Seehelden und Kartografen allerersten Ranges beschrieben, wurde der

Schiffbruch des Entdeckers und Seefahrers James Cook auf seiner Reise zum neuen, zum fünften Kontinent – einer Reise, die leicht seine letzte hätte werden können. In der Nacht des 11. Juni 1770 geriet Cooks Forschungsschiff »Endeavour«, ein etwas klobiger ehemaliger Kohlenfrachter von 368 Bruttoregistertonnen, bei dem Versuch, das Große Barriereriff zu durchfahren, auf Grund. In den Rumpf stürzende Wassermassen machten das Schiff manövrierunfähig; die Pumpleistung reichte knapp aus, um ein Absinken zu verhindern, und während das Gros der Mannschaft bis über den Rand der Erschöpfung hinaus pumpte, ließ Cook zusätzlich alles über Bord werfen, was sein Schiff erleichtern konnte, zuallererst die Kanonen. Die Lage wurde verzweifelt, als auch das nicht ausreichte, um die Endeavour von den Korallenklippen zu ziehen. Einziges Glück im Unglück, die See blieb ruhig. Erst als die größten Lecks hinreichend abgedichtet waren, hob sich der Rumpf die entscheidenden Zentimeter.

Ein literarisches Denkmal setzte Cook seiner Mannschaft, weil »jeder Mann sich aufs Äußerste um die Erhaltung des Schiffes mühte; ganz im Gegensatz zu dem, was ich allgemein über das Verhalten von Seeeleuten gehört habe, (...) sobald das Schiff in hoffnungsloser Lage ist«.

Das Expeditionsschiff wurde auf Land gesetzt und repariert. Dort, wo der berühmte Engländer seinen Nothafen fand, steht heute die australische Stadt Cooktown, Ausgangspunkt für touristische Riff-Expeditionen auf schnellen Groß-Katamaranen. An Bord Menschen, die ganz im Gegensatz zu Cook und seinen Zeitgenossen größte Nähe zum Riff suchen und dafür kräftig zahlen.

Riffe und Lebensschiffe

Es liegt auf der Hand, dass etwas sprichwörtlich wurde, das einem so schicksalhaft in den Weg kommen kann wie ein Riff, etwas, an dem man scheitern kann oder muss. In einem Gedicht des freiheitstrunkenen, nationalen Dichters und Romantikers Ernst Moritz Arndt heißt es:

*Höhe hat Tiefe,
Weltmeer hat Riffe...*

Das Riff ist die Antithese zur Freiheit (der Meere). Man gewinnt allerdings das eine nicht, ohne das andere wagend in Kauf zu nehmen, will uns der Dichter sagen.

Das Steuern des Lebensschiffs durch Klippen und Riffe wurde zu einem Lieblingsmotiv der Erbauungsdichtung. Ein Beispiel für viele liefert ein Poem aus dem Zyklus »Liebesfrühling« aus der Feder des Orientalisten, romantischen Dichters und Vaterländers Friedrich Rückert.

*Zwischen Buhlen hin und Lieben
hat auf manches böse Riff
Lug und Trug und Wahn getrieben
steuerlos ihr Lebensschiff.*

*Wie lange willst du steuern
durch Müh und Noth dein Schiff,
im Meer, dem ungeheuren,
befahren Klipp und Riff?*

Das Schicksal zur See wurde in Dichtung und Lied gern allegorisiert. Die Entscheidung über Ertrinken oder Erretten lag nach Vorstellung der Ausgesetzten nicht in irdischen Händen.

Versteinerte Riffe

Man kann Riffe allerdings auch gefahrlos befahren; der Leser möge diese – zugegeben, etwas rüttelnde! – Überleitung verzeihen, führt sie doch zu einem Aspekt von Riff, der wenig bekannt und damit interessant sein dürfte: den Riffen an Land – den historischen Riffen.

Riffe, die vor Hunderten Millionen Jahren im Meer wuchsen, fielen im Laufe der Erdgeschichte trocken und wurden nicht selten zu Gebirgen oder Steilküsten aufgeschoben. Das mit Abstand größte lebende Riff, das Große Barriereriff, das Australiens Ostküste auf über 2000 km Länge vorgelagert ist, hat Vorgänger, die sich landeinwärts als versteinerte Riffe in den Randgebirgen zu erken-

DER BLAUE PLANET

Man weiß es irgendwie und möchte es doch nicht so recht glauben: Die Dolomiten und andere Abschnitte der Alpen sind das Schichtwerk von Kalk produzierenden Lebewesen – aufgefaltet und in die Höhe getrieben.

nen geben – selbst gegenüber Laien, mit etwas Hilfestellung von Geologen.

Wer nicht so weit reisen kann oder will, findet in Bayern im Altmühltal (Die 12 Apostel), auf der Schwäbischen oder Fränkischen Alb, am Donaudurchbruch bei Kehlheim (Weltenburger Enge) und besonders eindrucksvoll in den Alpen (Wetterstein, Karwendel) Orte, an denen man den Atem der Erdgeschichte spüren kann.

Und der begann früher zu wehen, als sich der Laie das vorstellt. Die ersten Riff-Strukturen erkennen Geologen in Erdschichten, die unvorstellbare 2,7 Milliarden Jahre alt sind. Sie sind allerdings nicht das Werk von Korallenpolypen – unsere heutigen »modernen« Riffbildner haben die unterschiedlichsten Vorläufer –, sondern von spezialisierten Bakterien. Im Laufe der Jahrmillionen hat das Riff-Baumaterial auffällig häufig gewechselt. Im Kambrium waren es Schwämme, zu anderen Zeiten Muscheln, die in gigantisch großen Kolonien lebten.

Es gab Zeiten mit ausgeprägtem Riff-Wachstum, zum Beispiel Oberjura und Mitteldevon. Im mittleren Devon waren Riffe weltumspannend und artenreich verbreitet wie nie zuvor und nie wieder danach. Dagegen stehen Zeiten, in denen es – soweit man heute weiß – weltweit keine lebenden Riffe gab, zum Beispiel in der unteren Trias für etwa 5 Millionen Jahre.

Eine hochproduktive Riffzeit begann vor 159 Millionen Jahren. Der Superkontinent Pangäa hatte zwar schon im Norden ein paar markante Risse, hing aber noch als die eine und einzige Landmasse der Erde zusammen. Es gab keine polaren Eiskappen, der Meeresspiegel lag mindes-

Die so genannten Nummulites-Gehäuse erwiesen sich im Laufe der jüngeren Erdgeschichte als effiziente Gesteinsbildner; die Cheopspyramide zum Beispiel besteht aus Nummulitenkalk.

tens 100 m tiefer als heute – und das heißt, es gab auf den Schelfs um den Urkontinent überreichlich Flachmeere. Hier wuchsen Korallenriffe, und zwar bis in die Zonen, die wir heute gemäßigt, kühl oder kalt nennen. Das erklärt sich zweifach: Zum einen gab es – gemessen an der heutigen Klimazonierung – ein weltweit ausgeglichenes, warmes Klima; zum anderen muss es riffbauende Organismen gegeben haben, die mit Temperaturextremen nach oben und unten besser zurechtkamen als die heutigen Riffbildner, die Korallenpolypen, denen gerade der von uns Menschen verursachte Treibhauseffekt den Garaus zu machen droht.

Das wäre ein Novum in der über 2 Milliarden Jahre währenden Riffgeschichte: Ein Landwesen beendet eine Riff-Periode. Seit ein paar Jahren gibt es dafür ein neues internationales Schreckwort: »coral bleaching« (s. auch S. 168). Und dazu passt vielleicht am besten die alte niederdeutsche Bedeutung von »riff«: Gerippe.

Wellen

Lieblich, lustig, lyrisch
... oder lebensgefährlich?

Wenn die Gischt vom Wind mitgenommen wird, dann wird's allmählich gefährlich – grobe Faustregel aus der Zeit, als Wellengang über Reisebedingungen oder schlimmstenfalls über Leben und Tod entschied.

Erinnerungen an den Physikunterricht der Unterstufe in jenem Backstein-Altbau, in dem das Gymnasium Winsen/Luhe in den frühen Sechzigern untergebracht war. Die Formeln in Kopf sind gelöscht wie die Kreide-Anschriebe an der Tafel. Haften geblieben sind ein paar Versuche, solche, die knallten, stanken oder spritzten ...

Lehrer Pausewang wirft eine Bleikugel in eine flache Wasserschale und möchte eine physikalische Erklärung für das, was wir beobachten, hervorkitzeln. Antworten wie: »Da bewegt sich Wasser ...« reichen ihm, nicht. Er greift ins Becken, spritzt die in der ersten Reihe nass und sagt: »Das war jetzt auch bewegtes Wasser ... oder?«

Am Ende der sinnlichen Demonstration steht eine etwas präzisere Vorstellung davon, was eine Welle ist und ein Universalsatz der Physik: »Wird auf ein im Gleichgewicht befindliches System Druck ausgeübt, ist das System bemüht, auszuweichen und so einem neuen Gleichgewicht zuzustreben.«

Der Versuch bringt ein wenig pädagogischen Ertrag. Wir sehen und begreifen: Das Wasser eilt in konzentrischen Ringen fort von dem Punkt, an dem es von der Bleikugel verdrängt wurde.

Und was lernen wir? Wasserwellen (die Radiowellen sind noch kein Unterstufen-Lernstoff) sind die Ausweichbewegungen eines ruhenden Wasserkörpers auf eine einwirkende, verdrängende Kraft. Und das gilt, einerlei ob sich der Wasserkörper nun in einer Tasse, einer Schüssel oder zwischen zwei Kontinenten befindet.

Die einwirkende Kraft kann Wind sein. Gewaltige Wellen werden aber auch (dazu später) von Seebeben und unterseeischen Vulkanausbrüchen in Bewegung gesetzt; und auch gigantische Abbrüche am antarktischen Küsteneispanzer schicken Impulse Tausende Kilometer weit in die zirkumpolaren Weltmeere.

Warum Wellen brechen

Wellen können winzig sein, feine Rippelungen auf der Wasseroberfläche im Millimeterbereich, oder auch wandernde Hügelketten von beträchtlicher Höhe. Ihre Wellenlänge liegt zwischen 1 mm und 1000 km, und entsprechend variiert die Schwingungsdauer zwischen einer zehntel Sekunde und mehreren Tagen.

Was wir am Strand von Borkum, Binz oder Benidorm auf uns zu-

DER BLAUE PLANET

Die Idee ist gut, das Patent hat sich aber nicht praktisch bewährt: Versuch aus dem ersten Drittel des 19. Jahrhunderts per Pleuelstange Wellenenergie als Antrieb nutzbar zu machen.

rollen sehen, sind nicht selten die Spuren eines Sturmes, der lange verweht ist. Die Menschen vergangener Epochen, denen diese Erklärung nicht zu Gebote stand, mussten bei Windstille und *gleichzeitigem* Wellengetöse (Dünung) beinahe zwangsläufig, so möchte man meinen, an übersinnliche, göttliche Eingriffe denken.

Die anbrandenden Wellen »brechen« typischerweise, sie überschlagen sich; die Unterseite der heranrollenden Wassermassen wird durch den Meeresboden abrupt gebremst, der obere Teil der Wasserwalze schießt weiter; so wie die nicht befestigte Ladung eines Lastwagens bei Vollbremsung in Fahrtrichtung katapultiert wird.

Die Meeresströmungen im Oberflächenwasser zeigen im Großen und Ganzen das gleiche Muster wie die Luftströmungen. Die Strömungen in den tiefe(re)n Wasserschichten dagegen werden vornehmlich durch Temperaturgefälle und unterschiedliche Salzgehalte angetrieben: Auch hier gilt das eingangs zitierte Gesetz von der Ausgleichsbewegung.

DAS GEKLAUTE LIED

All das kann man wissen, all das muss man nicht wissen, wenn man Wind und Wellen genießen will; und für den Zugang der Dichter wären Gedanken über physikalische Konstanten eher hinderlich. Wellen sind herrliche Stimmungsmacher – und dabei interessiert kaum deren Genese.

Vielleicht schon eher die Herkunft der Dichtung: Das bekannte Nordseelied »Wo die Nordseewellen schlagen an den Strand« zum Beispiel, auch »Friesenlied« genannt, ist schnöde geklaut. Ein kompletter Diebstahl in Sachen gesungenes Volksgut und Heimatgefühl. Aber vielleicht dennoch ein erklärliches Delikt, denn die Melodie von Simon Krannig hat alles, was ein Schunkelschlager braucht; und sie passt zudem zum wimmernden Ton der Ziehharmonika, dem maritimen Weltschmerz- und Fernweh-Instrument schlechthin.

Ursprünglich waren es die Ostseewellen, die an den Strand schlugen, und zwar im plattdeutschen Lied »Mine Heimat« von Martha Müller-Grählert (1876–1939), ein Gedicht, das auf dem Darß/Fischland entstand und in wunderbar lyrischer Schlichtheit eine Lebensgeschichte erzählt:

Das Wellenrauschen hat in dem Land, wo der »gelbe Ginster blüht« und »die Möwen grell im Sturmgebraus schreien«, einem Kind die Ferne versprochen. Und nachdem er oder sie die Ferne zur Genüge genossen hat, singen die Wellen sehnsuchtsvoll von zu Hause. Wie das Leben so spült, ist man versucht, zu kalauern. Die berühmte Zeile »Hier ist meine Heimat, hier bin ich zu Haus« steht auf dem Grabkreuz der Dichterin auf dem Zingster Friedhof – in Hochdeutsch.

*Wo de Ostseewellen trecken an den
Strand,
wo de gäle Ginster bleucht in'n
Dünensand,
wo die Möwen schriegen grell in't
Stormgebrus,
dor is mine Heimat, dor bün ick
to Hus.*

*Well'- und Wogenruschen wiern min
Wiegenlied,
un de hogen Dünen seg'n min
Kinnertied,
seg'n uck all min Sehnsucht und min
heit Begehr,
in de Welt tau fleigen öwer Land un
Meer.*

*Woll het mi dat Läwen dit
Verlangen stillt,
het mi allens gäwen, wat min Hart
erfüllt,
allens is verschwunnen, wat mi
quält un drew,
häw nu Fräden funnen – doch de
Sehnsucht blew.*

*Sehnsucht na dat lütte, stille Inselland,
wo de Wellen trecken an den witten
Strand,
wo de Möwen schriegen, grell in't
Stormgebrus;
denn dor is mine Heimat, dor bün
ick to Hus.*

WELLEN

Böcklins »Spiel der Wellen« wurde zum Klassiker im Genre der neckischen Badeszenen. Es fällt auf, dass der männliche Part deutlich animalischer dahergeschwommen kommt als der weibliche.

Die Wellen schlagen den Grundrhythmus für Fern- wie für für Heimweh. Aber auch ihre dunklen Seiten haben viele Dichter inspiriert, darunter auch die größten. Heinrich Heine greift – ironisch distanziert – in seinen berühmten »Reisebildern« (Die Nordsee) den alten Volksglauben auf, dass Wellen, Wogen und Wind die Urelemente der Seehexen sind: »Es geht ein starker Nordostwind, und die Hexen haben wieder viel Unheil im Sinne. Man hegt hier nämlich wunderliche Sagen von Hexen, die den Sturm zu beschwören wissen; wie es denn überhaupt auf allen nordischen Meeren viel Aberglaube gibt. Die Seeleute behaupten, manche Insel stehe unter der geheimen Herrschaft ganz besonderer Hexen, und dem bösen Willen derselben sei es zuzuschreiben, wenn den vorbeifahrenden Schiffen allerlei Widerwärtigkeiten begegneten.«

In unzähligen Gedichten und Prosastücken wurden Wellen und Wogen zur großen Metapher für das Leben, das Auf und Ab, für den großen Puls. So auch in Rainer Maria Rilkes Ode an das ozeanische Lebensgefühl:

ICH LIEB EIN PULSIERENDES LEBEN

*Ich lieb ein pulsierendes Leben,
das prickelt und schwellt und quillt,
ein ewiges Senken und Heben,
ein Sehnen, das niemals sich stillt.*

*Ein stetiges Wogen und Wagen,
auf schwanker, gefährlicher Bahn,
von den Wellen des Glücks getragen
ein leichter gebrechlicher Kahn.*

*Und senkt einst die Göttin die Waage,
zerreißt sie, was milde gewebt,
ich schließe die Augen und sage:
Ich habe geliebt und gelebt.*

Die Welle, das Auf und Ab des Meeres als großes Gleichnis für das Leben schlechthin. So auch in einem kirchenliedartigen Gedicht von Wilhelm Heinrich Wackenrode, das 1795 entstand – inspiriert von der Aussicht über die Jasmunder Kreideklippen hinaus auf die Ostsee; ein Beispiel für die damals gerade florierenden romantischen Rügen-Schwärmerei:

*(...) Und Gottes Bild der Himmel,
Schaut in der Fluth Gewimmel
Mit unbewegtem Aug hinein:
Er beugt sich freundlich nieder,
Mit blauem Glanzgefieder
Schließt er die Fluth umarmend ein.*

*Wie diese regen Wellen
Gedrängt sich treibend schwellen,
So wallt der Menschen großes Meer:
In hoher Tugend Siege,
In schwerer Laster Kriege
Stets groß und wundervoll und hehr.*

UNHEIMLICHE MONSTERWELTEN

Ganz anders verhält es sich mit einer anderen Welle, deren Name zwar auch geheimnisvoll klingt, die aber bisweilen schrecklich banale Realitäten schafft: Tsunami. Das japanische Wort für »Monsterwelle« bedeutet »Lange Hafenwelle«. Japanische Fischer, die dergleichen draußen auf dem Meer offenbar selten oder gar nicht bemerkten, fanden

»Surfin' USA ...«

Ich erinnere mich, dass ich in den Sechzigern eine ganze Weile den Beach-Boy-Welthit »Surfin' USA« geträllert und gedudelt habe, ohne zu wissen, was »surfen« eigentlich bedeutet. Und als dann die ersten spektakulären Fotos in deutschen Illustrierten erschienen von badebehosten Menschen, die, Bretter unter den Füßen, auf Riesenwellen reiten, hielt ich das für eine uramerikanische Sache, wie Popcorn und Coca Cola.

Weit gefehlt! Man geht heute davon aus, dass die Polynesier die ersten waren, die zwischen 2000 und 1500 v. Ch. das Wellenreiten (genauer: gleiten, auf Brettern liegend) erfunden haben. Wahrscheinlich nutzten sie diese elegante Möglichkeit, Brandungszonen für kurze Landgänge zu überqueren, während ihre legendären Katamarane mit einem Bootshüter an Bord vor dem Strand warten konnten.

Das »Stehende Surfen« ist nicht wesentlich jünger und soll etwa 1000 Jahre vor der Zeitenwende auf den Sandwich-Inseln und auf Hawaii entwickelt worden sein.

Nachdem »He`e nalu« (Wellengleiten) einmal erfunden war, wurde es zum Kultsport der Hawaiianer, und schon früh entwickelte man Brett-Typen für unterschiedliche Ansprüche und Wellen. Es gab auch »rituelle« Bretter: Das 7 m lange »Olo« war Stammeshäuptlingen vorbehalten.

Die Mannschaft des berühmten Kapitän Cook soll, als sie 1777 diese für westliche Augen absolut neue Artistik entdeckte, vor Bewunderung fast in Schreckensstarre verfallen sein. Nachfolgende Missionare fanden schnell heraus, dass das scheinbar schwerelose Gleiten auf den Wasser auch kultische – also heidnische! – Bedeutung hatte; Surfen wurde bei harter Strafe verboten.

Fast wäre Surfen mit den von Seuchen bedrohten Ureinwohnern Hawaiis ausgestorben, wenn nicht Duke Kehanamoku, ein Spitzenschwimmer, der in den 1920ern bei Olympischen Spielen zwei Goldmedaillen für die USA gewann, die alte Kunst seiner Vorfahren »archiviert« und mit großem Können weltweit vorgeführt hätte. Besonders in Australien und Neuseeland, wo es ähnlich guten »Surf« (Brandung) gibt wie auf Hawaii, werden den Herstellern seither die Bretter aus der Hand gerissen.

Inzwischen vergeht kein Jahr, in dem nicht eine international operierende Industrie irgendwelche neuen »Zauberbretter« auf den Markt wirft. Surfen hat heute eine viele Millionen zählende aktive oder nur bewundernde Fan-Gemeinde; Wellenreiten hat den Status der »Trendsportart« lange, lange überschritten: hin zum Dauerbrenner auf dem Wasser.

immer mal wieder ihren Hafen bei der Rückkehr verwüstet vor. Alles, was die Überlebenden ihnen dann noch sagen konnten, war, eine lange Welle habe den Hafen überrannt. (Zum Phänomen, dass sich Tsunamis unter Umständen erst in Küstennähe aufsteilen, siehe weiter unten die Ausführungen zur Krakatau-Katastrophe!) Seit 1963 ist »Tsunami« anlässlich einer internationalen Konferenz über Seebeben in den wissenschaftlichen Sprachgebrauch eingegangen.

Über den Ursprung der Tsunamis wurde lange spekuliert, und es kann kaum verwundern, dass man in vorwissenschaftlicher Zeit himmlische oder höllische Urgewalten am Werk sah, wenn irgendwo doppelt baumhohe Wellen einen Strand oder gar eine Küstensiedlung wegspülten.

Prinzipiell lassen sich Tsunamis einfach begreifen. Wo immer das Meer extrem heftig »geschüttelt« wird, können Tsunamis entstehen. Etwa durch Seebeben, Vulkanausbrüche, die Verschiebung der untermeerischen Plattengrenzen gegeneinander. Wenn ein untermeerischer Erdstoß auf der Richterskala den Wert 7 oder mehr erreicht, ist die Entstehung eines Tsunami nicht unwahrscheinlich. Entlang des so genannten Pazifischen Feuerrings im Stillen Ozean – eines besonders bewegten Bruchstelle der Erdrinde, hier schiebt sich die ozeanische unter die Kontinentalplatte – sind denn auch Monsterwellen keine Seltenheit. Eine plötzliche ruckartige Entladung der lange aufgebauten Spannung löst dann untermeerisch einen Impuls aus, der als Superwelle über Tausende von Kilometern laufen kann.

»Die große Woge« – der japanische Holzschnitt von Hokusai (1760–1849) zeigt ein bedrohliches Meeres-Phänomen, das heute weltweit mit einem japanischen Wort, »Tsunami«, gekennzeichnet wird.

Wobei die physikalische Kraft, welche die Welle letztendlich in Bewegung setzt, etwas komplizierter einwirkt, als sich der Laie das vorstellt. Die Wassersäule über dem bebenden oder nur einmal kräftig ruckenden Meeresboden wird vertikal in Schwingungen versetzt. Nach dem universalen Gesetz der Physik, dass ein aus dem Gleichgewicht gebrachtes System wieder dem Ausgangszustand zustrebt, entsteht an der Meeresoberfläche eine horizontale Ausgleichsbewegung im Wasser: die eigentliche(n) Tsunami-Welle(n).

Die so in Bewegung gesetzten Wassermassen können sich mit rasendem Tempo (Schnellzug-Geschwindigkeit ist keine Seltenheit, 100 km/h wären eher Durchschnitt) konzentrisch vom Epizentrum wegbewegen.

In Computer-Simulationsmodellen haben deutsche Wissenschaftler in Geesthacht herausgefunden, dass sich Monsterwellen (international: »freak waves«) auch aus vergleichbar harmlosen Ausgangsbedingungen aufschaukeln können. Wenn kleinere, schnelle Wellen eine langsame, große überlaufen, kann es zu den gefürchteten Aufschaukelungs-Phänomenen kommen, die im Endeffekt für Schiffe vernichtend sind. Von den rund 200 größeren Schiffen, die jährlich in schwerer See sinken, dürfte ein erheblicher Anteil Tsunami-Opfer sein. Dass man davon bisher wenig hörte, hat seinen guten (im Ernst: einen schlechten) Grund: Keine Versicherung der Welt kann zu erschwinglichen Raten Versicherungsschutz gegen Monsterwellen anbieten. Dazu sind die nassen Totschläger nach neueren Erkenntnissen einfach zu häufig. Und Reedereien, deren Geschäft Personentransport ist, werden sich hüten, das Risiko an die große Schiffsglocke zu hängen.

In den geologisch nicht so bewegten Meeren (gemessen am »feurigen« Pazifik), in Atlantik, Mittelmeer und Indischem Ozean sind Tsunamis entsprechend selten. Aber statistische Seltenheit besagt nichts über das Katastrophenausmaß. Das schlimmste europäische Erdbeben der Neuzeit, das von Lissabon im Jahre 1755 mit 70 000 Toten, forderte die übergroße Mehrzahl seiner Opfer nicht durch Erdstöße, Brand und Trümmerschlag, sondern durch die Wassermassen, die von See her an die Küste schlugen.

Rund hundert Jahre vor Lissabon soll ein Vulkanausbruch auf Santorin (Ägäis) das Meer zu einer Riesenwelle aufgepeitscht haben, die im Küstenbereich der Nachbarinseln gewaltige Verwüstungen anrichtete. Und eine immer noch nicht ganz verschollene Theorie über den Untergang von Atlantis (siehe auch Seite 204) besagt, dass hier Vulkanismus und Riesenwellen die Wiege der westlichen Kultur – wo auch immer sie gestanden haben mag – umgeworfen und zerschlagen hätten.

Genaueres und Belegtes weiß man von der Krakatau-Katastrophe aus dem Jahre 1883. Der hochaktive Vulkan in der Sundastraße, nahe der Insel Java gelegen, explodierte mit solcher Wucht, dass er den größten Teil seines Gipfels buchstäblich wegsprengte. Das Meer stürzte sich in die unterseeische, leere Magmakammer, wodurch ein unvorstellbar großer Schockimpuls ausgelöst wurde.

Der Blaue Planet

Der grosse Schlag ins Wasser

Wir Menschen haben ein Faible für Katastrophen – solange wir nicht unmittelbar betroffen sind und uns die spektakulären Bilder betrachten können. Filme über Vulkanausbrüche oder auch Monsterschinken wie »Deep Impact« und »Armageddon« befriedigen jedweden Katastrophen-Voyeurismus.

Aber was ist wirklich dran an der Vorstellung, dass ein großer Meteorit (... ein nach erdgeschichtlichem Zeitmaß gemessen extrem seltenes Ereignis!) die Erdatmosphäre durchschlägt und irgendwo küstennah im Meer verschwindet? Die Antwort der Wissenschaft ist nicht gerade beruhigend; man müsse dann wohl mit Wellenhöhen bis zu 100 m rechnen. Mit anderen Worten, danach müsste man die Landkarten in den betroffenen Gebieten neu zeichnen. Immerhin soll in den nächsten Jahren auf Hawaii mit Millionen-Dollar-Aufwand ein Teleskop, das aus vier superstarken Einzel-»Augen« besteht, in Dienst gestellt werden, das keine andere Aufgabe hat, als die Bahn potenziell gefährlicher Meteoriten frühzeitig zu erkennen.

Realistischer als der Super-Gau aus dem All ist vielleicht ein anderes Schreckensszenario. Eine Atombombenexplosion, küstennah unter Wasser gezündet, würde den Menschen der Region wohl jede Chance zur Flucht nehmen.

Was wäre wenn? Ein gewaltiger Meteoriteneinschlag im Meer könnte die Weltküstenlinien verändern. Statistisch gesehen ist so ein Ereignis allerdings mehr als unwahrscheinlich.

Die Folge war ein Tsunami, der auf die benachbarten Inseln zuraste. Der Wellenkamm, so rekonstruieren Experten heute den Ablauf des Ereignisses, wird zu Anfang nicht allzu hoch und bedrohlich gewesen sein. Erst die Verlangsamung der Welle in Küstennähe (aufgrund des Widerstandes, der entsteht, wenn die Wassermassen auf flachere Zonen auflaufen) türmte das Wasser zu gewaltigen Höhen. Große Landstriche auf Sumatra und Java wurden heimgesucht. Fast 36 000 Menschen kamen in einem Umkreis von 80 Kilometern ums Leben, 295 Orte wurden restlos zerschlagen und fortgespült.

Tsunamis machen heute – in einer Zeit, in der sich Katastrophenmeldungen gegenseitig den Rang im 24-Stunden-Takt ablaufen – naturgemäß immer nur dann Schlagzeilen, wenn fernsehwirksame Bilder vorliegen.

Wissenschaftler dagegen können sich diese Art von »Hit and run«-Beschäftigung mit dem Phänomen nicht leisten; ihr Ziel ist es, wenn irgend möglich, Tsunamis vorherzusagen oder wenigstens besonders gefährdete Küstenabschnitte auszumachen. Neuere Erkenntnisse beunruhigen insbesondere US-Wissenschaftler. Das Ozeanografische Institut Woods Hole der Columbia-Universität und Wissenschaftler der Universiät von Austin/Texas haben Risse im Festlandsockel vor der Chesapeake Bay festgestellt. Das heißt im Klartext: Vor der Ostküste der USA beginnt der Meeresboden aufzubrechen.

Das ist so lange relativ harmlos, wie die Aufbrüche langsam und unspektakulär verlaufen. Sollte es aber zu heftigen Erdrutschen und spontanen Spannungsbrüchen kommen, wären die Küsten von North Carolina, Virginia und unter Umständen sogar die Hauptstadt Washington von etliche Dutzend Meter hohen Wellen bedroht.

Küste, Watt und Katastrophen

Sturmflut an der Nordseeküste

Das Wattenmeer ist eine aquatische Landschaft: Land auf Zeit, Meer auf Widerruf. Und die Küsten glichen lange Frontlinien, an denen der Mensch nicht ungestraft und in Ewigkeit siedeln konnte.

Gott teilte – so steht es auf der ersten Seite der Bibel – Land und Meer. In einigen Abschnitten muss er sich nicht ganz schlüssig über den Grenzverlauf gewesen sein: Land oder Meer? Der Kompromiss hieß Wattenmeer, eine Ausnahmelandschaft, die Holland, Deutschland und Dänemark auf 6600 km² exklusiv – zumindest in dieser Ausformung und Mächtigkeit – für sich haben. Auf etwa 450 km Küstenlänge dehnt sich das Watt zwischen Den Helder (Niederlande) und Esbjerg (Dänemark), maximal 30 km breit; allein der zu Deutschland gehörende Teil – überwiegend Nationalpark – bedeckt 5367 km².

Nur auf den ersten Blick ist Watt eine einförmige Landschaft, sie ist vielgestaltig und wird mit jeder Ebbe neu geschaffen: erkennbar die alte, aber doch nie die selbe.

Selbst Boden ist hier nicht gleich Boden. Je nachdem, wie verwirbelt und unruhig sich das Wasser bei Flut gebärdet, kann sich jeweils Sediment unterschiedlicher Korngrößen absetzen. Wo noch feinste Schwebeteile die Ruhe finden, sich abzulagern – vorzugsweise in Buchten und im (relativen) Stillwasser hinter vorgelagerten Inseln –, entsteht meist Schlickwatt; das ist die glitschig-matschige Variante, die der Wattwanderer nur sehr begrenzt schätzt.

Sandwatt dagegen liegt am anderen Ende der Skala. Hier ist bei Flut das Wasser so bewegt, dass nur verhältnismäßig schwere und große Sandpartikel (0,2 mm Korngröße und mehr) absinken und die Grundlage der gut begehbaren, festen Wattfläche legen. Das Parade-Sandwatt dehnt sich vor St. Peter an der schleswig-holsteinischen Nordseeküste.

Zwischen Schlick und Sandwatt liegt der Mittelwert aus beidem: Mischwatt. Ein guter Kompromiss, besonders für den Wattwanderer, der nicht nur bequeme Begehbarkeit schätzt, sondern auch eine Fülle von Kleingetier beobachten will. Der Wassergehalt im Boden liegt hier mit 50% doppelt so hoch wie im Sandwatt.

Der Grenzraum zwischen offenem Meer und Küste ist eine der produktivsten Großlandschaften weltweit. Auf 1 Hektar Wattboden wuseln zirka 1 Tonne Lebewesen.

Biologen haben eine einleuchtende Erklärung für diese Massenkonzentrationen. Die Extreme gebären sie.

Nur verhältnismäßig wenige Arten schaffen es, den außerordentlichen Anforderungen des Wattenmeeres standzuhalten: harte Aufeinanderfolge von nass und trocken; außerdem kann die Hitze in kleinen Prielen und flachen Pfützen beträchtlich werden; der Sauerstoffgehalt unter der Watt-Oberfläche tendiert – insbesondere im Schlickwatt – schnell gegen null. Und noch ein Extrem: Der Salzgehalt in austrocknenden Pfützen, in denen Wattbewohner bis zur nächsten Flut überleben müssen, kann dramatisch ansteigen; im Zuflussbereich großer Flüsse wie Ems, Weser und Elbe dagegen – auch das ein Extrem – nimmt er rapide ab.

Wer es einmal geschafft hat, auf solche Anforderungen die passende evolutionäre Antwort zu finden, hat diesen Lebensraum exklusiv oder zumindest fast für sich. Und das wiederum ist die beste Voraussetzung für Massenvermehrung. (Das Gegenmodell ist der Regenwald: Die allgemein und für alle vorteilhaften, gleichförmig stabilen Lebensumstände erlauben große Artenvielfalt, aber – die Konkurrenz ist gewaltig! – kaum jemals Massenvermehrung einzelner Arten.)

Schwierig und wohl auch unsinnig wäre es, im Watt von wichtigen und unwichtigen Geschöpfen zu reden; eindeutig ist aber die Unverzichtbarkeit von Kieselalgen, ein fünfzigstel bis ein zehntel Millimeter kleine einzellige Pflanzen, die als Grundnahrung vieler Tierarten die »ökonomische Basis« des Öko-Großbetriebes bilden. Bisher sind über 450 Arten bekannt: Sie besiedeln die genannten drei Watt-Typen (Schlick-, Misch- und Sandwatt) in all ihren Über-

Der Wattwurm, von Anglern auch Köderwurm genannt, gräbt im Laufe eines Jahres bei seinen Röhrenausschacht-Arbeiten 25 kg Sand um.

Der schillernde Seeringelwurm lebt riskant: Bei Ebbe verlässt er seine Röhre um im nahen Umfeld Nahrung zu suchen.

gangsformen. Mehrere Millionen Individuen schichten sich im Hochsommer in übereinander liegenden Ebenen auf jedem Quadratzentimeter Wattboden zu einem schillernden, braunen Belag. Die Absonderungen dieser unendlich formenreichen Winzlinge bilden die »Klebemasse«, einen »Eiweiß-Kleber«, der das Watt überhaupt erst zusammenhält; ohne die stabilisierende Kraft der Kieselalgen wäre Europas Sedimentküste … was auch immer, aber kein Watt.

Und ohne Watt, dem Dorado für etwa 10 Millionen Vögel jährlich (rund 100 Arten), der Kinderstube von 70% aller Nordsee-Schollen und -Seezungen, dem Lieferanten von jährlich 25 000–30 000 Tonnen »Krabben«-Fang (richtiger: Sandgarnelen, die Einheimischen sprechen von Granat), wäre die Küste eben nur eine beliebige Land/Wasser-Grenze und nicht eine Welt für sich. Dieses aquatische Sonderreich hat natürlich nicht nur biologische Determinanten. Wer es grundlegend verstehen will, muss den Blick himmelwärts und weiter bis in den Weltraum richten.

Küste, Watt und Katastrophen

Die Sandklaffmuschel lebt sehr verborgen; wenn man sie lässt, bleibt sie ihr Leben lang unterirdisch und hält nur mit ihrem langen Sipho Kontakt zum freien Wasserkörper.

Rund 10 000 Schlickkrebse leben stellenweise pro Quadratmeter; der Nahrungsreichtum des Wattenmeeres hat einen Namen: Corophium volutator.

Unter dem Einfluss des Mondes

Man kann nicht lange über das Phänomen Wattenmeer sprechen, ohne auf den Mond zu kommen. Er ist der Pulsgeber für das Hin und Her gewaltiger Wassermassen. Der Mond hält die 2 Drittel der Erdkugel, die wasserbedeckt sind, ganz schön in Dauerschwingung – etwas, das lokal wirksame Kräfte wie Stürme und Strömungen nicht könnten.

Die Anziehungskraft, die der Mond auf die Erde ausübt, macht sich an der mondzugewandten Seite als Wasser-Aufwölbung von zirka 90 cm auf den Weltmeeren bemerkbar. Steht der Mond über dem Atlantik, bildet sich aber auch entgegengesetzt – im Pazifik – ein Wellenberg: und zwar durch die Fliehkraft des Zweikörpersystems Erde/Mond, dessen Drehpunkt nicht (!) in der Erdmitte liegt. Unter diesen 2 Wellenhügeln dreht sich die Erde hindurch. Da sie aber auch Landmassen und nicht nur unbegrenzte Ozeane hat, prallt das zyklisch anschwappende Wasser an Barrieren, wird ab- oder umgeleitet und versetzt den Wasserkörper damit in Schlingerbewegung. Die Flutwelle ergießt sich düsenartig durch Engen wie etwa den Ärmelkanal, um dann verzögert und ungleichmäßig über die flachen Küstenzonen von Holland, Deutschland und Dänemark zu laufen.

Aber nicht nur der Mond, auch die Sonne wirkt anziehend auf die Erde und ihre Wassermassen. Ziehen Mond und Sonne in einer Linie, addieren sich ihre Kräfte zur Springflut, die zur Sturmflut werden kann, wenn Orkane die Wellenberge noch zusätzlich anschieben. Stehen dagegen Sonne und Mond so zur Erde, dass sich ihre Kräfte neutralisieren (das ist bei Viertel- und Dreiviertel-Mond der Fall) schrumpft die Flut zur Nippflut.

Die Menschen an der Küste haben sich mit einer guten Prise Selbstironie die Erklärung ein wenig vereinfacht. In Ostfriesland klingt das bei Tee und gemütlicher Ofenwärme so: Als der Herrgott vor langer Zeit das Watt gemacht hat, wurde das Wasser neugierig und schaute bei Ostfriesland über den Deich. Mein Gott, hat es sich da aber »ve'dschaacht« (verjagt, erschrocken), als es zweier lebendiger Ostfriesen ansichtig wurde. Mit Riesenschwapp ging es auf Sicherheitsabstand. Aber seither kommt es zweimal am Tag, um nachzuschauen, ob die Ostfriesen noch da sind. »Un de Lü', de dat nich weet, de vertellt wie, dat is Ebbe und Floot un de Maand ha' dat up'e Hand.« (Und den Leuten, die das nicht wissen, sagen wir, das sei Ebbe und Flut und der Mond hätte da die Hand im Spiel.)

Die launige Geschichte kann nicht vergessen machen, dass die Nach-

Mythos Rungholt – Das Atlantis des Nordens

Zu den lebendigsten Untoten überhaupt zählen untergegangene Länder oder Städte wie Atlantis und Vineta, die versunkene, legendäre, schon im 10. Jahrhundert reiche »Stadt« –, ehemals auf der Ostsee-Halbinsel Wollin gelegen. (Städte im heutigen Sinne gab es im nordeuropäischen Raum um die erste Jahrtausendwende noch nicht.)

Kaum weniger klangvoll als Atlantis oder Vineta ist der Name Rungholt; gemeint ist eine Stadt (richtiger: Großsiedlung), die von der gigantischen Flut des Jahres 1362 zusammen mit riesigen Landmassen fortgespült wurde. Knapp dreihundert Jahre müssen die Überbleibsel als Mahnmale im Watt zu sehen gewesen sein, bevor die noch dramatischere Flut von 1634 buchstäblich alles einebnete, was an alte Siedlungsrelikte erinnerte.

Rungholts Spuren finden sich heute noch in einschlägigen Bibliotheken. Im Hamburger Stadtarchiv wird zum Beispiel ein Schriftstück, datiert vom 19. Juli 1361, verwahrt, das Hamburger Kaufleuten auf Rungholt freies Geleit und Handelsfreiheit gewährte. Dieses Dokument ist insofern bemerkenswert, als es den Streit um das Untergangsdatum – einige meinten, Rungholt müsse schon um 1300 ausgelöscht worden sein – entscheidet: Die Urkunde wurde 1 Jahr vor dem Ende der Handelsniederlassung gefertigt.

Funde von Schleusenresten (und hier insbesondere deren Größe!) lassen den Schluss zu, dass Rungholt in der Tat kein beliebiges Fischernest war, sondern ein wichtiger Stützpunkt für den damaligen Handel. Die Marcellusflut vom 16.1.1362 – eine gigantische Sturmflut, die das gesamte Küstenbild des heutigen West-Schleswig-Holstein von Grund auf neu modelliert hat – muss Rungholt gewissermaßen im Handstreich vernichtet haben.

Historiker streiten noch immer um die Schuldfrage: War die Januarflut einfach so unfassbar riesig, dass menschliches Ermessen nichts dergleichen vorhersehen konnte, oder hatte die Pest von 1350, der drei Viertel der Menschen in den umliegenden Regionen zum Opfer gefallen waren, dazu geführt, dass zu wenig Muskelkraft verfügbar war, um die Deiche instand zu halten?

Nach Gründen hat man auch auf anderem Terrain gesucht – auf dem Felde der moralischen und frommen Lehrgeschichten. Bekannt wurde eine nordische Variante der biblischen Sodom-und-Gomorrha-Sage: Frevelnde Trunkenbolde hatten zuerst die Sau eines Rungholter Gottesmannes mit Alkohol voll laufen lassen und dann den Priester selbst bis zur Besinnungslosigkeit abgefüllt. Der Geschändete bat Gott um Gerechtigkeit, und die kam im Gestalt der alles vernichtenden Woge. Und wie in der biblischen Vorlage überlebten nur wenige Gerechte.

Die Legende wurde zur Grundlage diverser literarischer Versuche. Der bekannteste dürfte das Gedicht »Trutz Blanke Hans« von Detlev von Liliencron aus dem Jahre 1882 sein; weniger wegen etwaiger historischer Genauigkeit – die fehlt völlig! –, als vielmehr wegen der Wortschöpfung »Blanke(r) Hans«, die sich als Metapher für die entfesselte Nordsee verankert hat. Die bildstarke Beschreibung des Gezeitenmeeres und seiner Gefahren (Nordsee/Mordsee) machte Liliencrons Gedicht zum gereimten Dauerbrenner und verschaffte dem Poem einen Platz im Lyrik-Pflichtkanon etlicher norddeutscher Schülergenerationen.

Ein Deichtor: Anfang des 20. Jahrhunderts war dieses Zeugnis des untergegangenen Rungholt im nordfriesischen Watt freigespült worden.

TRUTZ, BLANKE HANS

Heut bin ich über Rungholt gefahren,
Die Stadt ging unter vor sechshundert Jahren.
Noch schlagen die Wellen da wild und empört
Wie damals als sie die Marschen zerstört.
Die Maschine des Dampfers schütterte, stöhnte,
Aus dem Wasser rief es unheimlich und höhnte:
Trutz, Blanke Hans.

Von der Nordsee, der Mordsee, vom Festland geschieden
Liegen die friesischen Inseln in Frieden.
Und Zeugen weltvernichtender Wut,
Taucht Hallig auf Hallig aus fliehender Flut.
Die Möwe zankt schon auf wachsenden Watten,
Der Seehund sonnt sich auf sandigen Platten.
Trutz, Blanke Hans.

Mitten im Ozean schläft bis zur Stunde
Ein Ungeheuer, tief auf dem Grunde.
Sein Haupt ruht dicht vor Englands Strand,
Die Schwanzflosse spielt bei Brasiliens Sand.
Es zieht, sechs Stunden, den Atem nach innen
Und treibt ihn, sechs Stunden, wieder von hinnen.
Trutz, Blanke Hans.

Doch einmal in jedem Jahrhundert entlassen
Die Kiemen gewaltige Wassermassen.
Dann holt das Untier tiefer Atem ein
Und peitscht die Wellen und schläft wieder ein.
Viel tausend Menschen im Nordland ertrinken,
Viel reiche Länder und Städte versinken.
Trutz, Blanke Hans.

Ein einziger Schrei – die Stadt ist versunken,
Und Hunderttausende sind ertrunken.
Wo gestern noch Lärm und lustiger Tisch,
Schwamm andern Tags der stumme Fisch.
Heut bin ich über Rungholt gefahren,
Die Stadt ging unter vor sechshundert Jahren.
Trutz, Blanke Hans.

DETLEV VON LILIENCRON (AUSSCHNITT)

barschaft des Meeres lange eine Sache auf Leben und Tod war. Die »Maandsdränken« (»Mannstränken«) – verheerende Sturmfluten, die ganze Dörfer unter sich begruben – haben sich tief im kollektiven Unterbewusstsein der Küstenbewohner eingegraben. An der Küste lebt noch immer der »Mythos vom nassen Tod«, auch »Blanker Hans« (siehe Kasten) genannt.

Um diesem Mythos ein wenig nachzuspüren, begeben wir uns an den Jadebusen, eine 160 km² große Einbuchtung in die niedersächsische Küstenlinie nördlich von Oldenburg. Hier bekommt man ein lebendiges Bild von der Gezeitendynamik und ihren exzentrischen Ausschlägen ins Katastrophische. Durch die gut 6 km breite Öffnung bei Wilhelmshaven ergießen sich mit jeder Flut 400 Millionen Kubikmeter Wasser bis zu 13 km weit in die flache Bucht und werden mit dem Ebbstrom wieder fortgesogen. Die Spülkraft reicht aus, dass sich die großen Gezeitenkanäle (die Priele) nicht mit Sediment zusetzen.

Der Jadebusen ist das 1:1-Denkmal einer Katastrophe, einer gewaltigen Landnahme des Meeres. Warum die See gerade hier so erfolgreich zuschlagen konnte, hat ganz wesentlich menschengemachte Gründe. Doch um die zu verstehen, muss man sich zuerst die Normalsituation vor etlichen hundert Jahren vergegenwärtigen.

Wo heute der Jadebusen säuberlich eingedeicht Vogel- und Touristenschwärme anzieht, war über die Jahrtausende küstennahes Moor. Lange, vermutlich erdgeschichtlich lange, hielt der Salzwiesen-Streifen vor dem

Der Blaue Planet

Lange bevor die Menschheit Ebbe und Flut als von Sonne und Mond verursacht begriff, wusste sie sich darauf einzurichten.

In den Salzwiesen vor dem Deich – sie gehören heute zu den bedrohtesten Landschaften Europas – überleben nur »Extremisten«: Pflanzen, die das Vollbad im Salzwasser ertragen können.

aus dem heutigen Nordwest-Niedersachsen begannen mit den Sachsen und Jüten seit dem 5. Jahrhundert die Eroberung und Besiedlung Großbritanniens.

Als die Menschen in Küstennähe zu siedeln begannen, mussten sie mit 2 Mangelfaktoren fertig werden: Trinkwasser- und Brennholzknappheit. Das Moor bot Abhilfe. Der große »Schwamm« war jahraus, jahrein trinkwassergesättigt. Und man holte sich Torf, dessen Brennwert für damalige Verhältnisse nicht schlecht war. Die entstehenden Löcher und Kolke (Aus- und Unterspülungen) verband man mit dem offenen Meer; denn Abtransport in Torfkähnen war ungleich bequemer als mit Muskelkraft über Land, zumal der Transport mit Ochsen- und Pferdefuhrwerken auf schwankendem Grund immer eine heikle Angelegenheit war.

Über die künstlich geschaffenen Verbindungen lief Meerwasser ins Moor; das schuf zwar hier und da Trinkwasserprobleme, aber nun hatte man plötzlich »Salztorf«: Meersalz reicherte sich im Moor an. In der Asche des verbrannten Torfes lag das »weiße Gold«.

Weißes Gold? Das ist keine bemüht überdrehte Formulierung, wenn man bedenkt, dass 1 kg Salz über Jahrhunderte in etwa dem Geldwert eines Rindes entsprach. Salzproduktion (übrigens: mehr als Fischfang) machte schließlich das risikoreiche und nicht sonderlich gesunde Leben im Wellenschlagbereich des Meeres lohnend. Die Friesenhäuptlinge wurden durch Salz reich und lokal mächtig; jedes vor sich hin kokelnde Salztorf-Feuer war ein

Moor die Fluten zurück. Das Moor konnte derart geschützt relativ ungestört wachsen.

Wenn Fluten höher als normal aufliefen, luden sie auch mehr Sediment ab: Das Land wuchs und verbaute dem Meer die Aufmarsch- und Anlaufstrecke für Landnahmen. In der Bezeichnung »Grohden« für das Land, das aus dem Meer wächst, steckt das angelsächsische »to grow« (wachsen). Die sprachliche Verwandtschaft weist auf eine historische hin: Die germanischen Angeln

Der bange Blick ins Meeresgetose: Werden die Männer, Söhne, Geliebten den Rückweg in den schützenden Hafen schaffen?

Heute weiß man, dass Torfabbau hinter den Küstenlinien – womöglich noch mit Transportkanälen ins Meer – Einfallsschneisen für Menschen mordende Großfluten schuf. Der heutige Jadebusen war über Jahrhunderte eine »Goldgrube« zur Salztorf-Gewinnung und wurde in einer einzigen Nacht zum feuchten Massengrab.

Deiche brechen meist von hinten: Überlaufendes Wasser reißt sie rückwärtig auf. Mit Sandsäcken versuchen Deichschützer das Schlimmste zu verhindern.

Menetekel ihrer Macht. Aber wie im berühmten Belsazaar-Gedicht von Heinrich Heine (»Die Magier kamen, / doch keiner verstand / zu deuten die Flammenschrift an der Wand.«) konnte man auch hier die warnenden Vorzeichen nicht lesen. Wo Salz im Tagebau gewonnen wurde und zugleich die Einschürfungen mit dem Meer verbunden wurden, hatte man »der See die Tore gefährlich weit geöffnet«, so der Nordsee-Umweltpädagoge Dr. Wolfgang Meiners, dem die Autoren dieses Buches etliche Informationen zur Geschichte der Küste verdanken.

Verheerende Mannstränken wie die Antoniusflut von 1511 (damals schwoll der Jadebusen auf gut das Doppelte seiner heutigen Größe an) schlugen schließlich die charakteristische Herzform in die ostfriesische Küste.

Die ganz großen Katastrophen haben sich dem Friesenbewusstsein – Friesen stellten einmal durchgängig die Küstenbevölkerung von Holland bis nach Dänemark – tief eingegraben. Roland Kalb schildert die Langzeitwirkung der Oktoberflut: »Für die Menschen wurde die Nacht zum 11. Oktober 1634 zu einem Schreckensdatum. Ein aufkommender Südweststurm, verstärkt durch die Wirkung der Springflut, ließ das Meer mehr als 4 m über den mittle-ren Hochwasserstand ansteigen. Auf Altnordstrand brachen an 44 Stellen die Deiche. Von 8833 Inselbewohnern ertranken 6200 und mit ihnen 50000 Stück Vieh. Altnordstrand wurde in zwei Teile gerissen: Nordstrand und Pellworm.

Die Menschenverluste auf den Inseln und Halligen, verstärkt durch Seuchen und den 30-jährigen Krieg, hatten für die Zukunft fatale Auswirkungen. Die stark dezimierte Bevölkerung konnte die weggespülten Deiche nicht mehr im notwendigen Umfang aufbauen. So galten die Inseln und Halligen für lange Zeit als verlorenes Land und als bessere Wellenbrecher der Festlandsküste.«

Und eigentlich boten erst die Deichausbau-Programme der zweiten Hälfte des 20. Jahrhunderts ausreichend Schutz; die Sturmfluten vom Februar 1953 und die unvergessene Hamburger Katastrophe, die 1962 (tief im Binnenland!) noch 315 Menschenopfer forderte, verhalfen dem Generalplan »Deichverstärkung, Deichverkürzung, Küstenschutz« zum Durchbruch – falls diese Formulierung in Sachen Deich statthaft ist.

Die höchsten Deichkronen werden mit 9,50 m derzeit (Herbst 2003) im Jadebusen aufgetürmt; schließlich misst man bei Wilhelmshaven, dort wo sich der Jadebusen ins Land öffnet, mit 3 m einen beträchtlichen mittleren Tidenhub. In Bremen – die Weser wirkt als Stautrichter – sind es sogar 4 m.

Vogelland – der permanente Aufschwung

Naturschützer bangen angesichts gewaltig zugreifender Bagger und Schlepper um das streng naturgeschützte Jadebusen-Deichvorland; immerhin dehnt sich vor den Deichen das Gros der wenigen verbliebenen Salzwiesen-Reste der Nordsee: Rasenflächen, die von verschieden hoch auflaufenden Fluten unterschiedlich weit überspült werden. Sie bestehen aus mehr oder minder salztoleranten Pflanzen.

Der Extremlebensraum Salzwiese ist das perfekte Refugium für diverse Limikolen (Watvögel), die in den Prielen und im vorgelagerten Watt eine paradiesische Nahrungsdichte an Kleinkrebsen finden, nach Pierwürmern stochern, Muscheln knacken und in Wasserlöchern gefangene Fische abernten.

Wer sich für die Welt der Vögel interessiert, ist im Küstenbereich von Holland, Deutschland und Süddänemark richtig. Aber es gibt auch hier »Ebbe und Flut«, was Zahl und Artenhäufigkeit der Gefiederten anbelangt. Doch die Vogeluhr tickt, mal lauter, mal leiser, rund ums Jahr.

Schon Anfang des Frühjahrs kann man große Schwärme von Knutts, Weitreisende aus der sibirischen Tundra, und Pfuhlschnepfen beobachten.

Im zeitigen Frühjahr und in der ersten Sommerhälfte (Mitte April bis Ende Juli) geben die Seeschwalben ein kurzes, dreieinhalbmonatiges Gastspiel. Schon im August muss die neue Generation flugtauglich genug sein, um die Luftreise nach Südafrika oder bis in die Randgebiete der Antarktis zu überstehen.

Der hohe und mehr noch der späte Sommer ist die Zeit der Gänse und Brandenten, die dann neben Rotschenkeln, Säbelschnäblern, Austernfischern und Möwen die markantesten Vogelgestalten der großen Weiten sind.

Im Winter schließlich treffen Gäste aus dem hohen Norden ein: Eistaucher, Berg- und Schellenten.

Das Wattenmeer ist ihre »Sommerfrische« auf dem Rückweg von Brutgebieten im hohen Norden; unser Winter ist für sie Sommer genug. Das vielleicht schönste Küstengedicht deutscher Sprache – inspiriert durch eine Möwe – schrieb Theodor Storm (siehe Seite 37).

Mondgeschichten – Spukgeschichten

Alles vorm Deich wird vom großen Gezeiten-Atem bewegt.

Ein guter Ort für eine Schnupperlehre in Sachen »Rhythmus der Natur« ist das Deck von Andreas Thadens Krabbenkutter, einem der wenigen verbliebenen Fischereifahrzeuge, die bei Ebbe im Hafen von Fedderwardersiel bäuchlings im Schlick liegen.

Andreas Thaden weiß ein Lied vom Mond zu singen: »Auch wenn man den großen Gelben nicht sieht, ich muss mir nur meinen Fang angucken, dann weiß ich, welchen Mond wir haben!«

Wie das? Thaden fängt nicht nur Krabben, sondern auch Fische. Die liegen während einer schwachen Mondphase (bei Nippflut) vergleichsweise schicksalsergeben an Bord, während ein Fang, der bei starkem Mondeinfluss an Bord gehievt wird, auf Deck aufzukochen scheint. Seemansgarn, mythenseeliges Geschwätz?

Wohl kaum. Die Bauern, die ihre Schafe wie übergroße Wollgrasflocken ins Deichgras setzen, rechnen ebenfalls mit Mondkräften – mit seiner Zugwirkung, möchte man sagen. Nicht immer, aber auffällig häufig, so wird einem von Deichschäfern versichert, lammen Schafe bei auflaufendem Wasser. Und auch alte Hebammen hinterm Deich wussten, wann sie ihr Köfferchen zu packen hatten. Die Wehen kamen mit dem Wasser. Und die Pastoren, die einem todesmatten Schäfchen aus ihrer Kirchengemeinde über die letzte Hürde helfen wollten, wussten ebenfalls, wann es Zeit wurde anzuspannen: bei ablaufendem Wasser. Bauern, die sorgenvoll die Stärke eines aufziehenden Gewitters taxierten, konnten sich fast sicher sein: Wenn das Unwetter bis zum Wasserhöchststand nicht losgeschlagen hatte, durfte man es getrost vergessen.

»Die Flut bringt's, die Ebbe nimmt's«, sagte man hinter deutschen Deichen. Und etwas muss wohl dran sein. Der große Viertakt – das Wasser ändert rund viermal in 24 Stunden seine Fließrichtung – ist den Menschen, die an der Küste leben, in Fleisch und Blut übergegangen. Der Wechsel ist das Beständige. Und was man sich nicht so richtig erklären konnte, war – an der Küste wie im Binnenland – ausgesprochen legenden- und mythenträchtig: zum Beispiel die typischen Schallüberreichweiten bei aufziehen-

Das Wattenmeer ist eine »Treibstoffversorgungsbasis« allerersten Ranges. Ohne die ausgedehnten Futterplätze, die das zurückweichende Wasser im Sech-Stunden-Rhythmus freilegt, wären die Massenzüge spezialisierter Weitwanderer nicht vorstellbar.

dem Küsten- und Seenebel. Dass man plötzlich buchstäblich hören konnte, was außerhalb (normaler) Hörweite gesprochen wurde, konnte doch wohl nicht mit rechten Dingen zugehen. Stimmen aus dem Jenseits? Einflüsterungen böser Geister, die arme Seelen in der auflaufenden Flut ertränken wollen?

Auch schwankender Grund in Sumpf und Watt war eine solide Grundlage für Spukgeschichten, zumal ja wirklich und nachweislich ganze Pferdegespanne spurlos in Watt und Moor verschwanden. Und wenn Angreifer das Opfer ihrer mangelnden Ortskenntnis wurden – etwa beim Marsch über schwankenden Grund oder bei versuchten Überraschungs-Attacken übers Watt –, dann konnte auch das nur Fügung sein. Ja, was denn sonst?

In dem Maße, wie hohe Deiche und perfekt klimatisierte Wohnungen das Leben an der Küste normalisierten, entfiel die Notwendigkeit, auf den Pulsschlag des Meeres zu hören. Man hat heute Notebooks …

und falls tatsächlich nötig, kann man sich ja den Tidenkalender runterladen.

Ein Verlust an Lebensgefühl? Ja. Aber nur für die, die's bemerken.

MEERESSTRAND

*Ans Haff nun fliegt die Möwe,
und Dämm'rung bricht herein;
über die feuchten Watten
spiegelt der Abendschein.*

*Graues Geflügel huschet
neben dem Wasser her;
wie Träume liegen die Inseln
im Nebel auf dem Meer.*

*Ich höre des gärenden Schlammes
geheimnisvollen Ton,
einsames Vogelrufen –
So war es immer schon.*

*Noch einmal schauert leise
und schweiget dann der Wind;
vernehmlich werden die Stimmen,
die über der Tiefe sind.*

THEODOR STORM

Schwimmen
Von Flossen, Fluken, Flippern und Flügeln

Menschen sind keine geborenen Schwimmer, aber fast jeder kann es lernen. Wie sich die unterschiedlichsten Kreaturen aufs nasse Element einstellten, ist ein spannendes Kapitel der Schöpfungsgeschichte.

Zu den unausrottbaren Mythen – Mythen im Sinne von Halbwahrheiten mit zäher Überlebenskraft – zählt die Behauptung, die Seefahrer vergangener Zeiten hätten ganz bewusst (!) darauf verzichtet, schwimmen zu lernen, weil im Falle eines Schiffbruchs Schwimmen nur ihren Todeskampf qualvoll verlängert hätte. Es mag Kapitäne und Offiziere gegeben haben, die ihre Schwimmuntüchtigkeit in dieser Weise rationalisiert haben; aber auf jedem Großsegler musste es Matrosen geben, die gute Schwimmer waren; das war notwendig, wenn man – angeleint zwar – am Außenschiff etwaige Beschädigungen überprüfen musste oder die Gängigkeit des Ruders unter Wasser in Augenschein genommen werden musste.

Richtig ist allerdings, dass Schwimmen nicht immer zu den selbstverständlichen Grundfertigkeiten der Menschheit zählte. Es ist zwar eine uralte Kunst – Schwimmer finden sich schon auf jahrtausendealten Darstellungen –, aber erst seit neuerer Zeit lernt praktisch jedes Kind schwimmen.

In Legenden, Märchen und Mythen, die ja durchaus die Wirklichkeit ihrer Entstehungszeit spiegeln, war Schwimmen häufig eine besondere, eine bemerkenswerte, nicht selten eine heroische Angelegenheit. Der Mensch ist kein Fisch und keine Ente, er ist nicht zum Schwimmen gemacht; wenn er es trotzdem tut, wagt er etwas, fordert das Schicksal heraus. Schwimmen war in literarischer Auffassung immer auch ein Stückchen Mutprobe.

In vielfacher Variante gibt es die Geschichte von den Liebenden (siehe auch Meerjungfrau), die wegen trennender Wasser nicht zueinander kommen konnten, aber es gleichwohl versuchten. Der Schwimmer – meist der männliche Part – ertrinkt. Bekannt wurde die Legende von Hero und Leander, die Hans Sachs, Friedrich Schiller und andere in Verse gesetzt haben.

Und weil zur Mythologie gern auch ein wenig »persönliche Mythologie« gehört, erlaube ich mir einen Rückblick in eigener Sache.

Mit zehn oder elf – nachdem ich die Fortbewegung im Wasser relativ mühsam erlernt hatte – begriff ich die Idee des Schwimmens. Und das kam so: In den Laichkraut-Stauden, die in der Strömung der Schmalen Aue schwangen, standen gut getarnt und fast bewegungslos Forellen. Die Art

Schwimmen

Das wunderschöne alte Schmachtelied von den Königskindern, deren Vereinigung das Wasser verhindert, hat einen festen Platz im Kanon deutscher Kunstlieder.

und Weise, wie sie das taten, war pure Magie: Wie konnten Fische in einer Strömung, der ich nur heftig fuchtelnd widerstehen konnte, auf der Stelle verharren? Und wenn man sich ihnen langsam, jeden Schattenwurf vermeidend näherte, flitzten sie unfassbar schnell im letzten Moment gegen die Strömung davon. Schwimmen ist Leichtigkeit.

Der Trick mit der Schwimmblase

Anders als ein schwimmender Mensch brauchen Forellen und die Mehrzahl aller anderen Knochenfische keine Kraft zu verausgaben, um sich gegen die Erdanziehungskraft zu stemmen, das heißt im Wasser: gegen das Versinken. Ihr Luftsack (Schwimmblase) ist stets so gefüllt, dass der Auftrieb den Fischleib quasi schwerelos im Wasser hält.

Eine ungemein nützliche Entlastung; denn Bewegung kostet Kraft, besonders in einem Medium, das rund tausend Mal dichter ist als Luft. Da rettet der körpereigene Ballon die Energiebilanz, und zwar an beiden Enden der Geschwindigkeitsskala: Alle verfügbare Kraft kann bei Bedarf in lebenswichtige Sprints verausgabt werden; und Ausruhen ist ohne kräftezehrenden Muskeleinsatz möglich. Was Mensch mit klobigen Schwimmwesten und -ringen bewerkstelligen muss, hat Fisch serienmäßig in die meisten Prototypen integriert. Das gilt von den Winzlings-Fischlein, die in den Seeanemonen-Wiesen der großen Riffe herumwuseln, bis zu den Tarpunen (*Elops saurus*) – bekannt als »Riesenheringe« und Publikumsmagneten im internationalen Sportangler-Zirkus vor Florida.

Das Auftriebsgas, überwiegend Sauerstoff, holen sich die Kiemenatmer aus dem Blut. Und auch für Kompression und Dekompression ist gesorgt: Fische, die rasant aus der Tiefe nach oben schießen, sorgen über einen Verbindungskanal zum Vorderdarm für Druckausgleich.

Das Auftriebsaggregat erklärt etwas von der unerhörten Leichtigkeit des Fischseins, aber noch nicht den wundersamen Blitzstart der Forellen meiner Kindheit – mit einer Beschleunigung von 15 m/sec, aus dem Stand. Die hohe Schlagfrequenz von *Salmo trutta*, 15 Schwanzschläge pro Sekunde, wird dabei unterstützt von einer Schlängelbewegung, die 60 Prozent des Vortriebs bewirkt. Also stemmt sich nicht nur die Schwanzflosse gegen das Wasser, wie der Laie vermutet. Weit wirksamer ist das kraftvolle Sich-Winden auf ganzer Körperlänge. Seeschlangen, Aale und Muränen zum Beispiel, die sich ohne oder fast ohne Flossen-

Forellen – wie auch andere Fische vergleichbarer »Bauart« – entwickeln nicht nur mit der Schwanzflosse, sondern, mehr noch, mit dem ganzen Körper Vortrieb.

Hero und Leander – Schwimmen war ihr Schicksal

Die klassische Geschichte vom tragisch scheiternden verliebten Schwimmer gibt es in vielerlei Gewändern, hier die Prosafassung nach von Hagen:
»Ein Fürst jenseits des Meeres hatte einen Sohn, Leander, der schönste adeligste Jüngling. Die Burg lag am Gestade, und gegenüber, jenseits des Meerarmes, stand eine andre Burg, deren Herrin die reizendste Jungfrau war: Hero, sechzehn Jahr alt und von Gottes Hand so schön gebildet, wie kein Maler sie zu malen vermöchte: goldgelb ihr Haar, die Brauen braun, die Augen klar, die Wangen wie Rosen und Lilien, der Mund rubinglühend, die Zähne wie Elfenbein, das Kinn lieblich, Nacken und Busen blendend weiß. Beide liebten sich herzinniglich, konnten jedoch nicht anders zusammenkommen, als daß Leander nachts hinüberschwamm, geleitet von einer Leuchte, die Hero über die Zinne hinaussteckte.

So geschah es manches Mal, bis einst Wind und Wellen so heftig gingen, daß Leander nicht hinüberzuschwimmen wagte. Hero trauerte und schrieb ihm einen sehnsüchtigen Brief, worin sie klagte, daß er wohl durch Jagen, Saitenspiel, Brettspiel, Fechten, Schießen und ritterliche Fahrten sich die Zeit kürzen könne, sie dagegen nur mit ihrer alten Amme stets von ihm rede, die ihr vorspiegle, daß er bald käme, aber darüber einschlafe; sie küsse oft das Gewand, welches er anlege, wenn er herübergeschwommen, und wenn sie, schlaflos liegend, endlich am Morgen einschlafe, täusche sie ein seliger Traum, aus dem sie um so schmerzlicher erwache; dazu fürchte sie noch, daß er etwa eine andere liebe: nur Wiedersehen könne sie beruhigen.

Ein Fischer überbrachte diesen Brief dem Jünglinge, der tief seufzte und von Schmerz erbleichte. Er schrieb zärtlich zurück: es gebe keine Freude für ihn ohne sie; die Zeit der Trennung dünke ihm schon sieben Jahre lang; wenn er, schlaflos, nachts ihre Leuchte sehe, so gedenke er der schönen stillen Nacht, als er zuerst zu ihr schwamm, wie ihr Licht seine Arme gekräftigt, wie sie von der Burg ihm entgegengekommen, ihn lieblich umfangen, in einen warmen Mantel gehüllt und die seligste Nacht sie beide eingewiegt habe, bis am Morgen die Amme ihn zum leidigen Scheiden geweckt und er trübselig zurückgeschwommen. Jetzt stürme zwar das Meer, dennoch könne er nicht länger fernbleiben und wolle in nächster Nacht kommen; und wenn er verunglücke, empfehle er ihr seine Seele.

Diesen Brief sandte er voraus und schwamm nachts durch das tobende Meer. Der Sturm aber wuchs mit Donner und Blitz, und der Regen strömte, so daß der kühne Schwimmer die Leuchte nicht sah und, von Wind und Wellen getrieben, endlich ermüdete; er beklagte sein junges Leben, noch mehr sein Scheiden von der Geliebten, und seine Seele Gott befehlend verschied er.

Am Morgen sah man Leanders Leichnam auf dem Meere schwimmen; als Hero dieses vernahm, sank sie auf der Stelle leblos nieder und vereinte sich im Tode mit ihm.« Ende romantisch – alles gut!

In Peter Paul Rubens' Auffassung der »Hero und Leander«-Legende wird der tote Liebesheld von Nixen geborgen, was die Frage aufwirft: Wenn sie schon mal da waren, hätten sie ihn nicht auch gleich retten können?

Unterstützung durchs Leben schlängeln, verkörpern den Ganzkörper-Antrieb am deutlichsten.

Doch auch der Schlag der Schwanzflosse ist kein einfaches Hin-und-her-Gefuchtel. Ein (zugegebenermaßen nur annähernd genauer) Vergleich mag das verdeutlichen: Ein Tischtennisspieler, der eine Rückhand schmettert, erreicht die hohe Geschwindigkeit seines Angriffsballs nicht nur durch hartes Draufhauen. Im entscheidenden Sekundenbruchteil, wenn sich Schläger und Zelluloid berühren, erhöht der Könner die Beschleunigung durch eine Schleuderdrehung des Handgelenkes. Etwas Ähnliches bewirken etliche Fischarten durch die so genannte »Dreh- und Biegeschwingung« der Schwanzflosse. Die elastische Konstruktion schnalzt gewissermaßen nach jedem vollendeten Schlag noch zusätzlich ins Wasser. So wie die enorme Endbeschleunigung einer geschlagenen Peitschenschnur weniger durch die Muskelkraft des Peitschenschlägers zustande kommt als vielmehr durch die ruckartige Endstreckung der Schnurspitze, hörbar als Peitschenknall.

Wer schnell sein will oder muss, investiert naturgemäß in Muskeln: in Klasse, in Masse und, besonders clever, in Spezialisierung. Hundert-Meter-Sprinter strapazieren andere Muskeln als Zehntausend-Meter-Läufer. Geborene Schwimmer können sich bei Dauerbelastung auf ihre normalen roten Muskeln verlassen und bei Flucht oder dem »Vorschießen« à la Forelle weiße Muskeln »zuschalten« – so Bernd Scheiba in seinem Klassiker zur Evolution der Bewegung (Schwimmen, Laufen,

Quallen schwimmen nach dem Rückstoßprinzip; das Wasser unter ihrem Schirm wird durch ruckartiges Zusammenziehen herausgedrückt.

Fliegen). Lachse, die sich vor Wehren und in Stromschnellen meterhoch aus dem Wasser schnellen, nutzen ihre weißen Sprintmuskeln.

Außerdem profitieren Fische von der typischen Schleimschicht, die den Reibungswiderstand herabsetzt und den Leib damit gleitfähiger macht. Und – kein Ende der Raffinesse – wo ein Fischleib das umgebende Wasser berührt, finden sich bei einigen Arten raffinierte Mini-Konstruktionen: Die Schuppenmuster vieler Knochenfische und ganz besonders die »genoppte« Hautstruktur bei Knorpelfischen (Haien und Rochen) sind perfekte Lösungen, wenn es darum geht, den Schwimmer schneller zu machen (siehe auch das Kapitel Quastenflosser).

Wenn sich alle Finessen treffen und ergänzen – Antriebsstärke, ideale Schwimmgestalt, trickreiche Hautoberfläche –, dann kann es zu Fabelgeschwindigkeiten kommen wie den beglaubigten 90 km/h eines Schwertfisches. Diese Ausnahmefische können sogar im Hochgeschwindigkeitsbereich nicht benötigte Flossen strömungsneutral einklappen. Am schnellsten ist auf der Kurzstrecke vermutlich der Fächerfisch (*Istiophorus platypterus*), ein dolchschnauziger Kosmopolit, der in Long Key, Florida, mit 109 km/h gestoppt wurde.

Nicht weniger eindrucksvoll ist die Spitzenleistung in der Disziplin schnelles Ausdauerschwimmen: Ein markierter Blauhai hat in 300-km-Tagesetappen die Strecke von der afrikanischen Nordwestküste bis Australien bewältigt.

Rochen scheinen wie Greifvögel zu schweben.

DAS SPARSAME RÜCKSTOSSPRINZIP

Solch eindrucksvolles Flossenspiel macht leicht vergessen, dass die Natur das Prinzip Schwimmen auch auf ganz andere Grundlagen gestellt hat. Schirmquallen zum Beispiel katapultieren sich in gleichmäßig pulsierenden Stößen durch alle Weltmeere. Dabei ziehen sie ihre Schirmglocken durch ringförmige Muskeln ruckartig zusammen und pressen so das Wasser aus ihrem gallertartigen Umhang. Dieses Rückstoßprinzip lohnt sich nicht zuletzt deshalb, weil die Medusen keine Kraft verausgaben müssen, um nach einem Schwimmstoß wieder in die Ausgangsstellung zu kommen. Der Schirm ist so konstruiert, dass er sich in der Erschlaffungsphase wieder zur Glocke wölbt.

Für die meisten der durchscheinenden Rückstoß-Spezialisten reicht der Vortrieb allerdings nicht aus, um sich gegen Meeresströmungen zu behaupten. Strandurlauber kennen das: Wenn der Wind längere Zeit auflandig weht, bekleckern plötzlich unübersehbar viele Glibberpuddinge den Sand.

Andere Medusenarten haben sich den klassischen Quallenfeind – den Wind – zum Verbündeten gemacht. In warmen Meeren recken die so genannten Staatsquallen versteifte Gallertsegel über die Wasseroberfläche, den stabilisierenden Kiel bilden tief ins Wasser hängende Tentakel. Die Portugiesische Galeere pflegt einen fantastischen Antriebs-Mix aus Ballonfahrt, Segeln und Driften.

Zu noch größerer Perfektion als Quallen haben Tintenfische das Prinzip »Wasserstrahltriebwerk« entwickelt; nach neueren Forschungen sollen sich schon im Devon, vor 400 Millionen Jahren, Vorläufer unserer Kalmare auf diese besondere Weise durchs Wasser geschossen haben.

Einen anderen frühen Zeugen kann die Wissenschaft noch direkt und »live« befragen: Nautilus ist ein lebendes Fossil aus der Gilde der Rückstoß-Schwimmer. Der urtümliche Kopffüßer steckt in einem perlmutternen, raffiniert geschachtelten Gehäuse, das ihm als Druckausgleichskammer bei seinen Tieftauchgängen dient.

Im Laufe der Evolution hat sich der flossenlose Schwimmstil immer weiter perfektioniert. So wirkt bei den heute lebenden Tintenfischen – im Normalbetrieb – das Auspressen des Atemwassers zugleich als Schwimmstoß. Einige Arten bringen es dabei immerhin auf 30 km/h und mehr, schnell genug, um etlichen potenziellen Feinden davonzueilen. Aktiv fliehen kann im Übrigen auch ein Wesen, dem man es am allerwenigsten zutrauen möchte: Jakobsmuscheln können sich durch energisches Öffnen und Schließen ihrer beiden Schalenhälften vor angreifenden Seesternen in Sicherheit bringen.

FLIEGEN UNTER WASSER

Wer sich schon durch den Antrieb von Qualle und Tintenfisch an die moderne Raum- oder Luftfahrt erinnert fühlt (Schub gleich Masse der austretenden Gase mal Geschwindigkeit), findet bei Rochen, Pinguinen und Papageientauchern noch auffälligere Entsprechungen. Sowohl die Rochen, die »flügelschlagenden« Hai-Verwandten, als auch bestimmte Vögel scheinen unter Wasser zu fliegen.

Bei Manta & Co. ist das allerdings nur eine zufällige Analogie. Adler-

und Teufelsrochen schlagen ihre flatterhaften, zu Tragflächen verlängerten Brustflossen zwar elliptisch wie Vögel, sind mit ihnen aber evolutionsgeschichtlich nicht verbunden. Beim Pinguin (s. S. 136ff.) dagegen, dem Star der Unterwasserflieger, ist der Tauchflug so etwas wie Reminiszenz an die Zeit, als seine Vorgänger noch Luftreisende waren.

Wer einmal unter Wasser dahinjagende Pinguine beobachtet hat – am weltbesten derzeit wohl in der Pinguin-Großanlage von Loro Parque auf Teneriffa –, bekommt einen Eindruck von der Plastizität der Schöpfung: Ausgerechnet ein Vogel punktet hoch in der Domäne der Fische. Wobei der strömungsgünstige, spindelförmige Körper den Delfinen abgeschaut scheint und die gehärteten, wasserdichten Außenfedern an Fischschuppen erinnern. Den Vortrieb schaffen zum geringen Teil kurze, mit Schwimmhäuten ausstaffierte Füße; den Hauptschub bringen die flossenartig umgestalteten Flügel, die, wie bei den Kollegen in der Luft, schräg abwärts nach hinten geschlagen werden.

Zum gemütlichen Sich-treiben-Lassen auf der Wasseroberfläche bevorzugen die Kaltwasserspezialisten den Entenstil. Wenn es dagegen schnell über längere Strecken gehen soll, reist man, gern auch gesellig, im Delfinstil kurz unter der Wasseroberfläche und schnellt sich zum Atmen regelmäßig an die Luft. »Von allen bislang untersuchten Säugetieren und Vögeln«, schreibt Bernd Scheiba, »benötigen Pinguine pro Wege-Einheit die geringste Energiemenge.«

Noch günstiger, nämlich zum energetischen Nulltarif, reisen Blinde Passagiere: Die so genannten Schiffshalter (Echeneidae) heften sich an große Fische oder Schildkröten und verlassen ihr Reisevehikel da, wo es ihnen gefällt. Den vorderen Teil ihrer Rückenflosse haben sie zu einem Saugorgan umgebildet, mit dem sie sich anheften. Schwimmen ist gut, geschwommen werden besser.

Der Fisch im Menschen

In seinen »Südseeabenteuern« aus dem 19. Jahrhundert beschreibt Herman Melville eine interessante Szene, die wir heute – ganz modern – als »Babyschwimmen« bezeichnen würden. Der mit allen Wassern gewaschene »Moby Dick«-Autor ist verblüfft über das Schwimmvermögen eines Neugeborenen auf den Marquesa-Inseln und macht sich folgerichtig Gedanken darüber, warum so viele Menschen aus »zivilisierten« Ländern elendig ertrinken. (Folgende Szene ereignete sich zwar in einem Fluss, hätte aber genauso gut im Meer stattfinden können.)

»Als ich eines Tages ... nach dem Fluss baden ging, beobachtete ich eine Frau, die ... auf einem Felsen saß und gespannt den Sprüngen eines Lebewesens zusah, das dicht bei ihr im Wasser spielte und von mir zunächst für eine ungewöhnlich große Froschart gehalten wurde. Das seltsame Bild erregte meine Neugier, und ich watete nach der Stelle, wo sie saß. Ich traute kaum meinen Augen, als ich ein ganz kleines Kind sah, das erst vor wenigen Tagen geboren sein konnte und im Wasser herumpaddelte, als wäre es auf seinem Grund ausgebrütet worden und gerade an die Oberfläche gekommen.

Mitunter hielt die entzückte Mutter ihm die Hände entgegen, wenn das kleine Ding einen schwachen Schrei ausstieß, seine kleinen Gliedmaßen streckte und nach dem Felsen zustrebte, und im nächsten Moment drückte sie es an ihren Busen. Das wiederholte sich immer wieder, und das Baby blieb jedes Mal ungefähr eine Minute lang im Fluss. Ein paar Mal verzog es das Gesicht, wenn es einen Mund voll Wasser geschluckt hatte, und gurgelte und sprudelte, als wäre es am Ersticken. Dann hob es die Mutter hoch und brachte es auf eine Weise, die ich hier kaum be-

Manch ein Fast-Ertrunkener verdankt sein Überleben der stabilen Seitenlage und sachkundigen Helfern.

DER BLAUE PLANET

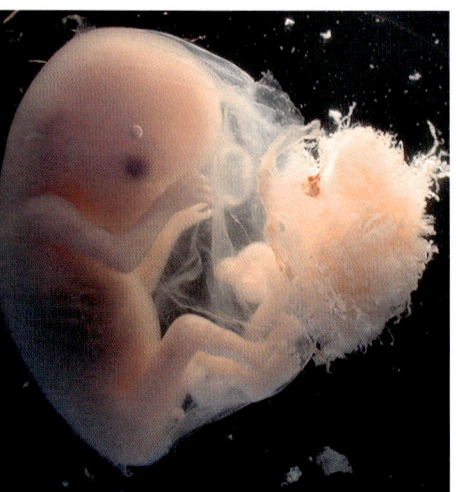

Unser Leben beginnt schwebend und schwimmend. Nicht nur Esoteriker leiten daraus eine lebenslange Affinität des Menschen zum Wasser oder gar zum Meer ab.

schreiben kann, dazu, die Flüssigkeit wieder auszuspucken.

Ein paar Wochen lang beobachtete ich diese Frau, wie sie ihr Kind regelmäßig in der Morgen- und Abendkühle nach dem Fluss zum Baden brachte. Kein Wunder, dass die Südseeinsulaner eine amphibische Rasse sind, wenn man sie ins Wasser lässt, sobald sie das Licht der Welt erblickt haben. Ich bin überzeugt, dass Schwimmen für den Menschen genauso natürlich ist wie für eine Ente. Und doch sterben viele gesunde und kräftige Leute in zivilisierten Ländern wie junge Katzen, die man ersäuft, weil sich ein ganz geringfügiger Unfall ereignet.«

Was der Schriftsteller nicht wissen konnte, weil die Wissenschaft damals noch nicht so weit war, hat er intuitiv richtig erfasst. Schwimmen ist für den Menschen etwas Natürliches – und »amphibisch« sind deshalb nicht nur die Südseeinsulaner. Bekanntermaßen stammt alles Leben aus dem Meer. Auch die biblische Schöpfungsgeschichte hält sich an die Reihenfolge – erst die Fische, dann die Vögel. »Es sollen die Wasser wimmeln vom Gewimmel lebendiger Wesen«, heißt es im 1. Buch Mose, Kap.1, Vers 20.

EMBRYONALE ERINNERUNG

Die Abstammung aus dem Wasser lebt bis heute in uns fort – wenn auch mehr oder weniger unbewusst. Oder kann sich jemand an seine aquatische Phase vor der Geburt erinnern? Schwerelos schwebten wir im Fruchtwasser, eingebettet in den Mini-Ozean des Mutterleibs. Die wegen der darin gelösten Mineralien leicht salzige Flüssigkeit bot Schutz, Wärme und Bewegungsfreiheit zugleich.

Das maritime Erbe geht sogar noch weiter: Jeder Embryo durchläuft in seinem Frühstadium eine kurze Phase, in der er – von außen betrachtet – einer Fischlarve ähnelt. Etwa einen Monat nach seiner Entstehung formt sich das Gewebe unterhalb des Kopfes zu Öffnungen, die wie Kiemenspalten aussehen. Das Hinterende des Keims endet in einem kleinen, eingerollten Schwanz.

Diese »fischähnliche« Phase haben alle Wirbeltiere gemeinsam, egal ob sie im Wasser oder an Land leben: also Fisch und Vogel, Amphibium und Reptil, Mensch und Maus. Wissenschaftler begannen schon in der zweiten Hälfte des 19. Jahrhunderts, diesem Phänomen auf die Spur zu gehen. Auf einem Treffen von Anatomen in jener Zeit in Straßburg wurde ein 7 mm kleiner Schweinswal-Embryo präsentiert. Die Anwesenden sahen ganz deutlich die Knospen der Hintergliedmaßen, die im frühen Embryonalstadium noch angelegt werden. (Sie bilden sich bald wieder zurück.) Auch der Schwanz ist erst rund wie jeder andere Säugetierschwanz. Später verbreitert er sich auf der ganzen Länge und erhält am Ende seine Querfinne. Es sah also danach aus, als ob der Wal-Embryo seine Evolutionsgeschichte – eine Phase als Landwirbeltier – mit sich herumschleppte.

Diese Erkenntnis gehört heute als »biogenetische Grundregel« von Ernst Haeckel zum Standardrepertoire im Biologieunterricht. Der deutsche Zoologe resümierte 1866: »Die Ontogenese ist eine kurze und schnelle Rekapitulation der Phylogenese.« Das heißt, in der vorgeburtlichen Entwicklung eines Individuums wiederholen sich einige Kapitel der Stammesgeschichte bzw. Evolution.

Beim menschlichen Embryo schließen sich die so genannten Kiemenspalten innerhalb der nächsten beiden Schwangerschaftswochen, auch das Schwänzlein verschwindet wieder. Obwohl das eigentlich Routinevorgänge sind, klappen sie nicht immer: Dann kommen Babys mit einer offenen Stelle am Hals – einer »Fistel« – zur Welt oder mit einer stummelschwanzartig verlängerten Wirbelsäule. Solche »evolutionären Rückschläge«, auch Atavismen genannt, sind aber selten und werden heutzutage operativ behoben.

Tauchen
Der Traum vom Unterwasser-Sein

Assyrisches Relief, um 865 v. Chr.

Die Menschen gingen in ihrem Bemühen, sich unter Wasser frei bewegen zu können, notfalls über Leichen. Über Wasserleichen. Das assyrische Relief zeigt Unterwasser-Kampfschwimmer mit Blasebalgen.

Wie war das noch mit dem »Taucher«, dem klassischen, dem Schiller'schen, der 27 Strophen – 162 sauber gereimte Zeilen – braucht bis zum tragischen Finale?

Und es wallt und siedet und braust und zischt,
Wie wenn Wasser und Feuer sich mengt.
Bis zum Himmel spritzet der dampfende Gischt,

Und Well auf Well sich ohn' Ende drängt,
Und wie mit fernen Donners Getöse,
Entstürzt es brüllend dem finstern Schoß.

Und sieh! Aus dem finster flutenden Schoß,
Da hebt sich's schwanenweiß.
Und ein Arm und ein glänzender Nacken wird bloß,
Und es rudert mit Kraft und emsigem Fleiß,

Und er ist's und hoch in der Linken Schwingt er den Becher mit feurigem Winken.

Soweit des Tauchers Sieg über die Tiefe, das Hohe Lied des Mutes, der Kühnheit, der Jugend, die ein Risiko als Herausforderung begreift. Aber wer sein Glück überfordert – diesen Grundgedanken hat Friedrich Schiller vielfach bei den Dichtern der griechischen Antike ausgeborgt –, der

Der Blaue Planet

Der berühmteste Taucher der Literaturgeschichte – der Kupferstich nach Zeichnungen von Heinrich Ramberg (1783–1840) entstand wenige Jahre nach Friedrich Schillers Tod – wurde zum großen Exempel: Der Mensch, der die Naturgewalten willkürlich herausfordert, muss scheitern.

zahlt unweigerlich den höchsten Preis. Ein paar Dutzend Reime weiter schlägt denn auch das Schicksal handkantenhart zu. Und so endet die Schiller'sche Ballade tragisch – mit einer edlen Wasserleiche, auf ewig verschollen:

*Wohl hört man die Brandung,
wohl kehrt sie zurück,
Sie verkündigt der donnernde Schall;
Da bückt sich's hinunter mit liebendem Blick,
Es kommen, es kommen die Wasser all,
Sie rauschen herauf, sie rauschen nieder,
Den Jüngling bringt keines wieder.*

Ungefähr so wie im Gedicht vom Taucher sah die Menschheit während ihrer gesamten kulturellen Entwicklung die Unterwasserwelt: verlockend und herausfordernd, ewig gebärend und nährend (Fischreichtum!) zum einen. Aber eben auch fern, gefährlich und eigentlich unerreichbar.

Eigentlich? Was heißt schon »eigentlich«? Was den vernünftigen, gut geerdeten Menschen als unmöglich galt, war stets der Stachel im Fleisch der Pioniere. Der Mensch ist zwar weder Vogel noch Fisch, aber gleichwohl – oder gerade deshalb? – zählten Fliegen und freies Tauchen lange zu seinen Lieblingstagträumen.

Unter Wasser ohne Hilfsmittel

Die wahrscheinlich älteste Darstellung tauchender Männer findet sich auf einem assyrischen Relief, das sich recht genau auf das Jahr 865 v. Chr. datieren lässt (siehe Seite 45). Drei Männer schwimmen, völlig bekleidet, unter Wasser, zwei saugen an luftgefüllten Lederbälgen – Vorformen heutiger Tauchflaschen, darf man vermuten. Die Taucher nähern sich, in den Fluten des Euphrat versteckt, einem Wehrturm; jedenfalls blickt ein dort ausharrender Bogenschütze über die Kampfschwimmer hinweg. Er hat sie offenbar nicht entdeckt, die Pfeile hält er in der Hand, die Bogensehne ist leer, sein Blick geht über die Wasserlinie hinweg. Vermutlich wird eine Kriegsepisode bebildert, die den Zeitgenossen des Reliefkünstlers vertraut war.

Wie überhaupt Krieg – also der ganz regelhafte Ausnahmezustand der Menschheit – schon früh Anlass bot, auch unter Wasser sein Leben zu riskieren. Der größte Feldherr der Antike, Alexander der Große, ließ von Tauchern im Hafen von Tyrus Hindernisse abräumen, und es heißt sogar, er soll selbst in einer gläsernen Tonne abgetaucht sein, um die Arbeit zu überwachen.

Schon früh – lange vor Erfindung von Unterwasser-Atemgeräten – bildeten sich Tauchspezialisten heraus. Alain Mountain schreibt in seiner »Kurzen Geschichte des Tauchens« (»Das ist Tauchen«): Es gab »schon im ersten vorchristlichen Jahrhundert eine Bergungsbranche, die sich bei den größeren Hafenstädten im östlichen Mittelmeer angesiedelt hatte. Die Branche war so gut organisiert, dass für Taucher sogar gesetzliche Tarife festgelegt waren, die eine nach der Tiefe gestaffelte Bezahlung vorsahen. Beim Tauchen wurde einfach die Luft angehalten; die Schulung begann in der Kindheit, und die alten Taucher entwickelten Ausdauer und ein gewaltiges Lungenvolumen. Als Gewicht, um das gewählte Ziel beim Abstieg schnell ansteuern zu können, benutzte man flache Steine. Es war üblich, dem Taucher ein Seil um die Taille zu binden, damit die Helfer ihn mit dem, was er oft in 22–31 m Tiefe geborgen hatte, wieder nach oben ziehen konnten.«

Man darf annehmen, dass der Verschleiß hoch war; und jedes Menschenopfer steigerte die Begehrlichkeit: Es müsste, es sollte doch einen Weg geben, länger unter Wasser zu bleiben, als die Füllung einer Lunge erlaubt!

Das Erste, worauf man kam, waren Rohre, die allerdings nur in sehr begrenzte Tiefen reichten und die Möglichkeiten, sich frei zu bewegen, weitgehend einschränkten. (Zu den Topoi von Kriegs- und Abenteuergeschichten gehört der nasse Held, der mit einem kleinen Atemröhrchen in der Hand ungesehen unter Wasser vormarschiert oder seinen Verfolgern entkommt.)

Das 16. Jahrhundert brachte eine erste Flut von Ideen, wie das Problem, als Nicht-Kiemenatmer unter Wasser klar zu kommen, zu lösen sei, viele kühn, einige grotesk; aber alle scheiterten sie an der physikalischen Konstante, dass Luft unter Wasser mit zunehmender Tiefe stärker kom-

Tauchglocken dienten nach zeitgenössischer Auffassung in der ersten Hälfte des 19. Jahrhunderts der »Tauchkunst«. Die Originalbildlegende aus dem »Bilder-Conversations-Lexikon für das deutsche Volk«, 1841: »ABCD ist der Körper der Glocke, welcher an vier Seilen aa hängt, die an Hanken des Schiffleins E befestigt sind. Die beiden Gewichte bb dienen dazu, die Glocke stets in einer solchen Lage zu erhalten, dass ihr unterer Rand der Oberfläche des Wassers parallel ist ...«

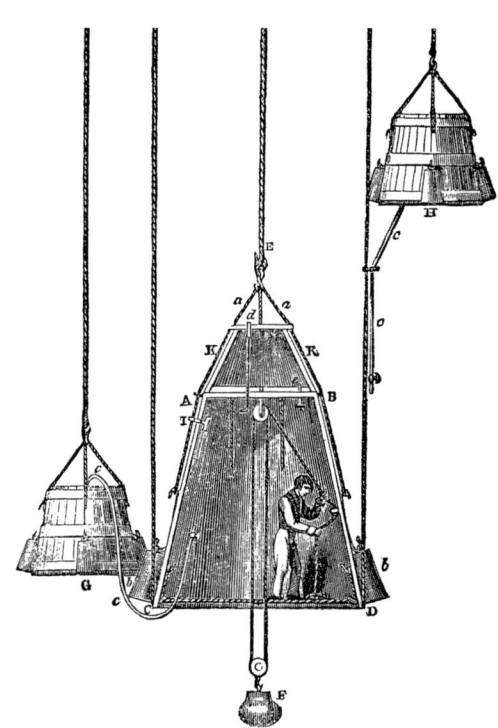

primiert wird, was freies Atmen ungemein erschwert.

TAUCHGLOCKEN

Als leidlich erfolgreich erwiesen sich Tauchglocken – ein solches Gerät wird erstmals 1531 erwähnt –, große hölzerne, mit Pech abgedichtete Töpfe, die mit der Öffnung nach unten von angehängten Gewichten aufrecht unter Wasser gezogen wurden. Der Taucher saß in einem mehr oder minder kleinen Luftreservoir und konnte von dort aus Unterwasserziele anschwimmen. Kein geringer Vorteil, denn normalerweise verbraucht ein Mensch, der voll eingeatmet – also mit viel Auftrieb! – abtaucht, einen erheblichen Teil seines Luftvorrates schon auf dem Weg nach unten.

Natürlich war auch die Atemluft in einer Tauchglocke nur eine knappe Reserve. Der englische Astronom Edmond Halley (nach dem ein berühmter Komet benannt wurde; er lebte 1656–1742) fand eine im Prinzip verblüffend einfache Abhilfe. Er senkte Gefäße mit komprimierter Luft noch etwas tiefer ab als die Glocke; über Schläuche und Ventile gelangte dann deren Frischluft in die Glocke. Halley glaubte an seine Erfindung, jedenfalls verharrte er mit 4 Begleitern anderthalb Stunden und 18 m tief am Grund der Themse.

Halleys Glocke wurde verbessert und abgewandelt; das Tauchfass des Engländers John Lethbridge war schon eine Art angeseiltes Tauchboot: Ein Mann konnte liegend – bis zu 18 m tief und über eine halbe Stunde lang – nach vorn durch ein Glasfenster schauen, während seine

Der Blaue Planet

Dieser Helm aus den Kindertagen der Taucherei war zu seiner Zeit einmal ein kleines technisches Wunderwerk. Heute dient er als Nostalgie-Dekorationsstück in einem Fischlokal in Rovinj/Istrien.

in Wracks vorzudringen oder komplizierte Bergungsarbeiten einzuleiten. Die Erfindung des Taucheranzuges mit Helm lag in der Luft, aber ehe sie sich im Wasser bewähren konnte, musste noch viel Schweiß vergossen werden – wohl nicht zum wenigsten Angstschweiß.

Die »Unterwassergeher« in ihren klobigen Rüstungen hingen allesamt an Nabelschnüren, durch die das Lebenselement Luft nach unten gelangte. Ausgeatmete Luft entwich unter dem Helmrand, was so lange kein Problem war, wie der Taucher aufrecht stand. Aber wehe, er stolperte!

Erst der »verbesserte Tauchanzug« von August Siebe (1840 patentiert) mit Auslassventil für verbrauchte

Die Bleiaufsätze der Schuhe sorgten für sichere Erdung; denn in Schräglage aufgeschwemmt zu werden, bedeutete Lebensgefahr.

Arme aus zwei Manschetten herauslugten. Der Erfinder selbst hat lange erfolgreich in seinem Gerät agiert und Waren aus mehreren Wracks geborgen.

Die ersten Taucheranzüge

Und es war wohl auch diese neue Dimension von Schatzsuche, die Tüftler und Abenteurer antrieb, kühne Schritte zu wagen: raus aus dem Kasten!

Die Wunschvorstellung war klar umrissen: Es sollte möglich sein, sich unter Wasser frei zu bewegen, ohne dabei durch Schnüre oder starre Bauelemente allzu stark eingeschränkt zu werden; nur so wäre es möglich, tief

Sobald man erkannt hatte, dass Leben und Sicherheit von Berufstauchern an sorgfältiger Dekompression hingen, konstruierten Ingenieure aufwändige Kammern – diese ruht auf einem Schwimmponton.

Gottesmänner auf dem Weg nach unten

Am Anfang seines historischen Romans »Ein Nashorn für den Papst« schildert Lawrence Norfolk die Vorbereitungs-Tests zweier Mönche, die zu Beginn des 16. Jahrhunderts in einem Holzfass zur untergegangenen Ostsee-Stadt Vineta hinabtauchen wollen:

»Höher, Bernardo! Höher!!«
Sie hatten einen Ladebaum gebaut, aber der hatte nicht recht funktioniert; jetzt erfüllten drei als Dreifuß zusammengezurrte Pfähle mit einem längeren, der in der Gabelung lag, den gleichen Zweck. Von einem Ende dieses Balkens hing ein Fass über den Teich. Am anderen hing Bernardo, der daran hinauf- und herabkletterte, dumpfen Kommandos aus der Tonne entsprechend. Sie hatten die Dauben verpicht und ein kleines Seitenfenster eingeschnitten, in das die in Nürnberg gekaufte Scheibe passte, das Ganze mit Leder ummantelt, mit Verschnürungen für Fenster und Kopfstück.
»Jetzt runter, Bernardo! Runter!«
Er hörte ein Rums, als das Fass aufs Wasser schlug, spürte es sinken, dann aufsetzen; sechs Zoll vom Fass ragten über die Oberfläche des Teiches, und die Wasserlinie halbierte das Guckloch.
(...)
Bernardo winkte und verlor den Halt; er fiel und ließ den Balken los, der mit einem Ende hochschoss, mit dem anderen schwer herabfiel, er spannte sich an – wumm – ein Volltreffer aufs Fass, das sich langsam auf die Seite legte, dann kenterte, und er fand sich kopfunter in völligem Dunkel und geriet in Panik ...

Luft schaffte die lang erhoffte Sicherheit und deutlich mehr Bewegungsfreiheit.

Mit dem Siebe-Anzug und vergleichbaren Modellen waren plötzlich längere und relativ sichere Unterwasser-Arbeitseinsätze möglich; die Berufstaucherei hatte einen Quantensprung gemacht.

Viele Probleme waren bereits Mitte des 19. Jahrhunderts gelöst, aber eines wurde lange nicht einmal erkannt. Man registrierte zwar mit Besorgnis die »Rheuma-Anfälligkeit« von Berufstauchern, wusste sie aber nicht recht zu deuten.

Ein französischer Physiologe, Paul Bert, erforschte das »Rheuma«-Phänomen und entdeckte, was wir heute unter dem Namen Taucher- oder Dekompressionskrankheit kennen. Beim Auftauchen »perlt« – insbesondere dann, wenn sich der Außendruck *schnell* verringert – der im Blut gelöste Stickstoff aus; ein höchst gefährliches Phänomen, das die ahnungslosen Berufstaucher als Rheumaschmerz beschrieben und das im Extremfall den Tod bringen kann.

Bert verordnete langsames, etappenweises Auftauchen: Die Todesfälle nahmen tatsächlich sprunghaft ab. Die 1893 nach Berts Vorgaben gebauten Dekompressionskammern brachten weitere Sicherheit.

Ihre erste große Bewährungsprobe – und damit zugleich weltweite Werbung – brachte der Bau des berühmten Hudson-Tunnels, der New York mit New Jersey verbindet. Hatte die Weltöffentlichkeit zuvor das Agieren unter Wasser für eine interessante, aber alles in allem nutzlose Beschäftigung gehalten, wurde plötzlich klar, dass die Fundamente des Fortschritts auch unter Wasser gelegt werden.

Modernes Freitauchen

Von den klobigen Marionetten-Gestalten und ihren Bleischuhen bis zum Freitauchen mit Druckluftflaschen, High-Tech-Kontrollgeräten, Lungenautomaten und schließlich zum Massensport unter Wasser war es noch ein etappenreicher Weg, den nachzuzeichnen den Rahmen dieses Buches sprengen würde.

Nur so viel: Manchmal wünscht man den Pionieren – all den vergessenen Helden, die in schlecht abgedichteten Robbenhäuten steckten oder in schwankenden, hölzernen Tauchglocken –, sie dürften das vorläufige Ende des von ihnen angestimmten Liedes erleben: Die große Symphonie der Naturwunder, frei schwebend über einem tropischen Riff, von grellbunten Fischen und Seeanemonen umfächelt. Oder, wie mein tauchbegeisterter Freund, der Mathematiker Rudolf Frommknecht, zu sagen pflegt: »Der Traum vom Fliegen beginnt unter null Höhenmetern.«

DER BLAUE PLANET

Eismeer
Leben gegen alle Wahrscheinlichkeit

Eine der aufregendsten Natur-Geschichten spielt buchstäblich »im« Meereis. Hier wächst die pflanzliche Lebensgrundlage für Fische, Robben, Pinguine und Wale – scheinbar unter Umgehung der üblichen Naturgesetze.

Wenn sich die Menschheit die Hölle nicht gerade heiß vorgestellt hatte – was sie meistens tat –, dann eiskalt. Die weiße Hölle, am Rande der Welt. Aber sobald ein wissenschaftlich orientiertes Zeitalter sich nicht mehr vom Klerus die Sehachse verbiegen ließ, erwuchs ein lebhaftes Interesse an den Weltenden, die so gar nicht ins System des Lebens passen wollten.

FORSCHER AM ENDE DER WELT

Einer der Ersten, die als wissenschaftliche Augenzeugen über das südliche Eismeer schrieben, war Georg Forster, ein noch nicht 20-jähriger Deutscher, der sich mit Kapitän James Cook 1772 an den Packeisgürtel der Antarktis heranwagte. Seine Beobachtungen und Schlussfolgerungen verdienen Respekt und an dieser Stelle ein ausführliches Zitat:

»Dies Treibeis bewies uns jedenfalls, dass zwischen dem Klima der nördlichen und südlichen Halbkugel ein großer Unterschied ist. Wir waren mitten im Dezember, welcher auf dieser südlichen Halbkugel mit unserem Juni übereinkommt; unsere beobachtete Breite war mittags 51° 5' südlich (welches mit der Polhöhe von London ungefähr übereinstimmt), gleichwohl hatten wir schon verschiedene Berge von Treibeis angetroffen, und unser Thermometer stand auf 2 Grad. Der Mangel eines festen Landes auf der südlichen Halbkugel [richtiger: der relativ kleine Landanteil] scheint die verhältniswidrige Kälte dieser Weltgegend zu veranlassen, insofern hier nämlich nichts als See ist, die als ein durchsichtiger flüssiger Körper die strahlende Sonne verschluckt und nicht zurückwirft, wie das auf der nördlichen Halbkugel von dem Erdreich geschieht.« Von der eminenten Bedeutung des Golfstromes für West- und Nordeuropa wussten Forster und Zeitgenossen noch nichts.

Nachdem Cooks Überschreitungen des südlichen Polarkreises und ähnliche Pioniertaten im kalten Norden gewissermaßen das Fenster der Neugier aufgestoßen hatten, zogen das nordpolare Eis und der tiefgefrorene Südkontinent Abenteurer und Wissbegierige an.

In den folgenden Jahrzehnten wetteiferten die Nationen darum, mehr aufklärendes Licht an die jeweils halbjährig verdunkelten Weltenden zu bringen. Spektakulär, legendär und tragisch geriet der Wettlauf zum Südpol; in keiner Heldenchronik fehlt der tragische Tod des Nordpol-Zweiten Robert F. Scott (von Amundsen um 4 Wochen geschlagen), der im Januar 1912 auf dem Rückweg vom Südpol mit seiner Mannschaft erfror.

Zum festen Bestandteil der wahren Abenteuer-Großtaten zählt auch die Schollendrift des Ernest Shackleton und seine anschließende 1200 km lange Eisfahrt im offenen Boot durch das raue Wasser der Weltmeere zur rettenden Walfangstation – eine der spektakulärsten Rettungsaktionen im Eismeer und noch heute *das* Lehrbeispiel für psychologische Menschenführung: »Nicht ein Leben verloren. Und wir sind durch die Hölle gegangen«, lautete 1916 Shackletons Kommentar nach geglückter Rettung.

REICHE EISWÜSTE

Im Normalfall sind die Überlebenschancen im ewigen Eis allerdings schlecht für nicht angepasste (bzw. nicht perfekt ausgerüstete) Menschen. Schaut man dagegen ins Pflanzen- und Tierreich, erkennt man, dass die Eispanzer an den Weltenden keineswegs Todeszonen sind. Eher das Gegenteil.

Leben blüht noch an den unglaublichsten Orten. Kaum irgendwo auf Erden ist dieser Eindruck zwingender als dort, wo Pflanzen und Tiere eigentlich chancenlos sein sollten. Weil es viel zu kalt ist, zu dunkel und – was nicht jeder weiß – zu salzig. »Tabula rasa« müssten nach menschlichem Ermessen die riesigen Packeisflächen sein, die sich auf den Polarmeeren ausdehnen und im Jahresmaximum 13 % der Erdoberfläche bedecken.

Aber exakt in diesem weißen zirkumpolaren Kragen wimmelt es von Lebewesen, die Kälteextreme nicht nur aushalten, sondern sie zum Wohlfühlen brauchen.

Da dehnen sich im Eis und an seiner Unterseite Algenrasen, besiedelt von Einzellern, Bakterien und Niederen Tieren; Wimperntierchen patrouillieren durch das Krakelee der Eiskanäle; Fadenwürmer finden in den engen Röhren Zuflucht; Strudelwürmer stecken wie Barthaare in der Eishaut; Rädertierchen, Borstenwürmer, Floh- und Ruderfußkrebse tummeln sich zu Abermyriaden. Und durch die Bakterien- und Algenfluren, die das raue Eis überwuchern, pflügen Nacktschnecken ihre Fraßspuren.

Zu diesem Kleintierzoo, in dem sich nur wenige Spezialisten auskennen, gesellen sich noch die Großen: Pinguine (siehe Seite 136ff.) in der Antarktis, Eisbären und Moschusochsen im hohen Norden, Robben und Wale in beiden Polregionen – allesamt kälteresistent durch Spezialkonstruktionen von Fell, Fettschicht oder Federkleid.

RÄTSELHAFTES MEEREIS

Wie raffiniert die Anpassungen im Kleinen wie im Großen sind, lässt sich erst ermessen, wenn man die polare Welt im Detail ins Visier nimmt. Eis zum Beispiel ist in der Natur, besonders im Ozean, nicht so beschaffen, wie es uns in den Softdrink oder ins Whiskyglas fällt. Meereis ist unterwärts schrundig, hat Löcher wie ein Schwamm, hat Hohlräume und Kanäle wie eine Tropfsteinhöhle und auch vergleichbare »Stalaktiten« (so genanntes Säuleneis).

Die Erklärung dafür basiert auf schlichter Physik. Was gefriert, ist immer nur Wasser, nicht Salz. Aber die im Wasser gelösten Mineralien verschwinden ja nicht einfach bei minus 1,9 °C, wenn sich Meereis bildet. Sie werden, bildlich gesprochen, weggedrückt. Zu salziger Pampe eingedickt, driften sie durch unzählige Eiskavernen und Kanäle, werden in Höhlen und Taschen verpresst. Hier ist der Salzgehalt bis zum Vierfachen höher als im umgebenden Meerwasser oder gar im »ausgesüßten« Eis.

Das schafft Probleme für die vielfüßigen Mini-Eissiedler, die genau diese strukturreiche Eis-Innenwelt mit ihren versalzenen Kanälen, Höhlen und Buchten als Lebensraum nutzen. Sie müssen dort neben extremer Kälte eine Schwierigkeit bewältigen, die im Fachjargon »osmotischer Schock« heißt: Supersalziges Wasser strebt danach, sich zu verdünnen; salzarmes Wasser in den Körperzellen bietet sich dafür an. Nach den Regeln der Physik müsste also die hochsalzige Umgebung den Bewohnern der Salzlaugen-Kanäle deren Zellflüssigkeit buchstäblich aus dem Körper saugen; die pflanzlichen und tierischen Organismen müssten austrocknen.

Sie tun es aber nicht. Wie nun aber einfache Lebewesen einem universellen Naturgesetz widerstehen, ist eine der großen Forscherfragen, auf die die Natur noch die Antwort verweigert.

Der Blaue Planet

Dieser Flohkrebs aus der Weddellsee ist der Fachwelt vor einigen Jahren aufgefallen. Die Welt-Eismaschine »Weddellmeer« birgt noch etliche Geheimnisse.

Glykolisierte und weissblütige Fische

Weniger rätselhaft, aber nicht weniger verblüffend ist die Kälteanpassung im Polarmeer. Im biologischen Normalbetrieb lässt scharfe Kälte dem Leben keine Chance. Organismen, die ihr dauerhaft ausgesetzt sind, erfrieren. Die Kunst der Angepassten besteht darin, Ausnahmeregelungen zu (er)finden.

Eine Lösung ist Glyzerin, eine Substanz aus komplexen Fett- oder Kohlenhydratverbindungen. Der aus der Kühlflüssigkeit für Automotoren bekannte Stoff ist ein hochwirksamer Eisbrecher – oder richtiger: Vereisungs-Verhinderer. Er lässt nicht zu, dass Wassermoleküle sich zu einem stabilen Gitter verfestigen, das nötig ist, um Eis zu bilden.

Weil sie den Trick beherrschen, das Frostschutzmittel im Körper herzustellen, konnten sich etliche Krebse zu Kaltschwimmern entwickeln. Auch der Polarfisch *Pagothenia borchgrevinki* sichert sich mit Glyzerin bis minus 2,7 °C ab, kälter wird es in seinem Lebensraum nicht.

Hochentwickelte Lebewesen wie Fische können sich allerdings nicht beliebig »glykolisieren«. Einige weichen auf eine Alternativstrategie aus, die man nur wagemutig nennen kann: Sie verzichten weitgehend auf eine Basiserfindung des Lebens – auf rotes Blut. Hämoglobin, der rote Blutbestandteil, ist bei Mensch und Tier für Sauerstoffbindung und -transport im Körper eigentlich unentbehrlich, doch er macht das Blut auch dickflüssig und somit frostempfindlich.

Ausnahmsweise mit wenig oder sogar ganz ohne rote Blutkörperchen auszukommen ist zum einen möglich, weil der Sauerstoffgehalt im kalten Polarwasser hoch ist, zum anderen weil die »Weißblutfische« kräftig in Kiemenoberfläche und Herzvolumen investieren. Ihr weißes Blut zirkuliert folglich schneller; und da Eisfische als Lauerjäger extreme Energiesparer sind, reichen ihnen in ihrer Körperflüssigkeit 10% der Sauerstoff-Speicherkapazität von »Normalblut«.

So fantastisch all diese Kälte- und Salzanpassungen sind, sie allein hätten nicht ausgereicht, um aus den Eislandschaften beider Polarmeere Brutstätten des Lebens zu machen.

Die Grundlage allen Polarlebens

Wie überall, wo sich eine reiche Fauna von Fleischfressern etabliert, muss es als Grundlage der Nahrungskette eine tragfähige Pflanzendecke geben. Das ist in der heißen afrikanischen Savanne (Gras – Gnu – Löwe) nicht anders als in ihrer eisigen Gegenwelt (Algen – Krill – Wal).

Die eigentliche Sensation des Eismeeres ist denn auch seine Fähigkeit zur Chlorophyll-Produktion. Die Basis legen überwiegend einzellige Algen, in der Mehrzahl Kieselalgen. Im antarktischen Sommer (dann, wenn es bei uns Winter ist) hat man in einem Liter aus Eis geschmolzenem Wasser 2000 Mikrogramm Chlorophyll gemessen. Das ist 15-mal mehr als im umgebenden freien Wasser und 40-mal mehr als in der Nordsee.

Überraschend für die Wissenschaft ist nicht nur das massenhafte Vorkommen, sondern die schiere Existenz der niederen Pflanzen im Eis der Ozeane: Wie halten sie es überhaupt aus, wo Licht in der halbjährigen Polarnacht fast völlig fehlt und unter einer oft meterdicken Meereisdecke auch in den Sommermonaten ein Mangelfaktor ist? Liegt Schnee auf dem Eis, dringt nur noch 1% der Lichtmenge, welche die Oberfläche erreicht, zu den Algenfluren vor.

Krill ernährt Fische, Pinguine und Meeressäuger der antarktischen Meere. Die Gesamt-Biomasse der Schwarmtiere soll derjenigen der Menschheit in etwa entsprechen.

Forscher des Alfred-Wegener-Instituts für Polar- und Meeresforschung (AWI) in Bremerhaven haben kürzlich die DNS von *Flagilariopsis cylindrus*, einer Kieselalge, sequenziert, um unter anderem die Gene benennen zu können, die für die erforderliche Extrem-Anpassung an Lichtmangel zuständig sind. Das AWI-Team um den Meereisbiologen Gerhard Dieckmann hat zwar noch keine endgültige Erklärung, wie es die Licht-Hungerkünstler denn nun *genau* machen, »aber«, so vermutet Dieckmanns Mitarbeiter Thomas Mock, »wir halten es für möglich, dass die spezialisierten Eisalgen im lichtlosen polaren Winter von Fotosynthese auf Glukose-Stoffwechsel umstellen können«. Die pflanzlichen Einzeller fischen also im Dunkeln nach gelöstem Zucker aus abgestorbenen Algen, der sie über den Winter bringt.

Die Meeresalgen versorgen die nächsten Glieder der Nahrungskette, zum Beispiel die durch Glyzerin geschützten Ruderfußkrebse. Ihnen ermöglichen lange, antennenartige Fühler stabiles Schweben und rasante Fluchten im Meer: Sie können auf das 40- bis 200fache ihrer Körperlänge pro Sekunde beschleunigen und sind dann für Fische nicht zu orten. Wohl aber für Krill, die durchsichtigen antarktischen Leuchtgarnelen, die ebenfalls überwiegend von Algen, gelegentlich aber auch von Ruderfußkrebsen leben. Krill wiederum ernährt in unvorstellbar dichten Schwärmen Pinguine, Wale und Robben. Man schätzt, dass seine Gesamt-Biomasse an die aller lebenden Menschen heranreicht.

Lebensfeindlichkeit ist, das lehren die polnahen Extrem-Lebensräume, ein relativer Begriff. Menschen überleben auf dem Packeis und dem eisgepanzerten Südkontinent nur befristet und nur mit Hilfe ausgeklügelter Thermokleidung. Die größten Tiere tragen solchen Kälteschutz von Natur aus am Leib. Walrosse, Seehunde, Sattelrobben, Weddellrobben, Klappmützen und Ringelrobben stecken sicher im Speckmantel. Allerdings nur so lange, wie sie nicht durch Hunger gezwungen werden, ihre Isolierschicht, den so genannten Blubber, aufzuzehren. Jeder Millimeter weniger Speck vergrößert das Kälte-Risiko. Daher auch robben die Weibchen, die während der Jungenaufzucht strikt fasten, auf einem schmalen Grat zwischen Leben und Tod. Nur weil die Säugezeit dank superfetter Milch (bis zu 50% Fettgehalt – Kuhmilch hat um die 3,8 bis zu 4,5%) sensationell kurz ist, wird die Kinderstubenzeit für die Mütter nicht zur tödlichen Kältefalle.

Eine Erkenntnis gilt für alle Extremisten der Tierwelt: Evolutionäre Spitzenanpassung hat ihren Preis. Eisfische dürfen sich ihre Weißblütigkeit nur leisten, weil sie äußerst bewegungsarm und auf Sparflamme leben. Eisbären zahlen für ihre fantastischen Pelzmäntel mit gelegentlichem Hitzestress. Pinguine mussten auf dem Weg zum Unterwasserflug den Luftraum aufgeben.

Für die Forschung bringen Arten, die sich auf extreme Lebensbedingungen spezialisiert haben, allemal Gewinn, also Wissenszuwachs. Ökosysteme wie die Untereiswelten an den Polen weisen über sich selbst hinaus, vielleicht sogar über die Erdatmosphäre. Wissenschaftler, die sich eigentlich nicht so gern für Weltall-Schwärmereien und die Beschwörung extraterrestrischen Lebens vereinnahmen lassen, werden nachdenklich angesichts von Organismen, die das (eigentlich) Unmögliche im Standardprogramm haben.

AWI-Forscher Gerhard Dieckmann jedenfalls hebt den Blick schon mal von der Unterwelt am Schollenrand ins Weltall. »Die Toleranzgrenzen von Organismen in irdischen Extrembiotopen sind ein erster Anhaltspunkt für die Frage, ob Organismen mit ähnlichen physiologischen Fähigkeiten auch auf noch relativ unbekannten Planeten existieren könnten.«

So gesehen ist vielleicht die »Polarstern«, der wuchtige deutsche Forschungs-Eisbrecher, ein Bahnbrecher für künftige bemannte Raumschiffe an den Rand des Sonnensystems.

Die Kreaturen

Das Leben entstand im Meer und vermutlich auch an seinen Spülsäumen. An dieser Feststellung ändert auch die Tatsache nichts, dass einige landlebende Säugetiere wie zum Beispiel die (späteren) Robben *zurück* ins Meer gingen.

Unfasslich vielfältig sind die Kreaturen, die die feuchten zwei Drittel des Globus bevölkern. Sie lernten zu schweben, perfektionierten alle möglichen und scheinbar unmöglichen Schwimmstile, stießen in Lebensräume vor, die eigentlich zu salzig, zu dunkel, zu kalt oder zu tief gelegen sind. Ihr Formenreichtum sprengt jedwede Vorstellungskraft: Ein Seepferdchen, biologisch ein Fisch, wirkt so wenig fischig wie eine Giraffe oder ein Kakadu. Ein lungenatmender Pottwal scheint bei seinen Tieftauchrekorden von den Wirkungen der Naturgesetze freigestellt zu sein. Pinguine fliegen unter Wasser.

Wo geschwommen wird, geht alles, so jedenfalls scheint es.

Die Kreaturen

Haie
Das Grauen aus der Tiefe?

Haitauchen: Nervenkitzel pur

Haie sind nicht gerade Sympathieträger. Zumindest nicht bei uns. In europäischen Mythen tauchen sie kaum auf, und wenn, dann als Monster.

Bei Inselvölkern im Pazifik dagegen spielen Haie eine bedeutendere Rolle – und die ist nicht selten positiv. Auf dem Salomonen-Archipel, wo die Menschen vor der Christianisierung an die Beseeltheit der Natur glaubten, hieß es, die Geister der Ahnen lebten in Haien weiter. Sie galten daher als dem Menschen ebenbürtig und wurden nicht gejagt. Und natürlich erst recht nicht gegessen. Ein Stamm auf der Salomonen-Insel Malaita verehrte den Hai, weil er der Legende nach von einer Frau geboren wurde. Dort konnten die Bewohner mit Haien im Wasser spielen, ohne von ihnen gebissen zu werden. Und auf Hawaii bevölkern Haie sogar heilige Texte: Da gibt es den Furcht erregenden Hai-Gott Kauhuhu oder den Hai-Menschen aus dem Waipio-Tal (s. Kasten S. 62).

Auch wenn wir solche Geschichten als naiv belächeln – wir sind selbst auch nicht frei von Hai-Mythen. Nur unter umgekehrtem Vorzeichen. Mitte der 1970er-Jahre hatte »Der Weiße Hai« als Film und als Buch Millionen von Menschen das Gruseln gelehrt und den Hai als Bestie schlechthin stilisiert. Ein zähnestarrender Rachen wurde zum Inbegriff des Monsters, das im Meer lauert und arglose Schwimmer in die Tiefe zieht, um sie zu zerfleischen.

Natürlich *kann* der Weiße Hai dem Menschen gefährlich werden, so wie einige andere Haiarten oder Raubtiere an Land auch. Zumal, wenn man in ihren Lebensraum eindringt oder die Tiere sich bedroht fühlen. In der Realität kommt es aber selten zu Angriffen von Haien auf Menschen. Weltweit verzeichnete das »International Shark Attack File« an der University of Florida 60 Haiunfälle im Jahr 2002. Davon endeten 3 tödlich. 2001 waren es 72 Angriffe, wobei 5 Menschen starben; im Jahr davor 85, mit 13 Toten. Auch wenn nicht alle Unfälle erfasst werden können, ist das statistische Risiko eines Haiangriffs überraschend klein – gemessen an den Millionen von Menschen, die sich alljährlich zum Surfen, Baden, Schnorcheln, Tauchen in die Fluten der Meere stürzen.

Trotzdem fürchten wir uns vor Haien. Warum das so ist, erklärt vielleicht ein Zitat des renommierten Soziobiologen E. O. Wilson von der Harvard University: »Wir haben nicht einfach nur Angst vor Raubtieren, wir sind fasziniert von ihnen, neigen dazu, Geschichten und Fabeln zu erfinden und schier endlos über sie zu reden. (...) Unsere Faszination bewirkt, dass wir vorbereitet sind, und das ermöglicht unser Überleben. In

Im pazifischen Raum glaubte man, die Seelen der Ahnen lebten in Haien fort. Sie galten dem Menschen als ebenbürtig.

Der zähnestarrende Rachen eines Hais animierte schon immer Künstler zu Gruselzeichnungen. Diese Darstellung stammt aus »20000 Meilen unter den Meeren« von Jules Verne.

einem zutiefst archaischen Sinn lieben wir unsere Monster.«

Diese »Liebe« war auch ein Grund für den Langzeiterfolg des Films »Der Weiße Hai« – sagt kein Geringerer als der Erfinder des Thrillers selbst, Peter Benchley. »Heute weiß ich«, gesteht er in seinem Buch »Haie«, »dass das von mir erschaffene Monster zum größten Teil nur in meiner Fantasie existierte.« Damals wusste man nur wenig über Haie, schreibt er. »Aber seitdem haben wir so viel dazugelernt, dass ich heute unmöglich die gleiche Geschichte noch einmal schreiben könnte.«

FANTASTISCHE SINNESWAHRNEHMUNG

Was Forscher inzwischen über die Biologie und das Verhalten der Tiere zutage gefördert haben, ist in der Tat erstaunlich. Haie sind wahre Sinneswunder. Sie können nicht nur gut riechen, sondern auch gut hören und sehen – sogar Farben. Außerdem nehmen sie schwache elektrische und magnetische Felder wahr. Ein Mensch kann also kaum nachempfinden, wie viele Eindrücke gleichzeitig auf einen Hai einströmen. Manche Arten hören einen Fisch bereits in 1000 m Entfernung, ab 800 m riechen sie ihn auch. Mit Hilfe von Sinneszellen unter der Haut, die empfindlich auf Druckwellen reagieren, entdecken sie verletzte, zappelnde Fische noch auf 100 m Entfernung.

Da viele Haie bei Dämmerung auf die Jagd gehen, sind ihre Augen an schlechte Sicht angepasst. Sie enthalten eine Schicht aus kleinsten Kris-

Die Kreaturen

tallen, die das einfallende Licht spiegelartig verstärken. Diese Schicht, das »Tapetum lucidum«, reflektiert bis zu 90% des einfallenden Lichts; das ist doppelt so viel wie bei einer Katze. Mit Hilfe ihres Seitenliniensystems nehmen Haie Vibrationen wahr, wodurch sie Beutefische selbst in völliger Dunkelheit orten.

Die bioelektrischen Felder, die von einem schlagenden Herzen oder anderen sich bewegenden Muskeln erzeugt werden, erkennen Haie mit Hilfe der so genannten »Lorenzini'schen Ampullen«. Das sind schleimgefüllte Kanäle, die rund um die Schnauze in Hautporen münden. Mit ihrer Hilfe spürt ein Hai auch Fische auf, die sich im Sand vergraben eigentlich in Sicherheit wähnen. Der Elektrosinn wirkt aber nur im Nahbereich. Beim Menschen beispielsweise ist das bioelektrische Feld so schwach, dass ein Hai es nur in einer Entfernung von 1–2 m bemerken kann. Die Lorenzini'schen Ampullen wirken außerdem wie ein Kompass, der es Haien wahrscheinlich ermöglicht, sich am Magnetfeld der Erde zu orientieren. In einem Medium wie dem Meer, wo es im Gegensatz zum Land kaum Markierungen gibt, wäre das sehr hilfreich.

Vom Urhai zum Weissen Hai

Haie sind Knorpelfische, ebenso wie die mit ihnen verwandten Rochen und Seekatzen. Ihr Skelett besteht aus Knorpel statt aus Knochen. Lange Zeit galt dies als primitives Merkmal, aber inzwischen weiß man, dass die Vorfahren der heutigen Knorpelfische Knochen besaßen. Im Laufe der Evolution haben sich die Knochen immer weiter zurückgebildet, zugunsten eines leichteren Stützmaterials, dem Knorpel.

Diese Gewichtsreduktion war für Haie und ihre Verwandten sinnvoll, weil sie im Gegensatz zu Knochenfischen keine Schwimmblase besitzen. Die Schwimmblase dient dazu, den Auftrieb im Wasser zu regulieren, ähnlich wie ein Taucher mit Hilfe der Tarierweste sein Gleichgewicht in unterschiedlichen Tiefen ausbalanciert. Ganz ohne Knochengewebe kommen aber auch Knorpelfische nicht aus – es hat sich in den Zähnen und auf der Haut erhalten. Sie ist von winzigen knöchernen Schuppen überzogen, deshalb fühlt sich die Haut eines Hais rau wie Schmirgelpapier an.

Haie gehören zu den ersten Wirbeltieren, die sich auf unserem Planeten entwickelt haben. Damit sind sie auch die ältesten, die heute noch leben. Vor rund 400 Millionen Jahren bevölkerte einer der Urhaie, *Cladoselache*, Nordamerika; damals war das Gebiet überwiegend vom Ozean bedeckt. Es sollte noch 200 Millionen Jahre dauern, bis die ersten Dinosaurier die Bühne der Evolution betraten und ihnen Gesellschaft leisteten. Nach maximal 300 Millionen Jahren starben die Urhaie aus.

Die heute lebenden Grauhaie, Katzen- und Stierkopfhaie sind direkte Nachkommen der Haie, die vor etwa 200 Millionen Jahren entstanden. Und noch jüngere, »moderne« Arten wie der Weiße Hai haben sich seit immerhin 60 Millionen Jahren kaum verändert. Das große Artensterben, das eine so formenreiche Gruppe wie die Dinosaurier komplett auslöschte, ging offenbar spurlos an diesen Haien vorüber. Die Knorpelfische gelten deshalb auch als »lebende Fossilien« – wie der legendäre Quastenflosser *Latimeria* (s. Seite 68). Heute allerdings sind Arten wie der Weiße Hai vom Aussterben bedroht.

Nicht wie bei anderen Fischen: die Fortpflanzung

Während die Weibchen der meisten Knochenfischarten ihre Eier zur Besamung ins Wasser entlassen, paaren sich Haie wie höhere Wirbeltiere: Die Befruchtung findet im Körper statt. Wie es dann weitergeht, dafür gibt zwei verschiedene Strategien. Entweder legen die Weibchen die sich entwickelnden Embryonen in einer ledrigen Hülle im Meer ab, in der sie sich bis zum Schlüpfen vom Dotter ernähren. Oder die werdenden Hai-Mütter tragen ihre Jungen aus (je nach Art dauert das 3–24 Monate) und bringen sie voll entwickelt zur Welt. Ähnlich wie bei Säugetieren nähren die Embryonen sich über eine Nabelschnur vom weiblichen Blutkreislauf.

Nach der Geburt müssen die Jungen alleine klarkommen, die Mutter schwimmt auf Nimmerwiedersehen davon. Haie vermehren sich langsam. Die großen Arten werden erst mit 10–12 Jahren geschlechtsreif, die kleinen ab 4 Jahre, und viele Haiarten haben nur alle 2–3 Jahre Nachwuchs. Dezimierte Bestände regenerieren sich deshalb erheblich langsamer als die von Knochenfischen, zum Beispiel dem Kabeljau.

Das Flachwasser tropischer Lagunen dient Haien als Kinderstube. Junge Haie sind von Anfang an auf sich allein gestellt, es gibt keinerlei Brutpflege.

Und selbst der braucht schon sehr viel Zeit (s. Kapitel »Fischfang«).

Haie wissen beim Beutefang oft genau, was sie wollen. In Experimenten mit Futterbrocken aus verschiedenen Fischarten wählen sie zuerst den fettreichen Thunfisch. Und grundsätzlich »dumm« sind sie auch nicht. In Forschungsaquarien lernen sie genauso schnell wie Ratten, hat die amerikanische »Hai-Lady« Eugenie Clark bereits in den 1980er-Jahren herausgefunden. Sie konditionierte zum Beispiel Zitronenhaie darauf, bei Appetit gegen eine Platte im Wasserbecken zu stoßen, die an Land ein Klingeln auslöste. Daraufhin wurden sie von der Wissenschaftlerin mit Futter belohnt. Haie haben, laut Clark, ein ziemlich gutes Gedächtnis, und sie können aus Fehlern lernen.

»HAIE SIND HARMLOS«

So lautet das Credo des passionierten Haiforschers Erich Ritter. Er ist davon überzeugt, dass es weder aggressive noch gefährliche Haie gibt. Nach unzähligen Begegnungen mit potenziell als gefährlich geltenden Haien wie Tigerhai, Bullenhai, Weißer Hai glaubt der Schweizer Biologe an ihre Ungefährlichkeit. Dieser Glaube geriet auch nicht ins Wanken, als er selbst von einem Bullenhai ins Bein gebissen wurde, der während Filmaufnahmen in Stress geraten war. Ritter hat sich auf die Körpersprache von Haien spezialisiert und auf die Hai-Mensch-Beziehung. »Meist sind Haie sogar scheu und zurückhaltend«, erklärt er. »Selbst dann, wenn man ihre Neugierde weckt.«

So war es auch bei seiner ersten Begegnung mit einem Weißen Hai – für ihn eines der schönsten Erlebnisse überhaupt. Mitte der 1990er Jahre hatte Ritter vor der Küste Südafrikas vom Boot aus einen Weißen Hai gesichtet. Er wagte einen Selbstversuch mit dem Meeresräuber, um zu zeigen, dass sogar der Hai mit dem denkbar schlechtesten Image nichts Böses im Schilde führt.

»Ich ließ mich einfach ins Wasser gleiten«, berichtet er. »Ohne Käfig und Harpune, nur mit meiner Kamera und einem Schnorchel. Neugierig schwamm das etwa 4 m lange Tier herbei und umkreiste mich. Es war ein Weibchen. Nach einer Weile schwamm es wieder weg und kam dann zurück. So ging das etwa 20 Minuten lang, immer hin und her. Und der Hai kam nie näher als 2 m an mich heran.«

Was andere Menschen wahrscheinlich in Angst und Schrecken versetzt hätte, rief in dem Biologen nur ein absolutes »Glücksgefühl« hervor. »Ich genoss die hundertprozentige Aufmerksamkeit dieses faszinierenden Wesens«, schwärmt er noch heute. Seitdem versucht Ritter systematisch, die Kommunikation von Haien zu entschlüsseln.

KÖRPERSPRACHE DER HAIE

Ritters auf jahrelangen Verhaltensstudien und Videoanalysen beruhende Erkenntnisse revidieren einiges von dem, was früher über Haie geschrieben wurde. Zeigt der Hai zum Beispiel eine buckelige Haltung – Taucher kennen dafür den englischen Begriff »wiggling« (deutsch: Wackeln), so gilt das gemeinhin als Drohgeste. Ritters Erfahrungen führen zu einer anderen Interpretation: In vielen Fällen zielt diese Haltung gar

Die Kreaturen

Der Hai vor unserer Haustür

Die Weibchen des Dornhais werden bis 1,20 m lang und 9 kg schwer; die Männchen sind mit maximal 90 cm kleiner als ihre Artgenossinnen. Mit 12 Jahren werden die Weibchen geschlechtsreif; nach einer Tragezeit von 22–24 Monaten bringen sie 4–8 Junge zur Welt. Dornhaie leben durchschnittlich 20–24 Jahre. Im Herbst 1997 fingen Fischer vor der Küste Schottlands allerdings einen Dornhai, den Forscher als ein mindestens 65 Jahre altes Männchen identifizieren. Zufällig war der »Methusalem« schon 35 Jahre zuvor als Erwachsener an fast der gleichen Stelle gefangen, markiert und wieder ausgesetzt worden. Am meisten wunderten sich die Wissenschaftler darüber, dass der Hai-Greis dort trotz intensiver Fischerei so lange überlebt hatte.

nicht auf den Menschen, sondern auf einen Saugfisch, den der Hai von seinem Körper abstreifen will.

Eine andere, häufig missverständliche Gebärde ist das »Gähnen«: Der Hai öffnet langsam das Maul und stülpt seinen Kiefer aus. Auch wenn dieser Anblick wegen der sägeblattartigen Zähne einen Taucher vor Schreck erstarren lässt, so ist das meist nicht als Drohung gemeint. Durch das »Gähnen« passt der Hai wahrscheinlich nur seine Sehnen und Muskeln an den komplizierten Kieferapparat an.

»Die meisten Angriffe fallen in die Kategorie von »Hit and run«, erklärt George Burgess, Leiter des International Shark Attack File. »Nach einmal Zubeißen lässt der Hai von seinem Opfer ab. Die Verletzungen sind dann oft vergleichbar mit einem Hundebiss.« Es gibt natürlich auch schlimmere oder gar lebensgefährliche Wunden.

Manchmal dient ein Biss dazu, ein »unbekanntes Objekt« zu erkunden. Aber da der Mensch nicht zum Beutespektrum von Haien gehört, greifen sie ihn nicht gezielt an.

Das zeigt sich auch in der Tatsache, dass ein Hai meist nur einmal zubeißt und dann – als hätte er seinen Irrtum bemerkt – flieht. Das Tragische ist, dass dieser eine Biss für den Menschen tödlich sein kann. Aber dass Haie zwangsläufig in einen »Blutrausch« geraten, stimmt nicht. Auch wenn ein Gebissener im Wasser stark blutet, zieht sich der Hai meist zurück, anstatt nun erst recht über sein Opfer herzufallen.

Der Mythos vom Blutrausch entstand, so Ritter, unter anderem durch Berichte von schiffbrüchigen amerikanischen Soldaten gegen Ende des Zweiten Weltkriegs. In der Navy-Ausbildung hatten sie gelernt, bei herannahenden Haien heftig aufs Wasser zu schlagen, dann auf die Schnauzen und die Augen der Haie. Aus heutiger, verhaltensbiologischer Sicht war das ein kommunikatives Missverständnis mit fatalen Folgen: Die Haie fühlten sich angegriffen und gingen ihrerseits zum Gegenangriff über. Wer so etwas überlebt hatte, dem war verständlicherweise nichts als ein schauderhaftes Gemetzel in Erinnerung geblieben.

Bedrohte Räuber

Und der Haifisch, der hat Zähne ...«, singt Jenny in der Drei-Groschen-Oper von Brecht. Trotz seiner Wehrhaftigkeit ist der Meeresräuber mehr durch den Menschen bedroht als umgekehrt. Rund 100 Millionen Haie werden pro Jahr getötet. Der bei weitem größte Anteil von ihnen endet als Beifang in den Netzen oder an Langleinen der kommerziellen Fischerei. Ein kleiner Teil

HAIE

Ein Weißer Hai, wie man ihn selten sieht: voller Schnellkraft und Eleganz.

wird wegen der lukrativen Flossen gezielt gejagt. Die sind vor allem in Asien hochbegehrt.

Je nach Haiart, von der die Flossen stammen, und deren Größe unterscheidet die Gastronomie unterschiedliche Qualitätsstufen, was sich wiederum auf den Preis auswirkt. Eine Haiflossen-Suppe als Vorspeise ist beispielsweise in Hongkong ein Luxus, den sich nur Wohlhabende leisten können. Sie gilt obendrein als gesundheitsfördernd.

Auch bei uns kommt Haifleisch auf den Markt. Allerdings schrecken die Händler aufgrund des schlechten Rufs der Tiere meist davor zurück, sie beim Namen zu nennen. Stattdessen firmieren Haie unter Pseudonymen wie »Schillerlocken«, »Seeaal«, »Kalb- oder Karbonadenfisch«, »Seestör« und sind der Fisch bei »Fish & Chips«. Alle diese Produkte stammen vom Gemeinen Dornhai, der eigentlich auch in der Nordsee heimisch ist. Längst aber ist ihr Bestand dort so klein, dass sich die Befischung nicht mehr lohnt. Was heute als »Schillerlocken« – so die poetische Umschreibung für die geräucherten Bauchlappen des Dornhais – angeboten wird, stammt z. B. aus Norwegen, den USA oder Kanada. Ebenso der »Seeaal«, bei dem es sich um die geräucherten Rückenfilets eines Dornhais handelt.

MYTHOS »HAIE HEILEN KREBS«

Besonders viel Geld lässt sich mit Pillen und Pulver aus Haiknorpel machen, die als Allheilmittel gepriesen werden. Vor allem gegen Krebs, aber auch gegen Erkrankungen der Muskeln, Knochen oder Gelenke. Haie und Rochen scheinen eine erhöhte Resistenz gegen Krebs zu haben. Ob das wirklich stimmt und falls ja, warum, ist unklar. Die Vorstellung jedoch, das läge an ihrem Knorpel und der schütze darum auch Menschen vor Krebs, ist Unfug. Ein Forscher sagte einmal süffisant, ebenso könnten Kurzsichtige Adlerfleisch verspeisen, in dem Glauben, dadurch ihre Sehkraft zu verbessern.

Es gibt bislang keine wissenschaftlichen Beweise für einen medizinischen Nutzen von Haiknorpel. Die Produkte dürfen deshalb auch nur als »Nahrungsergänzung« auf den Markt. Trotzdem findet dieser Aberglauben ausgerechnet in den »aufgeklärten« Industrieländern die meisten Anhänger. Das führte in Costa Rica, dem Hauptproduzenten, schon zur Überfischung der Haibestände.

DIE »SANFTEN RIESEN« UNTER DEN HAIEN

Die bis zu 12 m langen Riesenhaie haben in früheren Zeiten wahrscheinlich zur Mythenbildung beige-

In Deutschland eine beliebte Speise: »Schillerlocken« – die geräucherten Bauchlappen des Dornhais.

Die Kreaturen

Die Legende vom Hai-Gott Kauhuhu auf Hawaii

Die Legende von Kauhuhu, dem Hai-Gott von Molokai, ist durchaus ambivalent. Er stellt sich auf die Seite eines Menschen. Aber, um den Tod zweier Menschen zu sühnen, machen seine Untertanen Tabula rasa. Ein Strafgericht von beinahe biblischem Ausmaß.

Auf der hawaiianischen Insel Molokai lebte einst der Priester Kamalo mit seinen beiden Söhnen. Umgeben von tropischer Pracht führten die Knaben ein unbeschwertes Leben. Sie genossen die spektakulären Sonnenauf- und -untergänge und wurden von ihrem Vater in die Geheimnisse des Tempels eingeweiht. Er erklärte ihnen auch die Tabus, etwa das Berühren von heiligen Gegenständen, was absolut verboten war.

Nicht weit von ihnen entfernt lag der Tempel des Häuptlings Kupa, dem zwei heilige Trommeln gehörten. Kupa verstand es meisterhaft, die Trommeln zu schlagen, so sehr, dass er Priestern, die in seinem Tempel auf eine Audienz warteten, mit dem Trommelspiel sogar seine Gedanken übermitteln konnte.

Eines Tages segelte Kupa zum Fischen aufs Meer heraus. Die Söhne des Priesters wollten unbedingt einmal die heiligen Trommeln schlagen. Obwohl sie wussten, dass es tabu war, konnten sie der Versuchung nicht widerstehen. Sie gingen in sein Haus und trommelten, dass die Schläge weithin durchs Tal klangen. Als Kupa nach seiner Rückkehr davon erfuhr, war er so erbost, dass er seinen Dienern befahl, die Missetäter zu töten. So geschah es.

Kamalos Schmerz über den Verlust seiner Söhne war unstillbar. Verzweifelt sann er auf Rache. Seine eigene Macht reichte aber nicht aus, um es mit dem Häuptling aufzunehmen. Und andere Priester und Propheten, die er um Hilfe bat, fürchteten Kupa zu sehr, um sich gegen ihn zu stellen. So wanderte Kamalo mit seinem Anliegen über die ganze Insel. Auf den Schultern trug er ein Schwein als Opfertier. Ohne Erfolg. Müde und erschöpft, stieg er schließlich zum Reich des Hai-Gottes Kauhuhu herab.

Zwei Riesendrachen bewachten den Eingang zur Höhle. »Sieh mal, wer da kommt«, riefen sie. »Futter für Kauhuhu!« Als Kamalo näher kam, warnten sie: »Dies ist ein heiliger Ort. Mach, dass du fortkommst. Oder du bist des Todes.«

»Den Tod fürchte ich nicht«, antwortete Kamalo. »Ich will nur Rache für meine Söhne.«

Es gelang ihm, die Sympathie der Wächter zu gewinnen. Nachdem sie seine Geschichte gehört hatten, rieten sie ihm, sich samt Schwein in dem Haufen von Taro-Schalen (eine kartoffelähnliche Feldfrucht) am Eingang der Höhle zu verstecken. Der Hai-Gott würde bald zurückkehren.

Plötzlich briste die See auf; Wellen rollten in gewaltigen Brechern heran. Die achte Welle erhob sich hoch über dem Meeresspiegel, vereinigte sich mit dem Wind, der von der Küste her blies und den Wellenkamm in sprühende Gischt verwandelte. Wie eine Wasserwand raste sie heran, wild schäumend in die Höhle hinein, und aus dem Schaum entstieg Kauhuhu, der Hai-Gott.

Sofort nahm er seine menschliche Gestalt an, spazierte durch die Höhle und schrie: »Hier ist ein Mensch! Ich rieche es.«

Die Wächter leugneten standhaft, aber Kauhuhu donnerte: »Natürlich ist er hier. Und wenn ich ihn finde, müsst ihr sterben.«

Wütend machte er sich auf die Suche. Vergeblich. Er wollte sie gerade abbrechen, als das Schwein zu quieken begann. Mit einem Satz war der Hai-Gott bei dem Taro-Haufen und fetzte ihn auseinander, bis er Kamalo entdeckte. Er schnappte den Priester und schob ihn kopfüber in seinen riesigen Rachen.

»Hör mich an, Kauhuhu«, rief Kamalo. »Hör meine Geschichte, bevor du mich verschlingst.«

Erstaunt hielt der Hai-Gott inne und zog Kamalo wieder heraus. »Glück für dich, dass du so schnell gesprochen hast«, knurrte er. »Vielleicht hast du was Wichtiges zu sagen. Also sprich!«

Als Kamalo seine Geschichte erzählte, überkam den Hai-Gott Mitleid. Kamalo bot ihm das Schwein an, und Kauhuhu willigte entzückt ein, ihm zu helfen. »Normalerweise würde ich dich fressen«, gab er zu. »Aber du kommst in heiliger Mission, und ich stehe dir bei. Häuptling Kupa wird seine gerechte Strafe erhalten.«

Kauhuhu wies Kamalo an, um seinen Tempel einen Tabu-Zaun zu ziehen. Dahinter sollte er Tiere versammeln: 400 schwarze Schweine, 400 rote Fische und 400 weiße Hühner. Dann müsste er geduldig auf Kauhuhu warten, der in Form einer weißen Wolke kommen würde.

Kamalo tat wie ihm geheißen. Er baute den Zaun, er sammelte die Tiere, und er begann zu warten. Tag für Tag, Woche für Woche. Monatelang. Eines Morgens sah er am Himmel eine weiße Wolke, die anders war als alle anderen. Kein Zweifel, das konnte nur der Hai-Gott sein, der nun sein Wort einlösen wollte.

Der Himmel verdüsterte sich. Die Wolken ballten sich zusammen, bis ein heftiges Gewitter losbrach. Es blitzte und donnerte, es stürmte und goss wie aus Kübeln. Die Wassermassen schwemmten den Tempel von Häuptling Kupa und seinen Leuten ins Meer. Dort warteten die Haie und machten sich über die Menschen her, das Wasser färbte sich blutrot. Niemand überlebte. Daher rührt der historische Name der kleinen Bucht: »Aikanaka« – wo die Menschenfresser hausen.

(Frei nach www.sacred-texts.com)

tragen. Die »Seeungeheuer« lieben es nämlich, sich an der Wasseroberfläche treiben zu lassen, besonders bei Sonnenschein. Ihre herausragenden »Nasen«, Buckel und Flossen müssen auf Seeleute monströs gewirkt haben, zumal wenn mehrere Riesenhaie dicht beieinander aus dem Meer schauten. Vielleicht sahen sie dann wie ein einziges, ungeheuer langes und großes Tier aus. Auch gestrandete, halb verweste Riesenhaie waren nicht gerade Vertrauen erweckend. Da sich ihr knorpeliges Fleisch schnell zersetzte, blieb nur der kastenförmige Schädel zurück, an dem eine Wirbelsäule samt Schulter- und Beckengürtel hing. Es brauchte nicht viel Fantasie, um sich anhand dieser Überreste eine riesige Seeschlange vorzustellen.

Der Riesenhai (*Cetorhinus maximus*) ist zwar der zweitgrößte Fisch der Welt, aber ein harmloser Planktonfiltrierer, der in den gemäßigten und kalten Gewässern der Nord- und Südhalbkugel lebt. Er ist im Mittelmeer ebenso zu Hause wie an der europäischen Atlantikküste von Portugal über den Ärmelkanal und die Nordsee bis nach Spitzbergen.

Da er sich überwiegend in Küstennähe aufhält, jagten Fischer ihn schon im 19. Jahrhundert von kleinen Booten aus mit Harpunen. Seit 1930 wurden Riesenhaie intensiv befischt, vor allem wegen ihres Leberöls, das für Schmiermittel und Kosmetika verwendet wurde. Aber auch der Knorpel und die Flossen waren begehrt: 1999 kostete 1 kg Flossen in Hongkong umgerechnet immerhin 114 Euro. Die Flossen eines einzigen Riesenhais brachten bis zu 2300 Euro ein.

REKORDHALTER IST DER WALHAI

Der größte Fisch der Welt ist der bis zu 16 m lange Walhai *(Rhinocodon typus)*. Der graue Riese mit den weißen Tupfen lebt in den tropischen Breiten des Atlantiks, Pazifiks und Indischen Ozeans. Eine Begegnung mit ihm ist der Traum fast aller Sporttaucher. Vor einem Planktonfresser braucht sich eben niemand zu fürchten. Ihm unter Wasser Aug' in Aug' gegenüberzustehen, ist selbst für Tauchprofis eine Erfahrung, von der sie noch Jahre später begeistert schwärmen.

Mit weit geöffnetem Maul schwimmen Walhaie gemächlich durch den Ozean und filtern rund 2000 Tonnen Wasser pro Stunde. Die darin enthaltenen Krebse, Fischlarven oder winzigen Algen schlucken sie herunter, das abgesiebte Wasser gurgelt über die Kiemen zurück ins Meer.

Auf der Suche nach Nahrung legen sie Tausende von Kilometern zurück. Ein Riesenhai, der von britischen Wissenschaftlern per Satellit verfolgt wurde, schwamm auf seiner Futtersuche in 76 Tagen vom englischen Kanal um die Westküste von Irland bis hin zu den Hebriden. Ein anderer tauchte bis zu 750 m tief. Das erstaunte selbst die Forscher.

Sie kamen übrigens noch einem anderen Rätsel auf die Spur. Früher hieß es, die riesigen Haie würden in den Gräben des Kontinentalschelfs eine Art Winterruhe halten, weil das Futter knapp ist. Stattdessen bleiben sie aber das ganze Jahr über aktiv und ziehen umher.

Die Kreaturen

Tipps für Hai-Begegnungen

Um Missverständnisse zwischen Mensch und Hai zu vermeiden, hat Erich Ritter ein »Interaktionskonzept« für Taucher, Schwimmer und Schnorchler entwickelt. Die »Schüler« lernen, die verschiedenen Verhaltensweisen zu deuten, die Haie beim Anschwimmen von Menschen zeigen. Das oberste Gebot lautet immer: Ruhe bewahren! Selbst dann, wenn ein Hai einen Menschen – zwecks Erkundung – umkreist oder anstößt.

Auch wenn das leichter gesagt als getan ist: Auf keinen Fall sollte man fliehen, betont Ritter, sondern sich möglichst in eine vertikale Position begeben und Arme, Beine, Flossen nicht bewegen. Entgegen den in der Tauchliteratur weit verbreiteten Empfehlungen dürfe man niemals auf einen Hai einschlagen. Wirkungsvoller sei es, ihn vorsichtig an der Schnauze zu berühren und an sich vorbeizuleiten. Das klingt zwar skurril, ist aber zigfach erprobt und für gut befunden worden.

Weibliche Wal- und Riesenhaie bringen nur alle paar Jahre wenige Junge zur Welt. Beim Riesenhai dauert allein die Tragzeit mehr als 3 Jahre, schätzungsweise bis zu 42 Monate. Das erinnert an große Säugetiere wie Wale oder Elefanten. Die Jungen sind bei der Geburt gut 1,5 m lang. Während Riesenhaie vermutlich 50 Jahre alt werden können, sollen es beim Walhai nach Angaben des WWF sogar 100 Jahre sein. Sie werden aber auch erst im Alter von 10–30 Jahren geschlechtsreif.

Fischer in Südostasien haben Wal- und Riesenhaie wegen ihres Fleisches und der Flossen gejagt, wodurch die Bestände erheblich zurückgegangen sind.

Sie sind die ersten beiden Haiarten, die nach jahrelangem Mahnen von Naturschützern und Wissenschaftlern in das Washingtoner Artenschutzabkommen (»CITES«) aufgenommen wurden.

Das frei schwimmende Riesenmaul

Der Riesenmaulhai ist ein erstaunliches Beispiel dafür, dass selbst 4–5 m lange Meerestiere sich noch bis ins letzte Viertel des 20. Jahrhunderts vor dem Menschen verborgen halten konnten. Obwohl Fischern wahrscheinlich hin und wieder ein Exemplar dieses Tiefseebewohners ins Netz gegangen ist, geriet er erst 1976 in Hände von Wissenschaftlern. Das war im November, als ein Schiff der US-Navy vor Hawaii ozeanografische Messungen durchführte. Beim Hochhieven des Treibankers bemerkte die Besatzung, dass sie buchstäblich einen dicken Fisch an der Angel hatte: ein 4,5 m langes Wesen mit besonders großem Maul. Die Besatzung brachte ihn zur Untersuchung an Land. Nachdem Biologen ihn als eine unbekannte Haiart identifiziert hatten, nannten sie ihn *Megachasma pelagios*, das frei schwimmende Riesenmaul.

8 Jahre sollten vergehen, bis der nächste seiner Art gefunden wurde – vor Kalifornien. Ein Männchen, wie der erste und wie die folgenden Rie-

Einmal mit einem Walhai zu schwimmen, ist der Traum vieler Taucher. Als Planktonfresser braucht ihn niemand zu fürchten.

senmaulhaie auch. 18 Jahre lang mussten sich die Wissenschaftler gedulden, bis erstmals ein Weibchen dieser Art auftauchte. Es wurde 1994 tot in einer japanischen Bucht angespült. Da über die Fortpflanzungsweise der Riesenmäuler noch nichts bekannt war, machten sich Haispezialisten aus verschiedenen Ländern mit großer Spannung an die Obduktion der »Megamama«, wie das Tier scherzhaft genannt wurde. Der Begriff Mama entpuppte sich als voreilig, das Weibchen war nämlich noch Jungfrau.

Die nächste Geschlechtsgenossin wurde erst drei Jahre später gefunden, und auch sie war nicht trächtig, ebenso wenig wie die folgenden Weibchen. So ist die Reproduktionsstrategie der Riesenmaulhaie bis heute nicht eindeutig geklärt. Es spricht aber einiges dafür, dass sie zu den Haiarten gehören, bei denen der am weitesten entwickelte Embryo die »Geschwisterembryonen« auffrisst (Oophagie).

Die bislang größten Riesenmaulhaie, die gefunden wurden, waren ein Weibchen und ein Männchen von jeweils 5,5 m Länge. Die Analyse des Mageninhalts ergab, dass »Megamouth«, wie er auf englisch heißt, ein Planktonfresser ist. Er ernährt sich bevorzugt von Krill, also kleinen Krebsen, und folgt wahrscheinlich ihren Vertikalwanderungen. Tagsüber halten sich die Krebschen in größeren Tiefe auf als nachts, dann steigen sie auf.

1990 befestigten amerikanische Forscher an Riesenmaulhai Nr. 6, der sich vor der kalifornischen Küste in einem Treibnetz verfangen, aber überlebt hatte, einen Peilsender. Das erlaubte ihnen einen – wenn auch

Der Riesenmaulhai – trotz seiner eindrucksvollen Größe wurde er erst in der letzen Hälfte des 20. Jahrhunderts entdeckt. Und erst 1994 bekam die Wissenschaft die Chance, ein in Japan angespültes Exemplar zu untersuchen.

kurzen – Einblick in das Leben dieses Tiers. 2 Tage lang verfolgten sie seinen Weg durch den Pazifik, in einer Region, wo das Wasser 700–800 m tief ist. Tagsüber hielt sich der Hai in 120–165 m Tiefe auf, nach Einbruch der Dunkelheit schwamm er Richtung Oberfläche und bewegte sich in einer Tiefe von nur 15–25 m.

Bis Ende des Jahres 2003 wurden weltweit erst 19 Funde von Riesenmaulhaien dokumentiert. Fast jeder von ihnen brachte ein wenig mehr an Erkenntnis. Wenn auch manchmal auf kuriose Weise. Im Januar 2003 verhedderte sich ein Riesenmaul vor der südphilippinischen Insel Mindanao in einem Netz und starb. Die Fischer schleppten den 5 m langen und mehr als 1 t schweren Brocken an Land und verständigten die Fi-

schereibehörden. Klar, dass der Fang mit seinem ungeheuerlichen Aussehen einen Menschenauflauf verursachte, auch Lokalreporter waren zur Stelle. Nachdem die Behördenmitarbeiter bestätigt hatten, dass es sich um einen Fisch und nicht um ein geschütztes Säugetier handelte, gaben ihn die Fischer zum allgemeinen Verzehr frei. Nur Kopf und Flossen verkauften sie an einen Händler.

Die Schaulustigen machten sich mit Messern und Macheten ans Werk, zerhackten die Meeresbeute und verteilten das Fleisch an die Anwesenden. Die trockneten und brieten es, lobten den Geschmack als vorzüglich und verglichen es mit dem von Tintenfisch. Überraschend nur, dass weder Hunde noch Katzen davon aßen. Und selbst die Fliegen hielten sich fern.

DIE KREATUREN

Aal
Der Mythos vom sterbensmatten Weitwanderer

Manche biologischen Ungereimtheiten werden so lange »festgeschrieben«, bis sie keiner mehr hinterfragt. In puncto Aalwanderung gelang die erstaunliche Revision einer alten Theorie.

Schon Aristoteles wusste, dass Aale aus Bächen, Flüssen und Seen ins Meer wandern, und sogar ihr Larvenstadium war dem »Vater der Naturwissenschaften« bekannt. Dieses Wissen ging offenbar verloren, und lange rätselte man aufs Geratewohl an dem Fisch herum, der nicht so recht wie ein »normaler« Fisch aussieht.

Da man nie Laich fand, lautete die spannende Frage, wie und wo werden Aale geboren?

Über ganze Forschergenerationen hinweg hielt sich die Annahme, *Zoarces viviparus*, ein 30–45 cm langer Salz- und Brackwasserfisch, der im Winter 20–400 Junge lebend gebiert, sei die »Aalmutter« – ein Populärname, der an dem kleinen, am Boden lebenden Raubfisch haften blieb.

Aber auch andere Theorien tauchten auf und wurden widerlegt: Ein Italiener namens Redi bewies im 17. Jahrhundert seinen Zeitgenossen, dass die parasitischen Würmer in weiblichen Aalen zu Unrecht als Augenscheinbeweis für lebend geborenen Aalnachwuchs herangezogen wurden.

DER WANDERWEG DER AALLARVEN

Dergleichen Spekulationen lagen nahe; immerhin war das Fehlen von Aallaich auffällig und folglich erklärungsbedürftig. Im »Urania Tierreich (Fische)« findet sich die pointierte Zusammenfassung einer entscheidenden Entdeckung auf dem Weg zur Lösung des Aal-Rätsels, die dem Dänen Johannes Schmidt gelang: »Als 1904 das Forschungsschiff ›Thor‹ hinausgeschickt wurde, um Näheres über die Vermehrung der Nutzfische des Meeres zu erfahren, fand sich zwischen den Fängen, die bei den Färöer-Inseln gemacht wurden, auch eine Aallarve. Es war die erste, die nicht in der Straße von Messina gefangen wurde. Schmidt begann nun eine systematische Suche nach dem Laichplatz des Aales, die bis 1922 fortgesetzt wurde. Die kleinsten Aallarven befanden sich in der Nähe der amerikanischen Küste zwischen 22 und 30 Grad nördlicher Breite und 48 bis 65 Grad westlicher Länge.« Eine schon recht weit gehende Annäherung an die Rätsellösung.

Man weiß seit dem frühen 20. Jahrhundert, dass die weidenblattähnlichen Aallarven von ihrem Geburtsgebiet in der Sargassosee 6000 km bis zur europäischen Küste zurücklegen. Sie lassen sich dabei im Wesentlichen vom Golfstrom mitnehmen. Von den Flussmündungen (Aallarven schwimmen auch durch die Straße von Gibraltar ins Mittelmeer) dringen die Larven nach dreijähriger Atlantik-Drift in unsere Fließgewässer-Systeme ein; in ihrem vierten Lebensjahr

Der Name »Aalmutter« ist dem entfernt aalähnlichen Bodenfisch geblieben, seine Aal-Mutterschaft indes gehört ins Reich der Fabeln und Mythen.

haben sie sich in durchsichtige, so genannte »Glasaale« gewandelt, die nun, wo immer ihnen das möglich ist, die Flüsse und Bäche weiter aufwärts ziehen. Auch kurze Landwanderungen wurden beobachtet und gefilmt.

Irgendwann erreichen die Aale (die bis zu einer Länge von 30 cm geschlechtsneutral sind oder, richtiger, erscheinen) einen ansprechenden Lebensraum, an dem sie jahrelang bleiben. Nach 9 Jahren begeben sich die Männchen, nach 12 die Weibchen auf die große Rückreise an ihren Geburtsort jenseits des Atlantiks.
Und genau hier begann lange ein heftig von Rätseln umstelltes Terrain. Dazu Professor Hans Fricke, der durch seine Quastenflosser-Forschung (s. nächstes Kapitel) berühmt wurde: »An der Theorie von der Aalwanderung – aus unseren Bächen direkt ins Sargassomeer – hat mich immer zweierlei gestört: Zum einen, dass man im Nordatlantik nie einen erwachsenen Aal gefangen hat, zum anderen, dass eine 7000 km lange Schwimmstrecke gegen den Golfstrom für einen nicht allzu großen Fisch schwer vorstellbar ist.«

Gleichwohl schwimmen in all unseren Lehr- und Schulbüchern die Aale seit jeher tapfer und unverdrossen, alt, sterbensmatt, aber paarungsbereit auf direktem Kurs gegen die Nordostdrift und eine stetige Meeresströmung an.

Fricke verglich alle verfügbaren Positionsmeldungen von Aallarven und kam zu einem anderen Schluss: »Die alten Tiere schwimmen ein Stück geradewegs westwärts in den Atlantik hinaus, wenden sich dann südwärts, passieren die Biskaya, lassen sich vom Azorenstrom in den Kanarenstrom spülen, queren den südlichen Atlantik, schwimmen dann vor der Küste Brasiliens nordwärts und erreichen schließlich die südliche Sargassosee.«

Doch mit dieser Erkenntnis war das Aalgeheimnis allenfalls zu 30 % gelöst. »Das Irritierende an der Sache: Keiner hatte jemals Aal-Eier gefunden; das Kleinste, was man im Sargassomeer gefunden hatte, waren zirka 5–6 mm große Exemplare. Und diese Winzlinge hatte man im Südteil des Meeres gefunden. Die Frage war nun: Was passiert zwischen ihrer Schlupfgröße, die bei 3 mm liegen muss, und den per Augenschein verbürgten 5 mm? Und wo ist der Punkt null, also der Ablaichort?«

Geheimnisvoller Laichplatz

Es waren solche Phänomene und Fragen, die Forschern wie Fricke keine Ruhe ließen, Fakten, die sich nicht an die herrschende Theorie hielten und deshalb Scheinerklärungen provozierten; und genau die erwiesen sich als durchscheinend wie Glasaale, sobald man sie mit gebündelten Fragen fokussierte. Mit Fragen wie dieser: »Wie und wo findet der allein reisende, der ermattete Aal in der weglosen Weite des warmen Meeres einen Sexpartner?« Die formale Logik erlaubt eigentlich nur eine Erklärung: Es musste einen eindeutigen Treffpunkt geben, den alle lokalisieren können.

Fricke meint, ihn gefunden zu haben. Das Studium alter Seekarten half. 1946 hatte die US-Navy einen steil vom Meeresgrund bis kurz unter die Oberfläche aufragenden Felskegel wieder entdeckt, von dem schon 1837 die holländische Mannschaft der Brigg »Echo« berichtet hatte. Von diesem Kegel, der so genannten »Echobank«, hieß es, dass er starke magnetische Anomalien im Feldnetz der Erde bewirke. Anomalien – die Vermutung liegt nahe –, die von den »magnetisch sensiblen« Aalen gelesen werden können.

Die US-Navy antwortete nicht auf Frickes Bitte, die Koordinaten herauszugeben, vermutlich wegen ihrer dort angebrachten Ortungshilfen für U-Boote. Anders die französische Marine, die dem deutschen Wissenschaftler behilflich war: 21 Grad, 15 Bogenminuten Nord / 58 Grad, 45 Bogenminuten West. Was noch fehlt, ist der letzte »Sichtbeweis«, dass der Magnetberg tatsächlich der Ort ist, an dem sich Aale und Aalinnen in ihren letzten Lebenswochen zu Abermillionen treffen, um für Nachwuchs zu sorgen.

Der Mythos Aalwanderung ist noch nicht gänzlich »entmystifiziert«, aber die Wissenschaft hat die Hand am Tuch, das noch letzte Geheimnisse verhüllt.

Die Kreaturen

Quastenflosser
Das lebende Urviech

Seine Entdeckungsgeschichte ist ein moderner Wissenschaftskrimi. Vorerst letzter Clou: Die Außenhaut des lebenden Fossils könnte die modernste Strömungstechnik inspirieren.

Zeugen der Erdgeschichte sind typischerweise versteinert, werden aus alten Erdschichten geborgen und liegen dann, liebevoll präpariert, unter Kunstlicht in Vitrinen.

In wenigen Fällen tummeln sie sich aber auch noch als Zeugen der Evolution quicklebendig unter »modernen« Geschöpfen. Das wohl berühmteste maritime »Fossil« ist der Quastenflosser, der 1938 erstmals vor Südafrikas Ostküste, im Mündungsbereich des Chalumna-Flusses an Bord eines Schiffes gehievt wurde. Bis zu diesem Zeitpunkt galten die urtümlichen Fische, bekannt nur durch ein paar spektakuläre Versteinerungen, als vor 80 Millionen Jahren ausgestorben.

Für Experten war es denn auch ein wenig so, als hätte man in einer vergessenen Tasche des Erdmantels noch ein paar lebende Exemplare von *Tyrannosaurus rex* gefunden oder einen Flugsaurier aus Fleisch und Blut bei der Brutpflege überrascht. Allein das urweltliche Äußere von *Latimeria chalumnae* regte zu Fragen an: Waren nicht diese seltsamen Brust-Stummelflossen erkennbare Versuche der Evolution, einem Meerestier landtaugliche Beine zu konstruieren? Keine wilde Spekulation, schließlich war man sich ja sicher, dass die Urviecher schon vor 360 Millionen Jahren die Meere bevölkert hatten. Früh genug für die Möglichkeit, am Landgang des Lebens beteiligt gewesen zu sein. Die These wurde nach eingehenden Untersuchungen verworfen, was aber der **Magie** und Rätselkraft des Fisches **keinen** Abbruch tat. Die folgenden Jahrzehnte standen im Zeichen von Spekulation und Suche: Wo lebte der Fisch, wo gab es stabile Populationen?

Entdeckung der Lebensräume

Es existierten einigermaßen glaubhafte Berichte, dass Fischern auf den Komoren – also nicht allzu weit vom Erstfundort entfernt – immer mal wieder »völlig unwahrscheinliche Fische« in größeren Tiefen in die Netze gingen. Klarheit schafften im Januar 1987 Videoaufnahmen, die dem deutschen Meeresbiologen Hans Fricke und seinem Team gelangen – in einer Vulkanhöhle, 198 m tief an einer Steilwand vor den Komoren. »Es war, als hätte jemand den Ur-Ozean aufgeklappt und ein Stück Schöpfungsgeschichte präpariert«, erinnert sich Fricke.

Noch spannender wurde es, als rund 10 Jahre später und 10 000 km von den Komoren entfernt, vor der Nordküste Sulawesis (Celebes), Fischern ein lebender Quastenflosser ins Netz ging und wissenschaftlich dokumentiert wurde. Die glücklichen Jäger des verlorenen Fisches waren der kalifornische Meeresbiologe Mark Erdmann und seine Frau Arnaz, die beiden hatten kursierende Gerüchte ernst genommen und per Flugblatt-Phantombild ortsansässige Fischer um Suchhilfe gebeten.

Das Rätsel bekam eine neue Dimension – eine geografische. Wie und wann waren die wohl nicht besonders leistungsstarken Schwimmer von Ostasien an die Ostküste Afrikas auf die Komoren gekommen? War das überhaupt denkbar ohne »Zwischenpopulationen« auf dem Weg, die es möglicherweise noch zu entdecken galt?

HERKUNFT DER POPULATIONEN

Mit der Genanalyse hat die Wissenschaft die Möglichkeit, Definitives über die Verwandtschaftsbeziehung von Sulawesi- und Komoren-Population auszusagen. Wieder war es die Fricke-Crew, die, dieses Mal in 155 m Tiefe, mehrere Quastenflosser in einer Karsthöhle vor Manado/Sulawesi aufspürte.

Mit einem eigens konstruierten Harpunengewehr gelang es den Forschern aus dem oberbayrischen Seewiesen schließlich, den »Sulawesi-Fischen« Gewebeproben zu entnehmen, ohne sie zu verletzen, und deren DNS mit der der Komoren-Population zu vergleichen.

Von den ostafrikanischen Quastenflossern wusste man inzwischen, dass sie hoch ingezüchtet sind, ein Indiz dafür, dass die Population auf eine einzige Geschwistergruppe zurückgeht. Beide Informationen zusammen genommen (Gewebeproben-Vergleich einerseits und Inzucht-Phänomene bei den Komoren-Quastenflossern andererseits) erlaubten der Wissenschaft eine erstaunliche Aussage: Vor rund 100 000 Jahren muss ein weiblicher Sulawesi-Quastenflosser mit Nachwuchs im Bauch (Quastenflosser sind Lebendgebärer!) 10 000 km quer über den Indischen Ozean verdriftet worden sein, um am Komoren-Inselsockel eine Tochterpopulation zu gründen.

Verdriftung also – aber vielleicht nicht auf dem kürzesten Weg: »Quastenflosser-Fricke«, Karen Hissmann und Jürgen Schauer halten es für so gut wie sicher, dass es auf dem Seeweg zwischen Südostasien und Ostafrika noch unentdeckte Populationen gibt, so genannte »stepping stones« (Trittsteine).

SPARSAMER ENERGIEVERBRAUCH

Inzwischen ist die Fricke-Crew im Tauchboot »Jago« dem Urgetüm einige tausend Unterwasser-Seemeilen hinterhergefahren, um seine verblüffend sparsame Futtersuchstrategie und andere Finessen zu ergründen. Ein ausgewachsener Quastenflosser schwimmt auf seinem nächtlichen Beutezug durchschnittlich 1,5 km und verleibt sich dabei 5 kleine Fische von insgesamt 210 g Gewicht ein. Ein hoch spezialisierter »Niedrig-Energie-Jäger« also, der nur beim finalen Sprint auf die Beute beschleunigt. Doch auch das, so fand die Fricke-Crew heraus, geschieht »optimiert«, will sagen: mit weit weniger Energieverbrauch, als man annehmen sollte.

Quastenflosser sind, ähnlich wie (die evolutionsgeschichtlich gesehen ebenfalls uralten) Haie, äußerlich von winzigen Schuppenhöckern überzogen, die vorbeiströmendes Wasser so genial verwirbeln, dass der Reibungswiderstand minimiert wird.

Ein lebendes Fossil, mehr als 300 Millionen Jahre erprobt, trägt möglicherweise ein Baumuster auf seiner Außenhaut, das der High-Tech-Ingenieurswissenschaft unserer Tage den Weg in eine neue Dimension der Strömungsphysik weisen könnte.

Fischern auf den Komoren ging immer mal wieder ein Quastenflosser in tief treibende Netze. Heute ist man sich fast sicher, dass es sich um die verdrifteten Nachfahren einer »indonesischen Urpopulation« handelt.

DIE KREATUREN

Fliegende Fische
Die göttlichen Wundertiere

Was ist verwunderlich daran, dass die Menschheit lange an die Existenz geflügelter Pferde glaubte, wo es doch nachweislich geflügelte Fische gab? Die springenden und segelnden Schwarmfische galten zur Zeit der Großsegler als Glücksbringer.

Im ersten Kapitel von »Taipi, Abenteuer in der Südsee«, schreibt Herman Melville: »Die lange, trauerliedartige Dünung des Pazifischen Ozeans rollte mit winzig kleinen, im Sonnenschein funkelnden Wellen heran. Ab und zu schnellte ein Schwarm Fliegender Fische, vom Bugwasser aufgestört, in die Luft und fiel im nächsten Augenblick wie ein Silberregen ins Meer zurück.«

Eher gleichnishaft klingt dagegen folgende Geschichte, wie sie dutzendfach so oder ähnlich erzählt wurde:

Anfang des 19. Jahrhunderts hatte der Lastensegler »Windsbraut« aus Emden den Ausläufer eines Zyklons 500 Seemeilen südöstlich von Kubas Südspitze mit knapper Not abwettern können. Aber ein Brecher hatte ausgerechnet die hintere, hecknahe Ladeluke aufgerissen und fast allen Proviant und, schlimmer noch, einige Trinkwasserfässer über Bord gespült. Dem Tod durch Ertrinken gerade noch entronnen, drohte der Mannschaft nun der Tod durch Verdursten und Verhungern.

Als der Schiffszimmermann, der bei Bedarf die Funktion eines Bordgeistlichen ausübte, seine Stimme erhob und den Herrn über Land und Meer um Rettung bat oder um einen gnädigen Tod, geschah das Wunder. Aus dem Meer erhoben sich Fische in erklecklicher Zahl und ließen sich auf das Deck fallen. Ein Wunder – wie das biblische Manna, das dem Volke Israel auf seiner Flucht durch die Wüste Sinai vom Himmel herab vor die Füße fiel! Und wenig später fiel auch noch Regen in die bereitgehaltenen Gefäße.

Nicht immer wurden Fliegende Fische als göttliche Gabe betrachtet. So manchem Seemann war angesichts der »Geflügelten Fische« auch unheimlich zumute. Der Dichter und Botaniker Adalbert von Chamisso berichtet von seiner Weltreise auf der Brigg »Rurik« (1815–1818) eine kuriose Begebenheit. Nachdem das Schiff den nördlichen Wendekreis passiert hatte, begegneten ihnen erstmals Fliegende Fische. »Der erste Fliegende Fisch, der auf das Verdeck und unseren Matrosen in die Hände fiel, ward von ihnen unter Beobachtung des tiefsten Stillschweigens in Stücke zerschnitten, die sie sodann nach allen Richtungen in die See warfen. Das sollte das vorbedeutete Unheil brechen.« Chamisso erklärt, dass der ungewöhnliche Anblick von Fischen, die wie Vögel durch die Luft sausten, bei den Matrosen »Grausen erregte«. Es kam ihnen wie eine Umkehrung der Natur vor. Mit der Zeit aber gewöhnten sie sich an das scheinbar Paradoxe – und ließen es sich schmecken.

Wegen des oft beschriebenen Wohlgeschmackes dieser Fische warteten die Menschen früher nicht, bis sie ihnen in den Mund flogen, sondern setzten ihnen gezielt nach. Die einfachste Fangmethode war, während der Laichzeit ein Zweigbündel vom Boot aus ins Wasser zu halten. Das lockte die Fische an, weil sie zum Ablaichen eine feste Unterlage brauchen. Normalerweise heften sie ihren Laich an Tang- und Algenbüschel, die an der Oberfläche treiben. Flugfische wurden aber auch als Köder für größere Raubfische benutzt. Dazu befestigten die Fischer die Köder lebend an ihrer Angel und warfen sie ins Meer, um deren Fressfeinde – zum Beispiel Thunfische – zu fangen.

Diese frühen Fischporträts sind zwar ein wenig fantastisch geraten. Realistisch indes die Szenerie: Vögel, Fische und Meeressäuger machen auf Fliegende Fische Jagd.

Schwalben-Fische

Die »Luft-Fische« sind seit mindestens dem 16. Jahrhundert bekannt, wie zeitgenössische Zeichnungen belegen. Man nannte sie auch »Schwalben-Fische«, »weil sie nach Art der Schwalben niedrig fliegen«, erzählte der Hamburger Autor Happelius 1683 in seinem Buch »Größte Denkwürdigkeiten der Welt«. »Sie fliehen bald aus dem Meer, bald ins Meer, um den Raubfischen zu entgehen, besonders den Delfinen.«

Selbst die Geistlichkeit wusste diese seltsamen Tiere damals schon in ihrem Sinne zu nutzen. In seinen »Hertzfließenden Betrachtungen von dem Elbe-Strom« beschrieb der Hamburger Pastor Petrus Hesselius 1675 das Verhalten Fliegender Fische überraschend genau (obwohl sie in der Elbe auch damals nicht vorkamen). Dann predigte er: »Diesen Fliegenden Fischen sollen alle verfolgten Hertzen nachfolgen / und mit ihrem Leben und Seufftzen / nach dem Himmel eilen / woselbst die beste Zuflucht aller Exulanten, die niemand versperret.«

Wenn Tiere etwas Außergewöhnliches können – Fische zum Beispiel fliegen –, verlangt der wissenschaftsgeprägte (oder wissenschaftsgläubige) Mensch eine Erklärung. Warum also haben bestimmte Fische das Fliegen oder genauer das Gleiten gelernt? Die Erklärung erfordert einen kurzen Anlauf, Stichwort: bevorzugter Aufenthaltsort.

Die Familie der Fliegenden Fische (Exocoetidae) ist mit den Horn- und Makrelenhechten verwandt und umfasst 70 Arten. Auf den ersten Blick ähneln sie den Heringen. Als Planktonfresser finden sie ihre Nahrung in den oberen Wasserschichten, meist einen halben Meter unter der Oberfläche. Genau dort lauern aber auch ihre Fressfeinde, die Raubfische. Deren Vorteil ist, dass sich die potenziellen Beutefische gegen die helle Wasseroberfläche erkennbar abzeichnen. Fliegende Fische versuchen zwar, sich durch helle Bauchfärbung vor der lichtdurchfluteten Wasseroberfläche unsichtbar zu machen, aber es gibt genug Jäger, die sich nicht irreführen lassen: Goldmakrele, Thunfisch, Tintenfisch oder der bis zu 2,5 m lange, silberblaue Wahoo.

Die ungewöhnliche Fluchtrichtung der Exocoetidae hat offenbar einen erheblichen Auslese-Vorteil für diejenigen, die das Flugkunststück im Programm haben. Mit allem muss ein Raubfisch rechnen, mit Blitzstarts oder sogar mit Gegenwehr, aber dass seine Beute das eigentliche Fisch-Element verlässt, passt nicht zu den ererbten Jagdstrategien.

Ein effektiver Antrieb

Anders als in älteren Darstellungen zu lesen, geht die Antriebskraft nicht von den auffällig vergrößerten Brustflossen aus, dafür fehlt eine entsprechende Muskelausstattung. Den Vortrieb leistet allein die Schwanzflosse, deren unterer Lappen in charakteristischer Weise deutlich länger ist als der obere. Ein Fliegender Fisch, der sich aus dem Wasser katapultieren will, schießt mit stei-

Fregattvögel, fluggewandte Großvögel der Tropen, jagen anderen Vögeln Beute ab, versuchen sich aber auch erfolgreich als Gelegenheitsjäger auf Fliegende Fische.

gender Geschwindigkeit auf die Wasseroberfläche zu. Sobald seine Körpervorderhälfte in die Luft ragt, werden die »Segelflossen« (Brustflossen) ausgebreitet; und solange die untere Hälfte noch von Wasser umgeben ist, schlägt die Schwanzflosse hochfrequent. Der längere Schwanzflossen-Unterteil sorgt buchstäblich bis zum allerletzten Sekundenbruchteil für Geschwindigkeit, auch dann noch, wenn der Oberteil des Antriebsorgans schon aus dem Wasser ragt.

Die Segelflug-Phase kann der Fisch nicht durch aktives Verstellen der Brustflossen beeinflussen: Die Luft streicht vorbei und hebt das Flugobjekt.

Gleitflüge von gut 100 m Länge (ca. 10 Sekunden Dauer) sind die Regel, wobei die Sprünge oft durch kurzes »Aufditschen« auf der Wasseroberfläche (den Effekt, den man vom Werfen flacher Kiesel kennt) unterstützt beziehungsweise verlängert werden. Während dieser nur Sekundenbruchteile kurzen Aufsetzer beschleunigen die Sprungathleten erneut durch blitzschnelle Schläge mit dem unteren Teil ihrer Schwanzflossen.

»Schiffsreisende können kaum den Atlantik überqueren, ohne dass ihnen Vertreter der am besten segelnden Art, *Exocoetus volitans,* auf das Deck fliegen, mag der Rumpf des Schiffes auch noch so hoch aus dem Wasser ragen« (»Urania Tierreich, Fische«). Eine Weile hat man darüber gerätselt, wieso die Segelsprinter ausgerechnet relativ hochwandige Schiffe für ihre Bruchlandungen »wählen«, Plateaus, die – wenn man sich die durchschnittliche Höhe ihrer Sprungparabel betrachtet – fast schon unerreichbar erscheinen. Des Rätsels Lösung sind die kräftigen Aufwinde unmittelbar vor den Bordwänden.

In der Karibik – wohl das Optimal-Meer für Fliegende Fische – kann man bei tief stehender Sonne eine fantastische Darbietung maritimer Gruppen-Choreografie erleben: Zu Zighunderten schnellen die Silberpfeile aus dem Wasser und tauchen fast synchron wieder ein.

Die ewig Gejagten

Die rasenden Fluchten sind offenbar geeignet, selbst den sprintstarken Thunfischen und Goldmakrelen davonzueilen – nicht immer, aber doch häufig genug. Allerdings haben sich Fregattvögel auf die Artisten eingestellt und greifen sie, wo immer sie ihnen in die Quere kommen, in rasanten Sturzflügen ab, bevor die Flüchtigen wieder eintauchen können. Eine frappante Leistung, denn von oben gesehen verschmelzen dahinjagende Exocoetidae optisch mit der Wellenbewegung.

Die übergroßen Augen der Fliegenden Fische erlauben ihnen fast totale Rundumsicht: gut für die Feinderkennung, gut, um Plankton zu erspähen. Die Augen, so hat man festgestellt, sind lichtstark genug, um den Fischen auch erfolgreiche Mondschein-Jagd zu ermöglichen.

Den Seeleuten, die erstmals von diesen »Vogelfischen« erzählten, unterstellte man, sie spönnen wie üblich ihr Seemannsgarn. Es ging ihnen wie den ersten Weltumseglern, die von Kängurus und Schnabeltieren berichteten, ebenfalls gänzlich unglaublichen Kreaturen.

Aber keinen kann es verwundern, dass die Mannschaft der »Windsbraut« (oder andere gleichermaßen Beschenkte) die Notnahrung aus der Hand Gottes nahmen, der sogar Fischen befehlen kann, sich zur Rettung braver christlicher Seefahrer auf die Planken ihrer Schiffe zu verfügen. Auch Thor Heyerdahl war entzückt darüber, dass ihm bei seiner Atlantik-Überquerung mit der Kon-Tiki – wenn schon keine gebratenen Tauben – so doch immerhin Fische in den Mund flogen.

Seepferdchen
Die geborenen Fabelwesen

Langschnauziges Seepferdchen

Griechische Fischer glaubten einst, sie wären Miniatur-Fohlen der Pferde, die den Wagen des Meergottes Poseidon durch die Wogen zogen.

chen ist – ein etwa 10 cm großes Tier, das mit seinem Greifschwanz im Riffbewuchs ankert.

Mit seinem anmutig gebogenen Hals, der schmalen Schnauze und der sich spreizenden Rückenflosse, die an eine flatternde Mähne erinnert, wirkt es wie ein edles Ross oder der Springer auf dem Schachbrett. Die panzerartige Haut lässt dagegen eher an einen Drachen denken, der Farbwechsel und die unabhängig voneinander beweglichen Augen an ein Chamäleon.

Kurzum: Seepferdchen sind die geborenen Fabelwesen. Selbst frühe Wissenschaftler konnten die grazilen Geschöpfe nicht recht einordnen. Ihr Gattungsname *Hippocampus* leitet sich aus dem Griechischen »hippos« für Pferd ab und von »kampoi« für Ungeheuer (wegen des schlangenförmigen Unterleibs). Zusammen be-

Der philippinische Fischer Cesar Socias fängt Seepferdchen, um von ihrem Erlös Reis kaufen zu können.

Die senkrechte Schwimmweise der Seepferdchen, ein wenig auf und ab hüpfend, scheint diese Fantasie zu bestätigen. Man braucht schon viel Geduld und ein sehr geschultes Auge, um ein Seepferdchen in seinem natürlichen Lebensraum zu entdecken. So ein Meister der Tarnkunst verschmilzt mit seiner Umgebung zu einem Vexierbild, in dem ihn nur ein Spezialist erkennen kann – zum Beispiel ein Seepferdchenfischer auf den Philippinen. Gespannt begleite ich einen von ihnen, Cesar Socias, bei seiner Arbeit. Sie beginnt um Mitternacht und endet erst im frühen Morgengrauen. Nach 20 Minuten Schnorcheln und intensiven Spähens im Riff gibt der Seepferdchen-Profi mir das Zeichen zum Abtauchen. In etwa 3 m Tiefe zeigt er eifrig auf eine Koralle. Erst auf den zweiten Blick fällt mir auf, dass der vermeintliche Ast ein perfekt getarntes Seepferd-

DIE KREATUREN

deutet es also »Rossungeheuer«. Dass es sich bei ihnen um Fische handelt, sieht man ihnen wirklich nicht an.

Seepferdchen gehören zur Familie der Seenadeln (Syngnathidae); das sind lang gestreckte, röhrenförmige Knochenfische mit einer pipettenartigen Schnauze zum Ansaugen kleiner Krebse, Garnelen oder Fischbrut. Da die Syngnathiden weder Zähne noch Magen haben, passiert die Nahrung relativ unverdaut den Darm, und sie brauchen bald wieder Nachschub. Anstelle von Schuppen bedecken winzige Knochenplatten und -ringe ihren zierlichen Körper. Die Familie, verwandt mit den nicht minder bizarr aussehenden Fetzen- oder Geisterpfeifenfischen, entwickelte sich vermutlich vor mindestens 40 Millionen Jahren. Das größte Seepferdchen misst vom Krönchen bis zur Schwanzspitze rund 28 cm: das Pazifische Seepferdchen (*Hippocampus ingens*), das kleinste, nur 16 mm.

DER DICHTER RINGELNATZ

Unter Matrosen galten die fabelartigen Wesen früher als Glücksbringer. Sie nannten sie »Ringelnass«. Und einen ähnlich seltsamen Namen wählte auch einer der bekanntesten deutschen Dichter und Kabarettisten: Joachim Ringelnatz. Er wurde 1883 im sächsischen Wurzen unter dem Namen Hans Bötticher geboren und benannte sich erst 1919 um. Als Tarnname diente ihm der seemännische Ausdruck für die Meister der Tarnkunst; vielleicht sollte er ihm auch Glück bringen.

Ringelnatz' Liebe zum Meer jedenfalls durchzieht sein Leben wie sein Werk. Mit 18 Jahren verdingte er sich ohne das Wissen seiner Eltern als Schiffsjunge und wurde später Matrose bei der Kaiserlichen Marine. Seine Erinnerungen an die Zeit, die er auf Segel- und Dampfschiffen verbrachte, veröffentlichte er 1911 unter dem Titel »Was ein Schiffsjungen-Tagebuch erzählt«. Weithin bekannt

Seepferde mal anders: Meergott Neptun mit seinen Rössern beim Ritt über die Wogen. Die »Hippocampi« haben praktischerweise Flossenantrieb.

Er gehört zu den bizarren Verwandten der Seepferdchen: der Fetzenfisch.

sind auch seine Ballade vom »Seemann Kutteldaddeldu«, die Anthologie »Matrosen« oder das Buch »Als Mariner im Kriege«, in dem er seine Erlebnisse als Seemann im Ersten Weltkrieg schildert.

Mit Seepferdchen fühlte sich Ringelnatz offenbar besonders verbunden. Das zeigt nicht nur seine Namenswahl, sondern auch das berühmte Gedicht »Seepferdchen«. Es gehörte zu seinem Standardrepertoire, und wenn er es auf der Bühne vortrug, untermalte er es mit leicht hüpfenden Bewegungen – so als wäre er ein durchs Meer tänzelndes Seepferdchen. Außerdem verewigte der »Kunstmaler«, wie er sich selbst bezeichnete, die possierlichen Tiere auf Gemälden und bastelte Freunden als Hochzeitsgeschenk eine Installation aus getrockneten Seepferdchen.

SEEPFERDCHEN
Als ich noch ein Seepferdchen war,
Im vorigen Leben,
Wie war das wonnig, wunderbar
Unter Wasser zu schweben.
In den träumenden Fluten
Wogte wie Güte das Haar
Der zierlichsten aller Seestuten,
Die meine Geliebte war.
Wir senkten uns still und stiegen,
Tanzten harmonisch umeinand,
Ohne Arm, ohne Bein, ohne Hand,
Wie Wolken sich in Wolken wiegen.
Sie spielte manchmal graziöses
Entfliehn
Auf dass ich ihr folge, sie hasche,
Und legte mir einmal im
Ansichziehn
Eierchen in die Tasche.
Sie blickte traurig und stellte
sich froh,
Schnappte nach einem Wasserfloh
Und ringelte sich
An einem Stängelchen fest und
sprach so:
Ich liebe dich!
Du wieherst nicht, du äpfelst nicht,
Du trägst ein farbloses Panzerkleid
Und hast ein bekümmertes altes
Gesicht,
Als wüßtest du um kommendes
Leid.
Seestütchen! Schnörkelchen!
Ringelnass!
Wann war wohl das?
Und wer bedauert wohl später
meine restlichen Knochen?
Es ist beinahe so, daß ich weine –
Lollo hat das vertrocknete, kleine
Schmerzverkrümmte Seepferd
zerbrochen.

IN LEBENSLANGER VERBUNDENHEIT

Interessant ist, dass der Dichter schon damals biologische Kenntnisse über Seepferdchen besaß, die heute keinesfalls selbstverständlich sind.

Denn noch seltsamer als ihr Aussehen ist die Biologie der Seepferdchen: Mit einem Paarungsritual, das die Herzen von Romantikern höher schlagen lässt, und einem Rollentausch, wie er in der Natur so kein zweites Mal vorkommt. Die Männchen tragen die Jungen in einer Bruttasche im Bauch aus und bringen sie unter wehenartigen Zuckungen zur Welt.

Die meisten Seepferdchenarten leben in strikter Monogamie. Ihre ungewöhnlich enge Paarbindung pflegen sie durch einen Begrüßungstanz, jeden Morgen kurz nach Sonnenaufgang. Das Männchen wartet an einer Koralle oder im Seegras auf das

Die fädigen Auswüchse auf dem Kopf ermöglichen es dem Langschnauzigen Seepferdchen, sich perfekt zu tarnen.

Seepferdchen-Expertin Amanda Vincent beobachtete stundenlange Balztänze unter Wasser.

DIE KREATUREN

Weibchen. Sobald »sie« zu ihm hinschwimmt, ringeln die beiden ihre Schwänze umeinander und promenieren gemeinsam durchs Riff beziehungsweise Seegras. Sie wechseln ihre Farbe und drehen Pirouetten in einem Reigen, der bis zu 10 Minuten dauert. Den Rest des Tages verbringen sie getrennt. Getrennt, aber in treuer Verbundenheit.

»Die Partner ignorieren alle anderen Artgenossen«, berichtet Amanda Vincent, Assistenzprofessorin für Artenschutz an der McGill-Universität im kanadischen Montreal. »Selbst wenn ein Partner weggefangen wird oder stirbt, dauert es lange, bis sie sich erneut verbandeln.«

Der kanadischen Forscherin verdankt die Wissenschaft viele Erkenntnisse über Verhalten und Ökologie von Seepferdchen. Als sie 1986 an der Universität von Cambridge mit ihrer Doktorarbeit über die Fortpflanzung von Seepferdchen begann, waren die Tiere noch von keinem Biologen in freier Wildbahn beobachtet worden. Was sicher auch daran lag, dass sie so schwer zu entdecken sind. Vincent selbst berichtet von ihren großen Schwierigkeiten am Anfang, ein Ringelnass unter Wasser aufzustöbern. Als es ihr endlich gelungen war, konnte sie sich an den marinen Pferdchen kaum satt sehen.

Begeistert erzählt sie von den morgendlichen Begrüßungszeremonien, die auch dann stattfinden, während das Männchen trächtig ist und am Tag der Niederkunft. Schon am folgenden Morgen gerät die Begrüßung zum rituellen Balztanz, der sehr viel länger dauert und mit der erneuten Paarung endet. Die Kondition ist zuweilen phänomenal und würde selbst Profitänzer vor Neid erblassen lassen: Bis zu 9 Stunden tanzen die Balzenden, »ein wunderschönes Ballett«, schwärmt Vincent, die das Zeremoniell beobachtet hat und so lange im tropischen Flachwasser ausharrte.

SCHWANGERE MÄNNCHEN

Während das Seepferdchen-Paar durchs Wasser tänzelt, überträgt das Weibchen die Eier in die Bruttasche des Männchens. Der nächste Brutzyklus beginnt und mit ihm eine erstaunliche Verwandlung im Körper des werdenden Vaters. Nach dem Akt verschließt sich die Bauchtasche. Das Männchen besamt die Eier, sie nisten sich in der Taschenwand ein und werden von Gewebe umwachsen. Die darin enthaltenen Blutgefäße transportieren Sauerstoff herbei, der per Diffusion die sich entwickelnden Embryonen versorgt. Hormone steuern den Aufbau einer plazentaähnlichen Flüssigkeit. Während der Tragezeit, die je nach Art und Wassertemperatur zwischen 10 Tagen und 6 Wochen dauert, verändert sich das Milieu in der Bruttasche. Ähnelt es anfangs noch der Körperflüssigkeit, gleicht es sich immer mehr dem umgebenden Meerwasser an. »Vermutlich«, so Vincent, »um den Stress für die Jungen bei der Geburt zu reduzieren.«

Ist die Zeit reif, krümmt sich das Männchen stundenlang, um den Nachwuchs zu gebären. Die Neugeborenen, 7–11 mm klein, sehen wie Miniaturausgaben ihrer Eltern aus. Die Winzlinge sind vom ersten Moment an in der Lage, für sich selbst zu sorgen. Es gibt keinerlei Brutpflege.

Junge Seepferdchen sind von Geburt an selbstständig. Mit dem Schwanz in einer Alge verankert, ernähren sie sich von Plankton.

Die Zahl der Jungen schwankt je nach Art und Alter des Vaters. »Bis zu 450 haben wir schon beim Kuda-Seepferdchen gezählt«, erzählt Karl-Heinz Tschiesche vom Deutschen Meeresmuseum in Stralsund. Der Leiter des Aquariums weiß auch, dass Seepferdchen nicht stumm sind – ebenso wenig wie andere Fische. Vor allem bei der Balz sollen sie Klick-Geräusche von sich geben, sagen etliche Aquarianer. Das konnte Tschiesche experimentell zwar nicht bestätigen, »weil die Tiere so scheu sind und einen großen Bogen um das Unterwassermikrofon machen«. Aber als der Meeresbiologe einen »kleinen Kunstgriff« anwandte und die Tiere kurz am Schwanz festhielt, riefen sie »bababa-baah, bababa-baah, bababba-baah«. (Diese Laute können Besucher übrigens im Stralsunder Aquarium zusammen mit anderen Fischstimmen vom Band hören.)

Seepferdchen leben rund um den Globus zwischen dem 45. Breitengrad Nord und dem 45. Breitengrad Süd. Trotz ihrer großen geografischen Verbreitung konzentrieren sich die meisten Arten auf den Westatlantik oder die Indopazifik-Region. In Europa leben 2 Arten, das braune oder rote Langschnauzige Seepferdchen (*Hippocampus guttulatus*) und das schwarze Kurzschnauzige Seepferdchen (*Hippocampus hippocampus*). Beide werden rund 15 cm lang und besiedeln das Mittelmeer sowie die europäische Atlantikküste bis herauf in die südliche Nordsee. Vor Großbritannien und den Niederlanden ist zumindest das Langschnauzige Seepferdchen häufig anzutreffen.

In der chinesischen Medizin heiß begehrt: getrocknete Seepferdchen.

CHINESISCHE MEDIZIN

Die ungewöhnliche Biologie der Seepferdchen und ihr bezauberndes Aussehen, das zur Mythologisierung geradezu einlädt, sind den Tieren zum Verhängnis geworden. Schon Schriftsteller in der Antike priesen ihre vermeintliche Heilkraft gegen Harnverhaltung, Glatzköpfigkeit oder Tollwut. Heute gelten 32 von 34 bekannten Seepferdchenarten als bedroht. Sie wurden anlässlich der Internationalen Artenschutzkonferenz in Chile im November 2002 im Anhang II des Washingtoner Artenschutz-Übereinkommens gelistet, was bedeutet, dass der Handel mit ihnen kontrolliert wird. Dazu müssen die Behörden der betroffenen Länder erst einmal ihre Bestände zählen lassen, wobei auch für Wissenschaftler wichtige Daten anfallen.

»Wir wissen nicht annähernd, wie viele Seepferdchen es in freier Wildbahn gibt«, sagt Amanda Vincent. »Bislang hat es nur wenige Studien an natürlichen Populationen gegeben. Wir wissen aber, dass immer mehr Länder mit immer mehr Seepferdchen handeln.« Mindestens 24 Millionen dieser Tiere werden jedes Jahr zwischen 77 Ländern ausgetauscht – als vermeintliche Medizin oder Souvenirs. Weitere Hunderttausende gehen in den Aquarienhandel.

Hauptgrund für die exzessive Nachfrage an Seepferdchen ist die Traditionelle Chinesische Medizin (TCM), die sich seit dem wirtschaftlichen Aufschwung in den asiatischen Ländern mehr und mehr Menschen leisten können. Seepferdchen helfen angeblich gegen ein breites Spektrum von Krankheiten und Unpässlichkeiten: Asthma, Impotenz oder Unfruchtbarkeit, Lethargie und Erschöpfung, Halsschmerzen, Hautkrankheiten und Geburtskomplikationen.

Üblicherweise verschreiben die Anhänger der Chinesischen Medizin das Pulver von getrockneten Seepferdchen, das in warmem Wasser oder Alkohol aufgelöst dreimal täg-

Die Kreaturen

lich getrunken werden soll. Bei Wunden tragen sie das Pulver direkt auf. Ein weiteres Rezept ist, das Seepferdchen als Ganzes in Alkohol oder anderen Tinkturen einzulegen, die später ebenfalls getrunken werden – manchmal erst nach der kompletten Zersetzung des Tieres. Mittlerweile geht aber schon ein beträchtlicher Teil der Seepferdchen in die industrielle Produktion von TCM-Pillen oder -Kapseln, die unter anderem auch in den USA und Kanada verkauft werden.

Bedrohte Bestände

Die Folgen des weltweiten Handels auf die Populationen der Seepferdchen sind Besorgnis erregend. Zusätzlich bedroht sind die Tiere durch zunehmende Verschmutzung oder Zerstörung ihrer Lebensräume. Die Seegraswiesen, Mangroven und Korallenriffe der flachen Küstengewässer zählen zu den meistbedrohten marinen Lebensräumen überhaupt. Durch beschleunigte Entwaldung in den Tropen und der damit einhergehenden Erosion wird immer mehr Sediment ins Meer getragen. Das belastet Seegraswiesen oder Korallenriffe erheblich; nicht selten sterben diese empfindlichen Habitate ab. Zusätzlich schwemmen die Flüsse ungeklärte Abwässer, Dünge- und Pestizidrückstände aus der Landwirtschaft ein. Korallenriffe leiden obendrein unter Dynamit- und Cyanidfischerei sowie unter steigenden Meerestemperaturen. Das alles bedroht die Seepferdchen ebenso wie die gesamte Lebensgemeinschaft des jeweiligen Ökosystems.

Auf den Philippinen berichten Fischer und Kaufleute von deutlichen Rückgängen im Seepferdchenfang und -handel. Innerhalb von 5 Jahren verkleinerten sich dort die Populationen nach ihren Schätzungen um 15–50%. Übernutzte Bestände von Seepferdchen können sich naturgemäß nur langsam regenerieren. Ihre Fortpflanzungsrate ist verglichen mit anderen Knochenfischen gering. Ein Seepferdchen-Paar hat im Jahr durchschnittlich 1000 Nachkommen; unklar ist, wie viele von ihnen überleben. Das gilt zwar auch für die Brut anderer Fische, aber wenn ein Kabeljau-Weibchen mit einem Mal rund 200 000 Eier ablaicht, ist das auf jeden Fall eine solidere Ausgangsbasis als bei einem Seepferdchen. Zumal auch ihre Jungen nur langsam wachsen und – je nach Art – erst mit 3 Monaten bis 1 Jahr geschlechtsreif werden.

Die sagenhafte Treue der Seepferdchen erweist sich bei der Bestandserholung ebenfalls als Hemmschuh. »Wenn einer der Partner weggefangen wird, stoppt der andere für längere Zeit seine Reproduktion,« erklärt Amanda Vincent. »Falls er sich schließlich doch wieder verpaart, kann die Nachkommenzahl des neuen Paares geringer ausfallen.« Das monogame Verhalten erleichtert Fischern obendrein ihr Handwerk. Sobald sie eins der Tiere gefunden haben, fällt ihnen mit einiger Wahrscheinlichkeit auch bald der Lebensgefährte in die Hände.

Aber selbst, wenn es ihnen nicht gelingen sollte und dem »Hinterbliebenen« der Sinn nach einer neuen Vermählung stünde, wäre es gar nicht so einfach, jemanden zu finden. Seepferdchen leben nämlich meist in geringen Dichten. Um also überhaupt erst mal einen Artgenossen zu treffen, müssten sie schon ziemlich lange suchen. Für lausige Schwimmer wie sie ist das ein mühsames Unterfangen. Außerdem geben die Suchenden ihre Tarnung auf und landen vielleicht im Maul eines Schnappers oder Plattkopfes – Fische, die so ein gepanzertes Ringelnass gerne verspeisen.

Ein Seepferdchen-Zwerg

Die kleinen Glücksbringer halten für Forscher noch einiges an Überraschungen bereit. Nicht mal die Zahl der heute bekannten 33 Arten gilt als sicher. Die Seepferdchen-Systematik befindet sich in Revision, und mit einiger Wahrscheinlichkeit verbergen sich weitere Arten der Tarnkünstler in den Ozeanen. Bis vor kurzem galt zum Beispiel das 24 mm kleine *Hippocampus bargibanti* als kleinstes aller Seepferdchen. Im Mai 2003 verkündeten die Biologen Sara Lourie und Jack Randall die Entdeckung einer neuen Art vor der indonesischen Insel Flores: ein Winzling von nur 16 mm, *Hippocampus denise* genannt. Ihm gebührt nun der Superlativ »kleinstes bekanntes Seepferdchen«; zugleich ist es der zweitkleinste Knochenfisch überhaupt – nach dem Goby *(Trimmatom nanus)*, der ebenfalls in tropischen Gewässern vorkommt.

Das neu entdeckte Zwergseepferdchen hält sich bevorzugt an Gorgonienfächern auf, die es mit seinem rot-knubbeligen Körper perfekt

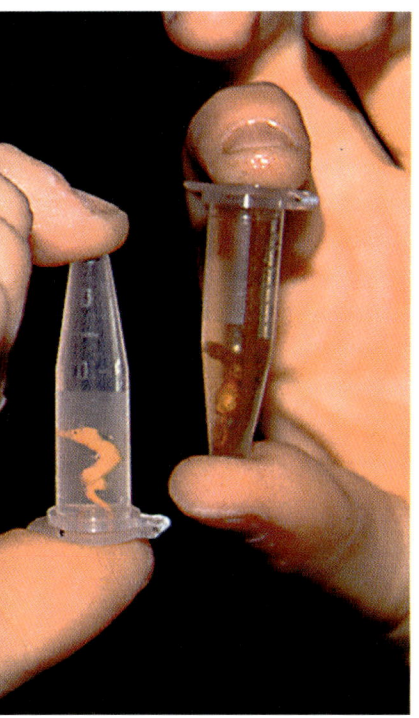

Das bislang kleinste Seepferdchen der Welt: Hippocampus denise

Das Ökoprojekt auf den Philippinen

Die Kontrolle des weltweiten Handels mit Seepferdchen ist sicher wichtig, aber das allein reicht für den Schutz der bedrohten Arten nicht aus. Mindestens genauso wichtig ist es, ihre Lebensräume zu schützen und zerstörte Lebensräume zu renaturieren – sofern möglich. Außerdem brauchen die Seepferdchenfischer das Wissen, wie sie die Bestände ökologisch nachhaltig nutzen können. Mittelfristig wäre es besser, sie hätten alternative Einkommensquellen.

Um all diese Erkenntnisse umzusetzen, gründete Amanda Vincent 1996 das »Project Seahorse«, eine internationale Meeresschutzorganisation, die Grundlagenforschung mit Entwicklungshilfe verbindet. Die Mitarbeiter, vor allem Biologen und Sozialarbeiter, setzten von Anfang an auf Kooperation: mit den Fischern und Händlern, die vom Fang oder Verkauf der Seepferdchen leben, mit der TCM-Gemeinde in Hongkong, dem Aquarienfachhandel oder öffentlichen Meerwasseraquarien, die Seepferdchen zur Schau stellen. Von Verboten, etwa einem absoluten Handelsverbot nach dem Washingtoner Artenschutzabkommen CITES (Anhang I) hält Vincent nichts. »Das würde den Verkauf nur in die Illegalität abdrängen und die Kontrollen erschweren«, sagt sie. »Wirkungsvoller sind Aufklärung und Hilfe zur Selbsthilfe.«

Auf den Philippinen beispielsweise, einem der Hauptexportländer für Seepferdchen, sind Seepferdchenfänger wie Cesar Socias bitterarm. Er und seine Kollegen haben nicht einmal das Geld, um sich Netze für den Fischfang zu kaufen. Seepferdchen dagegen können sie von Hand einsammeln. Alles, was sie dazu brauchen, ist ein gutes Lungenvolumen, um möglichst lange mit angehaltenem Atem unter Wasser zu tauchen, und gute Augen, um die Tiere in ihrer Camouflage zu entdecken.

Cesar Socias, ein Unterstützer des Seepferdchenprojektes, lebt fernab der Zivilisation auf einer kleinen Insel, die zu den Visaya-Inseln gehört.

nachahmt. Mit bis zu 90 m lebt es viel tiefer als die anderen Seepferdchen, die oft nur wenige Meter unter der Meeresoberfläche siedeln oder nicht unterhalb von 30 m vorkommen. Sara Lourie, die den Zwerg entdeckt hat, benannte ihn nach der Fotografin Denise Tackett, weil deren Bilder den ersten Hinweis auf die neue Art lieferten. Der Name sei aber noch aus einem anderen Grund sehr passend, erklärt Lourie: »›Denise‹ leitet sich vom griechischen Weingott Dionysos ab und bedeutet ›wild oder rasend‹. Und verglichen mit anderen Seepferdchen sind sie ziemlich wilde Geschöpfe.«

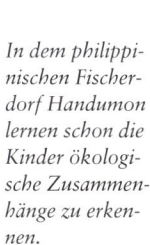

In dem philippinischen Fischerdorf Handumon lernen schon die Kinder ökologische Zusammenhänge zu erkennen.

Die Kreaturen

Die rund 850 Einwohner seines Dorfes haben weder Strom noch fließend Wasser und wohnen in Pfahlhütten, deren Wände aus Palmstroh geflochten sind. Die Menschen ernähren sich überwiegend von dem, was das Meer und der eigene Garten hergeben: Fisch, Muscheln, Kokosnüsse, Bananen und Papayas. Manche Dorfbewohner halten Hühner oder Hängebauchschweine. Auch von den zahlreichen umherstreunenden Hunden landet immer mal wieder einer im Kochtopf, um den Speiseplan mit tierischem Protein anzureichern. Nur Seepferdchen werden nicht gegessen. Sie werden verkauft, um von ihrem Erlös Reis kaufen zu können, dem täglichen Brot auf den Philippinen. Ohne Reis ist eine Mahlzeit keine Mahlzeit, heißt es.

In Dorfversammlungen überzeugten die Projektmitarbeiter die Fischer, trächtige Männchen – also Tiere mit dicken Bäuchen – zu verschonen. Dann könnten sie wenigstens ihren Nachwuchs zur Welt bringen, aus Sicht der Fischer die Beute von morgen.

Das klingt alles einfacher, als es ist. Abgesehen davon, dass die Fischer anfangs ungläubig kicherten, weil sie sich den Rollentausch nicht vorstellen konnten, ist es schwierig, so etwas auf individueller Ebene umzusetzen. Der Fischer, der unter Wasser ein trächtiges Männchen vor sich hat, muss sich nicht nur dafür entscheiden, auf den Geldwert dieses Tieres zu verzichten. Ihm sitzt auch die Angst im Nacken, erklärt Cesar Socias, dass sich später ein Kollege genau dieses Seepferdchen schnappt, und dann wäre sein eigener Verzicht umsonst gewesen.

Tag und Nacht bewacht: Eines der Seepferdchen-Schutzgebiete von »Project Seahorse« auf den Philippinen.

Das Ganze ist also ein Prozess, der Zeit und Geduld braucht. Mittelfristiges Ziel ist aber, für die Fischer alternative Einkommensquellen zu organisieren. Dazu dienen Fisch- und Seegrasfarmen sowie das traditionelle Flechthandwerk. Die Alten unterrichten die Jungen in dieser Technik, die verloren zu gehen droht.

Damit sich das direkt vor Cesars Dorf liegende Korallenriff regenerieren kann, haben die einheimischen Biologen gemeinsam mit den Dorfbewohnern ein 33 Hektar großes Meeresschutzgebiet eingerichtet. Fischen ist dort verboten. Um zu verhindern, dass nachts Fischer von Nachbarinseln eindringen, wird es rund um die Uhr bewacht. Die hier lebenden Seepferdchen sind allesamt registriert, und ihr Wohlbefinden wird regelmäßig überprüft.

Als ich den philippinischen Fischereibiologen Erwin Brunio auf so einem Kontrolltauchgang begleite, ist es viel einfacher, die Tiere auf ihrer Koralle zu entdecken. Erwin hat nämlich eine Unterwassertafel dabei, auf der das Gebiet skizziert und in Planquadrate unterteilt ist. Jeder »Wohnsitz« eines Seepferdchens ist dort verzeichnet, und ortstreu, wie die Tiere sind, sitzen sie tatsächlich genau dort, wo sie zu erwarten wären. Zur Identifizierung tragen sie winzige weiße Halsbänder mit Nummern – dadurch sehen sie erst recht wie die gezäumten Pferdchen für Poseidons Kutsche aus. Und Erwin, der Mann von der Volkszählung, hakt zufrieden die Unterwasserwohnsitze ab.

In den vergangenen Jahren haben sich die Seepferdchen-Bestände des Dorfes stabilisiert. Die Ideen des Projektes haben sich in der Region verbreitet, mehrere Dörfer richten solche Meeresschutzgebiete ein. Weitere werden folgen. Die Bewohner haben sich mit eigenen Augen davon überzeugt, was so ein Reservat bringt. »Als sie zu uns zum Schnorcheln kamen«, erzählt Erwin Brunio stolz, »staunten sie vor allem über die vielen großen Fische im Schutzgebiet.« In ein paar Jahren, so hofft er, können die Bewohner ihre Meeresressourcen ohne Hilfe von außen managen.

Seeschlangen
Mythos und Wirklichkeit

Sie gehören zu den klassischen Meeresmonstern, die Anlass zu vielerlei Sagen und Legenden gaben. In Wirklichkeit sind Seeschlangen klein – und sehr giftig

In der nordischen Mythologie wird die Seeschlange Jörmungand dem Donnergott Thor zum Verhängnis. Thor galt als stärkster der germanischen Götter. Mittels Donnerschlag, Hammer und Zaubergürtel schützte er seine Götterkollegen vor den Riesen. Er ging noch aus jedem Kampf als Sieger hervor – bis er es mit Jörmungand zu tun bekam.

Die riesige Schlange am Meeresgrund war genau genommen ein männliches Wesen, der Sohn vom Feuergott Loki und seiner Geliebten, der Riesin Angerboda. Thor fischte nach Jörmungand, und als er ihn wie einen Fisch am Haken hielt, erschlug er ihn. Er trennte den Kopf vom Rumpf ab, um ihn als Köder zu benutzen. Dabei vergiftete er sich und ging elendig zugrunde.

Aus den antiken griechischen Sagen ist bekannt, dass der oberste Meeresgott Poseidon gern mal ozeanische Ungeheuer an Land schickte, um sich für irgendetwas zu rächen. Diese Wut kostete den trojanischen Poseidonpriester Laokoon das Leben, der seine Landsleute vor einem großen hölzernen Pferd gewarnt hatte … Die Griechen ließen es vor den Toren der Stadt zurück, bevor sie mit ihren Schiffen davonsegelten. Nach einigem Hin und Her wurde Laokoon auserwählt, zusammen mit seinen Kindern am Strand ein Opfer für Poseidon zu bringen. Poseidon aber war auf Troja nicht gut zu sprechen. Gemeinsam mit Apollon hatte er die Mauern der Stadt erbaut und war hinterher vom König um den vereinbarten Lohn geprellt worden. Deshalb unterstützte er des Königs Feinde, die Griechen. Als nun Laokoon mit seinen beiden Kindern am

Die Kreaturen

Strand war, tauchten plötzlich 2 Schlangen aus dem Meer auf und töteten die kleine Familie. Dann krochen sie zum Tempel der Athena hinauf – was die Trojaner als Zeichen deuteten, das Pferd in ihre Stadt zu lassen.

Außerdem ist da noch die mythische Skylla, ein schlangenartiges Ungeheuer, das der Sage nach in einer Höhle im Mittelmeer hauste. Angeblich an der Straße von Messina, zwischen Sizilien und der »Stiefelspitze« Italiens. Diese Meerenge galt für Seefahrer als äußerst gefährlich. Schon Odysseus verlor dort beim Durchsegeln einige seiner Mitstreiter an das gefräßige Ungeheuer. Bis heute steht das geflügelte Wort »zwischen Skylla und Charybdis« für eine ausweglose Lage, die Wahl zwischen »Pest oder Cholera«.

Fantastische Geschichten über Seeschlangen reichen bis in die Neuzeit. Ein berühmter Fall für die Spürnasen der Kryptozoologie ist Kapitän Charles Seabury, der im Januar 1852 auf dem amerikanischen Walfänger »Monongahela« im Pazifik unterwegs war. Die Mannschaft entdeckte angeblich ein schlangenartiges Meeresmonster, länger als ihr eigenes Schiff, das sie auf mehr als 30 m Länge schätzten. Kapitän Seabury gab den Befehl zum Schießen. Als seine Männer die Kreatur schließlich getötet hatten, schnitten sie den Furcht erregenden Kopf ab, um ihn als Trophäe heimzubringen. Allein der Kopf sollte 3 m lang gewesen sein, und der Rachen enthielt 94 scharfe Zähne. Seabury schrieb einen Bericht über das ungewöhnliche Erlebnis, den er später seinem Kollegen, Kapitän Gavitt von der »Rebecca Sims«, überreichte. Der gab den Bericht an verschiedene Zeitungen, woraufhin das Monster tagelang diverse Titelseiten bevölkerte. Selbst die Londoner »Times« soll im März 1852 darüber berichtet haben. Die Monongahela aber, ihre Crew und der mysteriöse »Schlangenkopf« verschwanden spurlos und wurden nie wieder gesehen.

Der sagenhafte Riemenfisch

Was die Wahrheitsfindung angesichts historischer Überlieferungen erschwert, ist die Tatsache, dass ganz unterschiedliche Meerestiere – oder deren sterbliche Überreste – als »Seeschlange« bezeichnet wurden. Etwa angespülte Riesenhai-Skelette (s. Hai-Kapitel) oder der Kadaver eines wenig bekannten, länglichen Tiefseehais. Als 1860 im Seegras vor den Bermuda-Inseln ein 5 m langes, schmales Tier entdeckt und getötet wurde, galt es natürlich auch gemeinhin als Seeschlange. Zeichnungen aus jener Zeit offenbaren aber eine große Ähnlichkeit mit einem Wesen, das nicht weniger bizarr scheint, das es aber wirklich gibt. Es ist der silbrig glänzende Riemenfisch *(Regalecus glesne)*, der unter Spezialisten sogar schon seit Ende des 18. Jahrhunderts bekannt war. Erstmals wissenschaftlich beschrieben wurde er 1772 in Norwegen, wo Matrosen seit jeher von riesigen Seeschlangen erzählten, die vor ihrer Küste hausen sollten.

Vom Seemannsgarn einmal abgesehen, könnte ein Teil der Geschichten auf so einen Riemenfisch zurückgehen, der bis zu 11 m lang wird. Auf dem Kopf trägt er lange rote Flossenstrahlen, die er bei Gefahr aufstellt. Mit etwas Fantasie, Rum und aus der

So seltsam er auch aussieht, ihn gibt es wirklich: den Riemenfisch, früher »König der Heringe« genannt. In Wirklichkeit glänzt er silbrig.

Donnergott Thor im Kampf mit der mythischen Riesenseeschlange. Obwohl er sie tötet, stirbt er hinterher an ihrem Gift.

Ferne betrachtet, könnte man ihn tatsächlich für eine Schlange mit rotem Schopf halten. Aber er ist ein Fisch, und ein ganz harmloser obendrein. Die meiste Zeit über hält er sich in den Tiefen des Ozeans verborgen, in mehreren hundert Metern Tiefe (bis zu 1000 m), und ernährt sich von kleinen Krebsen und Fischen sowie Tintenfisch. Gelegentlich schwimmt er auch an die Oberfläche. Sein Zweitname »Heringskönig« geht auf die früher weit verbreitete Vorstellung zurück, dass er Heringsschwärme anführen würde.

Als längster Knochenfisch sorgt der Riemenfisch bis heute für Schlagzeilen. Im Februar 2003 wurde so ein Exemplar überraschenderweise in der Nordsee entdeckt. Val Fletcher, eine Anfängerin im Angeln, wollte eigentlich Makrelen fangen, als sie ihre Leine vor der Ostküste Großbritanniens auswarf. Stattdessen biss ein 3,30 m langer Riemenfisch an, den die Hobbyanglerin – selbst nur 1,60 m groß – ohne Hilfe gar nicht hätte einholen können. Und als 1996 US-Marinesoldaten in der Nähe von San Diego in Kalifornien einen 7 m langen Riemenfisch an Land zogen, war das Anlass für ein lustiges Trophäenfoto. Er wog stattliche 125 kg.

Vorsicht! Extrem giftig!

Die wirklichen Seeschlangen sind dagegen klein und dünn wie Gartenschläuche. Die meisten Arten erreichen nicht mal eine Länge von 2 m, ihre Giftigkeit ist allerdings berüchtigt. Zu Recht: Sie gehören zur Familie der Giftnattern (Elapidae). Das auffälligste Merkmal, das sie von ihren Verwandten an Land unterscheidet, ist der abgeplattete Schwanz, der als Ruderblatt und Steuer zugleich wirkt. Die Meeresreptilien schlängeln sich wellenförmig vorwärts. Bezeichnenderweise gliedert man die rund 60 Arten in Ruderschwanz- und Plattschwanzschlangen.

Zu den Ruderschwanzschlangen gehört die auffällig schwarz-weiß gebänderte Seekobra (*Laticauda colubrina*). Wegen ihres gelben Kopfes wird sie auch Gelblippen-Seeschlange genannt. Neugierig wie sie ist, entert sie manchmal Boote, die im Flachwasser dümpeln, und versetzt die Passagiere an Bord in helle Aufregung.

Seeschlangen sind für ihre Giftigkeit berüchtigt. Sie beißen zwar selten zu, aber wenn, kann das tödliche Folgen haben. Ihr Gift ist um ein Vielfaches wirksamer als das der Kobra; schon eine minimale Dosis lähmt die Nerven. Einige Seeschlangenarten produzieren sogar ein so starkes Gift, dass die Menge eines einzigen Bisses ausreichen würde, um 50 Menschen zu töten. Das Heimtückische ist, dass man einen Biss nicht unbedingt bemerkt. Ihre feinen Zähne, die wie eine Injektionsnadel funktionieren, hinterlassen kaum sichtbare Spuren.

Die ersten Symptome – die Zunge wird schwer, der Hals trocken – zeigen sich frühestens nach 10 Minuten, manchmal auch erst nach Stunden. Nicht immer bringen die Opfer ihr seltsames Unwohlsein dann überhaupt mit einem Schlangenbiss in Verbindung. Schleichend bahnt sich das Nervengift seinen Weg durch den Körper, führt dabei oft zu Übelkeit und Erbrechen, Angst und Unruhe. Oder aber zu Euphorie und Gleichgültigkeit. Bis die Glieder schmerzen, die Beine versagen und langsam auch die Atemmuskulatur. Die Vergifteten atmen meist flach, wie Schlafende, und bleiben bis zu ihrem Tod bei vollem Bewusstsein. Der tritt innerhalb von 3 Tagen ein. Anders als bei Giftschlangen an Land nützt Aussaugen der Bisswunde und Abbinden von Gliedmaßen so gut wie gar nichts. Die einzige Rettungsmöglichkeit besteht in der Injektion des Gegengifts, wozu man natürlich wissen muss, welche Art von Schlange einen gebissen hat.

Als Wechselwarme (oder »Kaltblüter«) brauchen Seeschlangen warmes Wasser. Sie leben in den tropischen und subtropischen Zonen des Indischen und Pazifischen Ozeans, meist in Küstennähe oder im Riff. Zum Luftholen müssen die Lungenatmer an die Wasseroberfläche, sie können aber mindestens eine halbe Stunde unter Wasser bleiben. Das ermöglicht ihnen ein stark vergrößerter Lungenflügel, der bis in die Schwanzspitze reicht. Sie tauchen bis zu 30 m tief und suchen im Riff oder am Meeresboden nach Fischen – besonders Aalen – und Laich. Trotzdem haben die Ruderschwanzschlangen das Landleben nicht ganz aufgegeben und wechseln in amphibischer Manier zwischen den Elementen. Zur Eiablage kriechen sie ans Ufer und verstecken ihre Eier in Höhlen oder Felsspalten.

In einigen Regionen, etwa den Philippinen, kommt es zu Massenansammlungen von Tausenden von Schlangen, die scharenweise aus dem Meer kriechen. Ein sicher beeindru-

Die echten Seeschlangen sind nur 1–2 m lang und meist friedlich. Ihr Giftbiss aber ist lebensgefährlich. Hier die Gebänderte Gelblippen-Seeschlange (Laticauda colubrina) *des Indopazifik.*

ckendes Naturspektakel, das von den Einheimischen aber auch ganz pragmatisch genutzt wird. Sie sammeln die Schlangen wegen ihrer Häute ein. Schlangenlederprodukte wie Taschen, Schuhe, Uhrarmbänder waren früher noch exklusiver als solche aus »Kroko«. Eine Vermarktung im großen Stil begann in den 1930er-Jahren, als japanische Händler den wertvollen »Rohstoff« nach Europa verschifften.

Einwickelnde Wesen

Taucher begegnen einer Seeschlange eher selten. Und wenn, tun sie gut daran, respektvoll auf Distanz zu gehen. Manchmal hilft auch das nicht, und die in der Regel scheuen, friedlichen Seeschlangen werden von ihrer eigenen Neugierde überwältigt. So berichtet der amerikanische Schlangenexperte Harold Heatwole, der seit mehr als 45 Jahren mit den Reptilien vertraut ist, von einer Populationsstudie an der olivgrünen Seeschlange *Aipysurus laevis* in philippinischen Gewässern: Obwohl er sich mindestens 10 m von den Gifttieren entfernt hielt, schwamm hin und wieder eine der Schlangen direkt auf ihn zu. Ihren eleganten Schwimmstil bewundernd, verhielt er sich ganz ruhig und ließ die Annäherung zu. Er spürte ihre feine Zunge an seinen Händen kitzeln und sah sie an seinem Tauchanzug züngeln. So eine Erkundung dauerte meist nicht länger als 10 Sekunden, dann zogen die Tiere gemächlich schlängelnd weiter. Auch andere Arten in anderen Gewässern verhielten sich so.

Bisweilen wird eine Seeschlange sogar richtig aufdringlich und dann wickelt sie einen Taucher buchstäblich ein. Das kann nett gemeint sein, aber man braucht schon starke Nerven, um in so einer Situation nicht in Panik zu geraten und einen Angriff zu provozieren. John McCosker, ehemals Leiter des Steinhart-Aquariums in San Francisco und heute als Wissenschaftler im kalifornischen Monterey-Aquarium, hatte mal so ein Erlebnis, als er im Pazifik tauchte, um eine Fischfalle vom Meeresgrund emporzuholen. Plötzlich gesellte sich eine Schlange zu ihm und ringelte sich um seinen Arm. Sie wartete geduldig, bis er die Falle gelöst hatte, und wollte offenbar an die Fische heran, die eigentlich fürs Aquarium gedacht waren. Vorsichtig versuchte McCosker, die Schlange abzuschütteln, aber sie hielt ihn hartnäckig umschlungen. Ihr ganzes Interesse konzentrierte sich auf seine Beute. Es blieb ihm nichts anderes übrig, als mit der Schlange aufzutauchen. Erst an der Luft konnte er sich von ihr befreien, indem er sie mit einem kräftigen Ruck ins Boot schleuderte.

Seine Mitarbeiter erschraken, als sie die Art erkannten: *Pelamis platurus*, die Plättchen-Seeschlange. Wenn man sie reizt, wird sie äußerst aggressiv (was für die meisten anderen Seeschlangen genauso gilt). Das rund 1 m lange Tier, das am Rücken braun-schwarz und am Bauch beige oder weiß ist, ist die einzige Hochseeart und im gesamten Indopazifik zu Hause, von Madagaskar über Indien, Südostasien bis nach Panama. *Pelamis*-Schlangen lassen sich mit den Strömungen verdriften, oft in riesigen Schwärmen von Artgenossen. Falls möglich, verbergen sie sich im Treibgut.

Diese Art gehört wahrscheinlich auch zu den Seeschlangen, die von den Bewohnern der Freundschaftsinseln als Orakeltiere geschätzt waren. Denn trotz ihrer Giftigkeit – oder vielleicht gerade deshalb – wurden die Meeresreptilien mancherorts im pazifischen Raum hoch verehrt.

Delfine
Die guten Geister des Mittelmeeres

Zwei Große Tümmler

Den Griechen waren Delfine heilig. Sie bevölkerten ihre Gedankenwelt, Mythen und religiösen Vorstellungen.

»Nichts Göttlicheres als der Delfin wurde jemals erschaffen«, schrieb der griechische Philosoph und Dichter Oppian im 3. Jahrhundert n. Chr. »Denn waren sie nicht zuvor Menschen und lebten in Städten zusammen mit den Sterblichen? Durch das Sinnen des Gottes Dionysos tauschten sie das Land für die See und nahmen die Form von Fischen an, doch auch noch jetzt erhält der aufrechte menschliche Geist in ihnen menschliches Denken und menschliches Handeln.«

Dionysos, der Gott des Weins, hatte einst Bösewichte in Delfine verwandelt. Und das kam so: Auf See war er in die Hände tyrrhenischer Räuber geraten. Ohne zu wissen, mit wem sie es zu tun hatten, wollten sie ihn fesseln und verschleppen. Dionysos aber demonstrierte seine Macht, indem er seltsame Dinge passieren ließ: Süßer Wein rann über das

Große Tümmler sind Sprungakrobaten und sehr verspielt. Die TV-Serie »Flipper« prägte das Bild vom allzeit fröhlichen Delfin.

Delfine besitzen einen Zauber, dem sich die Menschen bis heute kaum entziehen können. Schon gar nicht, wenn sie das Glück haben, den Tieren in freier Wildbahn zu begegnen. Segler oder Schiffspassagiere erzählen begeistert, wie die flinken Meeressäuger auf der Bugwelle reitend das Boot für eine Weile begleiten oder übermütig durch die Luft springen. Scheinbar mühelos gelingt ihnen der Wechsel zwischen den Elementen. Um wie viel faszinierender noch müssen die Akrobaten auf unsere Vorfahren gewirkt haben?

Dass die Tiere oft in Gruppen auftreten und gemeinsam jagen und spielen, ließ sie dem Menschen näher scheinen als den Fischen, mit denen sie den Lebensraum teilten. Schon in der Antike war bekannt, dass Delfine mit Lungen atmen und ihre Jungen im Körper austragen. Und doch verkörperten sie auch etwas Übermenschliches, etwas, das zur Verehrung einlud.

Die Kreaturen

Schiffsdeck, ein Weinstock spross nach allen Seiten und bis an die Spitze des Segels, reichlich mit Trauben behängt. Blühender Efeu kletterte den Mastbaum empor, während sich Dionysos vor den Augen der Mannschaft in einen Löwen verwandelte und auf den Schiffsherrn stürzte, der dem räuberischen Treiben tatenlos zugesehen hatte. »Alle anderen aber«, so heißt es in einer homerischen Hymne an Dionysos, »sprangen zusammen – fliehend das böse Geschick – hinab in das göttliche Meer und wurden Delfine.«

Das griechische Wort für Delfin, »delphys«, ist mit dem Wort »delphis« verwandt, was »Gebärmutter« bedeutet. Der amerikanische Philologe und Literaturwissenschaftler Charles Doria, der sich auf antike Schöpfungsmythen spezialisiert hat, folgert daraus, dass Delfine früher den gebärenden Schoß des Meeres symbolisierten und mithin den Ursprung aller Dinge. Da Götter und andere Protagonisten der Erzählungen im Altertum nicht den Gesetzen der Logik unterlagen, wandelten sie sich in einer Weise, die uns heute widersprüchlich vorkommt. »So konnte der Delfin im Mythos die Form einer Seefisch-Mutter, eines Gebär-Ungeheuers, eines Knabenliebhabers und eines Hermaphroditen annehmen«, erklärt Doria in dem Buch »Der Geist in den Wassern«. »Der Delfin konnte auch als Triton zum Phallus werden, als Aphrodite/Isis zur Liebesgöttin des Meeres und als Dionysos zu einem Teil des Kreislaufs von Geburt und Wiedergeburt.«

Reittiere und Retter in der Not

Es gibt zwei Motive, die in der antiken Literatur und in mündlichen Überlieferungen über Delfine immer wieder auftauchen: der Delfin als Reittier und der Delfin als Retter in der Not. Aphrodite, die Göttin der Schönheit und der Liebe, ritt nach ihrer sagenhaften Geburt aus dem Schaum des Meeres auf einem Delfin nach Zypern. Auch ihr Sohn Eros, ebenfalls schön und der Liebe geweiht, bewegte sich den Darstellungen nach bevorzugt auf dem Rücken von Delfinen fort.

Eine klassische Legende, in der ein Delfin als Reittier und Seenotretter zugleich auftaucht, ist die von Arion auf Lesbos (600 v. Chr.). Der griechische Musiker spielte Lyra und sang wie kein Zweiter. König Persiander lud ihn an seinen Hof nach Korinth. Von dort aus verbreitete sich der Ruf Arions immer weiter im Mittelmeerraum, und er ging auf Konzert-Tournee nach Italien und Sizilien. Zur Heimreise schiffte er sich im Hafen von Tarent ein, mit Ruhm und Gold reich beladen.

Auf hoher See aber gelüstete die Schiffer nach Arions Schätzen, sie wollten ihn ausrauben und töten. Der Künstler bot ihnen Geld gegen Leben – vergeblich. Sie erlaubten ihm lediglich, ein letztes Mal zu singen. Arion griff zur Lyra, stimmte ein Lied zu Ehren Apollos an und stürzte sich ins Meer. Sein ergreifender Gesang aber hatte Delfine angelockt. Und einer von ihnen brachte den Musiker auf seinem Rücken sicher an die Küste seiner Heimat zurück. Am Südzipfel des Peloponnes ging er an Land, und dort, in der Stadt Tainaron, ließ Arion aus Dank über seine Rettung

Eros reitet auf einem Delfin. Die römische Plastik aus dem 3. Jahrhundert n. Chr. zeigt eines der beliebtesten Tiermotive der Antike.

Delfinmosaik aus Knossos (etwa 1700 v. Chr.): Die berühmten blauen Delfine sind eines der bekanntesten Fotomotive in Kretas ehemaliger Metropole.

eine Bronzestatue errichten: ein Delfin mit einem Reiter. Außerdem dichtete er eine Hymne auf den Meergott Poseidon und die Delfine:

Großmächtiger Gott,
Wassergewaltiger mit goldenem Dreizack,
Mit schwangrer Flut,
Länderumfasser!
Dicht umtanzt in fröhlichem Reigen Flossenbeschwingt dein schwimmendes Volk.
Wie schnellt es sich fort Federleicht!
Wie schwingt es behände der Füße Wurf!
Die nasengestülpten,
Die nackenumborstenen Doggen des Meeres,
Die hurtigen Hüpfer, den Musen hold,
Wellenkinder, die Zöglinge sie Der Nereiden Amphitrites!
…

Als Herrscher des Meeres hatte Poseidon nicht nur eine besondere Beziehung zu den Delfinen, er verdankte ihnen auch sein Eheglück. Er hatte sich in Amphitrite verliebt, die als Tochter von Okeanos und Tethys zu den Nereiden gehörte. Aber Poseidons Werben und Nachstellungen blieben erfolglos, und so entsandte er einen Delfin als Boten. Ihm gelang es schließlich, die schöne Nymphe zur Heirat zu überreden. Zur Belohnung ehrte Poseidon den Delfin mit einem Platz am Sternenhimmel: 4 Sterne symbolisieren den Körper, ein fünfter die Schwanzflosse. (Auf der Nordhalbkugel sieht man das Sternbild Delfinus im Sommer.)

Auch Apollo, der Gott der Künste, ist über das berühmte Orakel von Delphi (Delfin-Stadt) eng mit den Meeressäugern verbunden. Apollo wollte das Orakel der Erdmutter Gaia durch sein eigenes ersetzen. Dabei kämpfte er am Südhang des Bergs Parnassos gegen Delphyna, ein Ungeheuer, halb Delfin, halb Frau. Apollo siegte und konnte sich seitdem in einen Delfin verwandeln. Deshalb erhielt er den Beinamen »Delphinios«, Delfingott. In Delphi, dem Ort seines Triumphes, errichtete er sich selbst einen Tempel und veranstaltete jährlich ein Fest, das »Delphinia« genannt wurde. Er verwandelte sich in einen Delfin, um ein Schiff mit kretischen Kaufleuten anzulocken, die ihm in Delphi als Priester dienen sollten.

Delfine spielten außerdem im Totenkult der Antike eine wichtige Rolle. Sie geleiteten die Seelen der Verstorbenen sicher in das Reich der Toten. Die Griechen gedachten ihrer bezeichnenderweise im Monat »Delphinios«.

Nicht nur Götter und Göttinnen, auch Menschen pflegten enge Beziehungen zu Delfinen. Manchmal endeten sie jedoch tragisch. Der römische Schriftsteller Claudius Aelian (2./3. Jahrhundert n. Chr.) und der Gelehrte Plinius berichten zwei ähnliche Geschichten von einer Freundschaft zwischen einem Jungen und einem Delfin. Als jeweils der Junge starb, war der Delfin darüber so traurig, dass auch er nicht mehr weiterleben wollte. In Aelians Überlieferung vom Knaben von Iassos wählte der Delfin den Freitod: »Mit voller Kraft, wie der Bug eines Schiffes, schnellte er sich selbst ans Ufer, zusammen mit

DIE KREATUREN

dem Toten (auf dem Rücken, Anm. d. Red.). Dort lagen sie beide, der eine tot, der andere verröchelnd.«

Bei Plinius starb der Delfin zwar ohne nachzuhelfen, aber »zweifellos vor Sehnsucht«. In diesem Zusammenhang verweist Charles Doria auf Quellen, nach denen in beinahe jeder Bucht des Mittelmeers Knaben auf Delfinen geritten sein sollen. (Über Mädchen ist offenbar nichts überliefert.)

DELFINE ALS THERAPEUTEN

Mit dem Ende der Antike verschwand auch der Delfin aus dem Sagenschatz der Menschen. Seine Bedeutung als höheres Wesen spiegelte sich viele Jahrhunderte später allenfalls noch in Details wie dem französischen Wort »dauphin« für Kronprinz, das vom lateinischen »delphinus« stammt.

Die moderne Medienwelt hat jedoch zu einer bemerkenswerten Renaissance des Delfin-Mythos geführt. Vom Fernsehstar »Flipper« bis hin zu den berühmten »Streicheldelfinen« vor Schottland, der irischen Halbinsel Dingle, Hawaii oder Australien, die in bestimmten Buchten mit Touristen im Wasser plantschen. Und seit einigen Jahren spukt der Delfin als Wunderheiler für geistig oder körperlich behinderte Kinder durch die Presse.

Der bekannteste Befürworter der so genannten Delfintherapie ist der US-amerikanische Psychologe Daniel Nathanson. 1998 veröffentlichte er eine Studie, wonach sich die Sprach- und Bewegungsfähigkeiten (Motorik)

Schwimmen mit Delfinen. Gerade Kinder und Jugendliche fühlen sich zu den attraktiven Meeressäugern hingezogen – auch heute noch, wo »Flipper« keine festen Sendeplätze mehr hat.

von behinderten Kindern nach zwei Wochen Delfintherapie erheblich verbessert hatten. Angeblich war die Wirkung signifikant größer als bei mindestens sechsmonatiger konventioneller Sprach- oder Körpertherapie. Allerdings bezweifeln Neurobiologen wie Lori Marino von der Emory University in Atlanta die wissenschaftliche Seriosität von Nathanson und werfen ihm in seiner Arbeit »methodische Schwächen« vor.

Nun gibt selbst Nathanson zu, dass weitere Studien notwendig seien, um die Erfolgsquote von Delfinen mit anderen Tieren zu vergleichen. Bislang gibt es jedenfalls keinen wissenschaftlichen Beweis dafür, dass der Delfin sich mehr als andere Tiere zum Co-Therapeuten eignet. Das Befinden behinderter Kinder verbessert sich ja nicht nur beim Schwimmen mit Delfinen, sondern auch beim heilpädagogischen Reiten oder bei Therapien, in denen Hund oder Katze mit einbezogen werden. Außerdem ist noch gar nicht geklärt, ob etwa das lang ersehnte Lächeln eines autistischen Kindes ausschließlich durch den Delfin hervorgerufen wird oder durch andere Faktoren wie Sonne, Meer, Tropenluft, das Schwimmen im warmen Wasser, die Urlaubsstimmung der Eltern.

FLEGELHAFT UND SOGAR GEFÄHRLICH

Gegenüber Haustieren besitzen die scheinbar ständig »lächelnden« Delfine jedoch einen Exotenbonus, der von cleveren Geschäftsleuten ausgenutzt wird. Dabei sind die Tiere keine Heiligen – auch wenn antike und moderne Mythen das nahe legen. Wenn Delfine in die Flegeljahre kommen, werden sie ungestüm, unberechenbar und neigen zu »sexueller Belästigung«. Die Anthropologin Betsy

Smith, die in Florida jahrelang als Delfintherapeutin gearbeitet hat, berichtet, dass die Leute beim Schwimmen mit den Meeressäugern oft geschockt gewesen sind, wenn ein Männchen sie mit dem Penis berührt hat.

Solche Verhaltensweisen werden den Tieren in vielen Delfinarien abtrainiert, ebenso wie Aggressivität. Aber nicht immer mit Erfolg. So kann es sein, dass Menschen mit genau der Seite der Delfine konfrontiert werden, die so gar nicht zum Image der gütigen Unterwasser-Krankenschwester passt. Besonders beim Schwimmen mit Delfinen in Gefangenschaft kann es zu unliebsamen Überraschungen kommen.

Die US-amerikanische Fischereibehörde, die auch für Delfinarien zuständig ist, registrierte eine ganze Palette von Übergriffen seitens der Meeressäuger auf den Menschen. Sie reichen von Rammen mit der Schnauze, Schlagen mit der Schwanzflosse bis zum Beißen. Außer Bisswunden erlitten die Schwimmer beispielsweise eine Quetschung am Brustbein, einen gebrochenen Arm oder eine gebrochene Rippe und jeweils einen Schock. Walschützer und Wissenschaftler warnen deshalb davor, das Risiko einer möglichen Verletzung beim Schwimmen mit Delfinen zu unterschätzen. Was selbst bei einem Haustier nicht auszuschließen ist, sollte einen erst recht beim Umgang mit Wildtieren vorsichtig machen.

Die Delfine der Nordsee

In der Nordsee leben rund 20 Arten von Kleinwalen, von denen der Große Tümmler, der Weißschnauzen-Delfin und der Weißseiten-Delfin relativ häufig anzutreffen sind. Am häufigsten aber ist der Gewöhnliche Schweinswal (*Phocoena phocoena*), auch Kleiner Tümmler genannt, der mit nicht einmal 2 m Länge einer der kleinsten Wale überhaupt ist. Im Gegensatz zum Großen Tümmler – allseits beliebt und bekannt durch die Fernsehserie »Flipper« – hat der Schweinswal eine stumpfe Schnauze und einen braun-schwarzen Rücken, weshalb er im Volksmund auch »Meerschwein« oder »Braunfisch« heißt. Diese beiden Assoziationen sind offenbar so stark, dass die Schweinswale in anderen Ländern ebenso benannt wurden: »Marsvin« bei den Schweden, »Marsouin« in Frankreich, »Swinia morska« in Polen, »Morskaja swinja« bei den Russen, »Svinehval« oder »Brunskop« auf Island, »Bruinvisch« bei den Holländern – um nur einige Beispiele zu nennen.

Der »Braunfisch« oder Kleine Tümmler ist der einzige bei uns heimische Wal, lebt also das ganze Jahr über in deutschen Gewässern. Bis ins 20. Jahrhundert hinein war er vor der nordeuropäischen Küste ein vertrauter, beinahe alltäglicher Anblick. »Der Tümmler ist es, dem man auf jeder Reise in der Nordsee begegnet, der die Mündungen unserer Flüsse umschwärmt und, ihnen entgegenschwimmend, gar nicht selten bis tief in das Inneres des Landes vordringt«, schreibt Alfred Brehm (1915). »So hat man ihn wiederholt im Rhein und in der Elbe angetroffen, bei Paris und London erlegt. (...) Unter Umständen steigt er sehr weit flussaufwärts und verweilt monatelang im süßen Wasser, vorausgesetzt, dass ihm hier

»Der Delfinreiter« als Showeffekt. Historische Quellen aus dem Mittelmeerraum berichten immer wieder von Knaben, die auf Delfinen geritten sind.

DIE KREATUREN

Konrad von Megenheim, ein Tierexperte aus dem 14. Jahrhundert, sagte vom Schweinswal, das Tier habe »fast die Gestalt eines wirklichen Schweines«. Wirklich?

genügend Spielraum bleibt. Verbürgten Nachrichten zufolge hat man ihn in der Elbe noch oberhalb Magdeburgs gesehen und ihn einmal wochenlang im unteren Rheingebiete beobachtet.«

Fischern galt der Schweinswal als Vorbote eines Sturmes. »Besonders lebhaft«, schreibt Brehm, »tummelt er sich – wie dies schon die Alten wussten – vor oder während eines Sturmes im Wasser umher: Er wälzt sich dann, anscheinend jubelnd, in den rollenden Wellen umher, überschlägt sich und wird buchstäblich zum Tümmler. Selbst in der schwersten Brandung findet er kein Hindernis, sucht sie vielmehr oft in ersichtlicher Weise auf und weiß allen Gefahren der anderen Walen so verderblichen Küste zu entrinnen.«

Als es noch Heringe und Makrelen satt gab, schlossen Schweinswale sich in Schulen zusammen, die aus bis zu 100 Tieren bestanden, und folgten den großen Fischschwärmen. In ihrer Verspieltheit schwammen sie gern Schiffen hinterher, so wie wir es heute noch von anderen Kleinwalen kennen.

Dass der Schweinswal ein Säugetier und kein Fisch ist, hatte der griechische Gelehrte Aristoteles schon im 4. Jahrhundert vor Christus erkannt. Er berichtete sogar etwas sehr Kurioses, nämlich dass Schweinswale beim Schlafen den Kopf aus dem Wasser halten und schnarchen. In Gefangenschaft würden sie stöhnende Laute von sich geben. Aristoteles nannte sie »Phokaino«, was sich von »Phoke« für Robben und Seehunde ableitet und die verwandtschaftliche Nähe beider Gruppen von Meeressäugern ausdrückt.

Im Mittelalter galten dagegen ziemlich abstruse biologische Vorstellungen: »Porcus marinus heißt ein Meerschwein und ist ein essbarer Fisch«, schreibt Konrad von Megenberg um 1350. »Er hat fast ganz die Gestalt eines wirkliches Schweines. Seine Zunge ist wie beim gewöhnlichen Schwein lose, es fehlt ihm aber die Stimme, die das Schwein besitzt. Auf dem Rücken hat er Stacheln, in denen Gift ist. Die Galle ist aber ein Gegenmittel gegen das Gift. Die Meerschweine leiden viel Angst und Noth, wie Plinius berichtet, sie suchen ihre Nahrung am Grunde des Meeres und wühlen, wie die richtigen Schweine in der Erde. An der Kehle haben sie einen Rüssel.«

SPEISE FÜR ALLE BEVÖLKERUNGS- SCHICHTEN

An der Nordseeküste ist der kleine Wal mindestens seit dem 2. Jahrhundert nach Christus bekannt. Schon damals wurde er gelegentlich gefangen und verspeist, wie Ausgrabungen belegen. Eine systematische Jagd auf Schweinswale begann aber erst viel später, um 1500, im Kleinen Belt (Dänemark). Wenn die Wale im Spätherbst nach Norden zogen, trieben die Bewohner sie in schmalen Buchten zusammen, um sie zu schlachten. Das Fangritual kann man sich vermutlich ähnlich vorstellen wie die heute noch auf Sizilien praktizierte Thunfisch-»Matanza«

(italienisch »matare« = töten). Eine Metzelei mit Messern, bei der sich das Meer vom Blut rot färbt. Das Fleisch der Jungwale war ein begehrter Leckerbissen. Das der älteren Tiere schmeckte grobfaserig, zäh und tranig, aber auch Tran war ein wertvoller Rohstoff. Die Grönländer schmalzten damit ihre Speisen oder schlürften ihn pur. Die Haut wurde gegerbt und als Leder verwendet.

Mehr als 2000 Jahre lang wurde Schweinswalfleisch vom Menschen gegessen, in allen Schichten der Bevölkerung. »Schon die alten Römer verstanden die Kunst, wohlschmeckende Würste daraus zu bereiten«, schreibt Brehm. »Spätere Köche wussten es so herzurichten, dass es, wie beispielsweise in England, sogar auf die Tafel des Königs und der Vornehmen gebracht werden konnte. Heutzutage bildet es für ärmere Küstenbewohner und für die oft an frischem Fleische Mangel leidenden Schiffer eine willkommene Speise.« Walfänger schworen darauf, besonders, wenn es gut abgehangen war.

Noch 1904 entdeckte ein Berliner Forscher gelegentlich einen Schweinswal – in einer »Wild- und Geflügelhandlung«. Dem Wissenschaftler konnte diese Schummelei nur recht sein, weil er an diesen Exemplaren – offenbar trächtige Weibchen – weitere Erkenntnisse über Länge und Gewicht der Föten gewinnen konnte.

Viel von dem anatomischen Wissen über Wale insgesamt stammt von sezierten Schweinswalen. Nicht nur, weil sie so zahlreich an den Küsten lebten und leicht zu fangen waren. Wegen ihrer geringen Größe konnte man die toten Tiere auch bequem verpacken und über Land verschicken. Als ein Anatom im 17. Jahrhundert in Kopenhagen einen Schweinswal zerlegte, war das ein so großes Ereignis, dass sogar der dänische König Frederik III. mit seinem Gefolge der Sektion beiwohnte.

Das Schlachtritual im Kleinen Belt hielt sich bis zum Zweiten Weltkrieg. In den 30er- und 40er-Jahren nahm die Zahl der Schweinswale in deutschen Küstengewässern stark ab. Schließlich wurden sie so selten, dass sie in Vergessenheit gerieten – zumindest in Westeuropa. Während sie in den 1970er- und 1980er-Jahren aus der Nordsee fast verschwunden waren, heißt es noch 1986 im »Urania Tierreich«, dem populärwissenschaftlichen Nachschlagewerk der DDR: »Schweinswale werden wirtschaftlich genutzt und viel gefangen. Der aus ihrem Speck zubereitete Tran ist sehr fein und nahrhaft. Die Haut wird zu Leder gegerbt.«

FLUSSAUSFLÜGE UND DELFINMELDER

Inzwischen hat sich der Bestand der streng geschützten Art in der Nordsee ein wenig erholt. Die Schweinswale trauen sich auch wieder in die Flüsse hinein, in die Elbe oder Trave oberhalb von Lübeck. Solche Flussausflüge sind für die gesamte Familie der Schweinswale – sie besteht aus sechs Arten – nichts Ungewöhnliches, da die Tiere bevorzugt in Küstennähe und an Flussmündungen leben. Sie halten es stundenlang im Brack- oder Süßwasser aus und futtern auch Flussfische. 1988 schwammen 2 Schweinswale aus der Nordsee 150 km elbaufwärts, bis in den Hamburger Hafen. 1825 hatten sich 2 Artgenossen sogar noch weiter vorgewagt: Sie plantschten vor Dessau in der Elbe.

Im Gegensatz zu früher halten sich Schweinswale heute von Menschen und Schiffen möglichst fern. Das erschwert den Biologen die Arbeit, die durch Beobachtung der Tiere im natürlichen Lebensraum mehr über das Verhalten erfahren möchten. Vom Schiff aus, in gebührendem Abstand, können sie die Schweinswale höchstens zählen. Und auch das nur annähernd. Um genauere Daten zu erhalten, zählen Wissenschaftler parallel vom Flugzeug aus, später werden die Zahlen miteinander abgeglichen. Schätzungsweise 309 000 Schweinswale leben in der gesamten Nordsee, davon 6000 bis 8000 Tiere vor der deutschen Küste.

Weitere Informationen sammeln so genannte Delfinmelder, das sind Unterwassermikrofone, die mit einem Minicomputer verbunden sind. Sie nehmen die Klicklaute auf, die Schweinswale ausstoßen, um sich im Wasser zu orientieren, Beute zu orten oder um mit ihren Artgenossen zu kommunizieren. Wie alle Zahnwale – zum Beispiel Großer Tümmler, Pott- und Schwertwal – senden auch Schweinswale Schallwellen aus. Anhand des zurückgeworfenen Echos machen sie sich buchstäblich ein Bild von ihrer Umgebung, ein »Hörbild«. So erkennen sie etwa, in welche Richtung sich Fischschwärme bewegen, ob Schiffe unterwegs sind, wo sich Artgenossen aufhalten und was sich sonst noch in ihrer Umgebung abspielt.

Die Kreaturen

Ein geniales Ortungssystem, zumal wenn man bedenkt, wie trüb es unter Wasser aussieht. Schnorchler und Taucher kennen das aus eigener Erfahrung. Außerdem breitet sich Schall im Wasser viereinhalbmal so schnell aus wie in der Luft, nämlich mit 1500 m/sec Töne mit einer niedrigen Frequenz überbrücken immerhin einige Dutzend Kilometer und dienen den Walen zur Groborientierung. Falls sie aus dem Echo irgendetwas Wichtiges herausfiltern können, ändern die Tiere ihre Frequenz und nähern sich dem Objekt. So lange, bis sie es mit Hilfe hochfrequenter Töne möglichst genau rastern und identifizieren können.

Die Delfinmelder, auch Klickdetektoren genannt, werden unter Wasser an Betonfundamenten befestigt und alle paar Wochen zur Datenentnahme und Wartung an die Oberfläche gehievt. Im Jahr 2003 testeten Wissenschaftler des Forschungs- und Technologiezentrum Westküste in Büsum und des Deutschen Meeresmuseums in Stralsund, ob es Sinn macht, die Klickdetektoren auch am Bug von Schiffen zu befestigen, um so die Schweinswal-Signale entlang der Fahrrinnen aufzeichnen zu können. Das hat sich allerdings als wenig praktikabel erwiesen.

Wie Schweinswale leben

Im Gegensatz zum Großen Tümmler und anderen Mitgliedern der Delfinfamilie fallen Schweinswale nicht durch Sprünge und Getobe an der Meeresoberfläche auf. Allenfalls ruhen sie dort aus, ansonsten halten

Wenn Schweinswale zum Luftholen an die Oberfläche kommen, geben sie ein lautes »Puff« von sich. Das hat schon so manchen Segler erschreckt.

sie sich meist diskret unter Wasser. Sie schwimmen langsam und – heute nur noch – in Mini-Gruppen, zu zweit oder allein.

Bis zu 6 Minuten tauchen sie mit einem Atemzug, dann müssen sie zum Luftholen an die Oberfläche zurück. Beim Ausatmen lassen sie ein lautes »Puff« vernehmen, was schon so manchen Segler erschreckt hat, der gerade die Stille um sich herum genoß und nichts von den Tieren in seiner Nähe ahnte. In England heißen sie deshalb auch »puffing pigs«. Selbst Strandspaziergänger auf Sylt können gelegentlich das Ausatmen eines Schweinswals beziehungsweise seinen »Blas« hören, vorausgesetzt das Wasser ist ruhig und der Wind still.

Die Weibchen werden durchschnittlich bis 1,70 m lang, die Männchen 1,50 m. In der Nordsee paaren sie sich im Juli, 10–11 Monate später kommen die Jungen zur Welt. Bei ihrer Geburt messen sie bereits 70–90 cm. Im Wattenmeer bevorzugen Schweinswale die Gewässer westlich von Sylt und Amrum. Dort halten sie sich beinahe ganzjährig auf, und dort ist auch ihre Kinderstube. Die Mütter säugen die Kälber 8–9 Monate lang mit einer Milch, die – laut Brehm – »salzig und fischig« schmeckt. Ab dem 5. Monat nehmen die Kleinen zusätzlich schon feste Nahrung zu sich – also Fisch.

Ob groß oder klein, alle Schweinswale fressen für ihr Leben gern Fisch, je fetter, desto besser. Mangels Hering oder Makrele ernähren sie sich in der Nordsee einerseits von kommerziell wertlosen Arten wie Sandaal oder Grundel, andererseits auch von Gourmet-Plattfischen wie Seezunge oder Steinbutt. Das führt unweigerlich zu Konflikten mit Fischern, bei denen die Schweinswale heute fast immer unterliegen. Sie verheddern sich in den 2–6 m hohen Grundstellnetzen, die speziell dem Fang von Seezunge, Steinbutt und Kabeljau dienen. Bei modernen Netzen mit ihrer hohen Reißfestigkeit sind selbst Zahnwale wehrlos, sie müssen jämmerlich ertrinken. In den 1990er-Jahren starben 7000–10000 Schweinswale pro Jahr in der Nordsee als »Beifang« der Stellnetzfischerei.

Bis heute steht das »Meerschwein« im Ruf eines Nimmersatt. »Seine Gefräßigkeit ist sprichwörtlich«, schrieb Brehm 1915. »Er verdaut außerordentlich schnell und bedarf einer ansehnlichen Menge von Nahrung. Die Fischer hassen ihn, weil er ihr Gewerbe beeinträchtigt, ihnen auch manchmal wirklich Schaden zufügt. Ohne Mühe zerreißt er die dünnen Netze, welche Fische bergen, und frisst behäbig die Gefangenen auf. Stärkere Netze freilich werden ihm oft zum Verderben, weil er in ihnen hängen bleibt und erstickt.«

Verglichen mit anderen Walarten hat der Schweinswal tatsächlich einen hohen Kalorienbedarf. Immerhin müssen die kleinen Tiere mit ihrer relativ großen Körperoberfläche im kalten Nordseewasser die Temperatur eines Warmblüters aufrechterhalten. Weibchen im gebärfähigen Alter brauchen darüber hinaus noch mehr Energie, weil sie monatelang ein Junges säugen und währenddessen meist schon wieder trächtig sind.

Auch der zunehmende Schiffsverkehr macht den Tieren zu schaffen. Nicht erst heute, bereits Anfang des 20. Jahrhunderts verschreckte eine neue Generation von Schiffen die Schweinswale: »Bevor die Dampfschiffe aufkamen«, schreibt Brehm 1915, »war es viel leichter, diese Tiere zu beobachten, als gegenwärtig. Sie folgen zwar auch den Dampfern nach, doch bei weitem nicht mit derselben Furchtlosigkeit und Zudringlichkeit wie den stiller dahingleitenden Segelschiffen.« Immerhin kamen sie damals nachts noch bis in die Häfen, um die ankernden Schiffe »eine Zeit lang ohne jegliche Scheu zu umspielen«.

Gefährdete Meeressäuger

Heute sind »Zusammenstöße mit Schiffen oder Verletzungen durch Schiffsschrauben direkt für die erhöhte Sterblichkeit der Wale verantwortlich«, mahnt Harald Benke, Walspezialist und Leiter des Deutschen Museums für Meereskunde und Fischerei in Stralsund. »Mutter-Kalb-Gruppen benötigen ruhige und ungestörte Gebiete, in denen die Jungen gesäugt und großgezogen werden können. Von Schiffen aufgescheucht, fliehen die Muttertiere und verlieren manchmal den Kontakt zu ihren Jungen. Bis sie die Jungen wieder gefunden und beruhigt haben, geht wertvolle Zeit für das Säugen verloren.« Dadurch nimmt das Walkalb in der Wachstumsphase zu wenig Nahrung auf und stirbt an Unterernährung. Das sei mit ein Grund, argumentiert Benke, für die große Zahl von tot angespülten Jungtieren.

Der von Schiffen ausgehende Motorenlärm ist für Meeressäuger, die sich akustisch orientieren, eine Plage. Solche Störungen, vor allem die hektische Betriebsamkeit auf dem Meer im Sommer, sind vielleicht mit verantwortlich dafür, dass sich das Wanderverhalten der Schweinswale verändert hat. Während sie sich früher den Sommer über in Küstennähe aufhielten und im Winter aufs offene Meer hinauszogen, ist es neuerdings umgekehrt.

Schweinswale leben auch in der Ostsee. Bis Anfang des 20. Jahrhunderts besiedelten sie das gesamte Mare balticum. An der polnischen Küste waren sie noch bis in die 1950er-Jahre so häufig, dass Walfänger für den Fang von Schweinswalen Prämien bekamen, da die Tiere als große Rivalen der Fischer galten. Heute beschränken sich Schweinswale auf den westlichen Teil der Ostsee: In Deutschland sind sie nur noch vor Mecklenburg-Vorpommern zu sehen, ansonsten im Kattegat und Skagerak. Die Ostsee-Population besteht aus kaum mehr als 600 Tieren und ist »hochgradig vom Aussterben bedroht«, warnt Harald Benke.

Bis vor wenigen Jahren wurde angenommen, dass sie Zuwachs durch einwandernde Artgenossen aus der Nordsee erhält. Neuere Untersuchungen enthüllten aber, dass die kleinen Ostseewale eine eigene genetische Gruppe bilden. »Statistisch gesehen paart sich nur einmal in mehreren hundert Jahren ein Ostsee-Schweinswal mit einem Nordsee-Verwandten«, erklärt Benke. Wenn weiterhin 15–20 Tiere pro Jahr als Beifang der Fischerei verenden, dann – so prophezeien schwedische Forscher – wird die Population mit hoher Wahrscheinlichkeit in 20–30 Jahren aussterben. Um das zu verhindern, müssten sich die Fischer auf umweltfreundlichere Fangmethoden wie Langleinen oder Großreusen umstellen.

Die Kreaturen

Giganten der Weltmeere
Gefürchtet und verfolgt

Grauwal

Die großen Wale wurden früher – im Gegensatz zu Delfinen – nicht verehrt. Vielleicht war es ihre monströse Leibesfülle, die abschreckend und Respekt einflößend zugleich wirkte.

In der Schöpfungsgeschichte der Bibel gehören Wale zu den ersten Tieren, die explizit erwähnt werden. In der Genesis heißt es: »Und Gott schuf große Walfische und alles Getier, das da lebt und webt, davon das Wasser wimmelt, ein jedes nach seiner Art« (1. Buch Moses, Kapitel 1, 20–21). Der Wal galt darüber hinaus als Herrscher im Tierreich. Im Buch Hiob (41, 25–26) heißt es über das Ungeheuer Leviathan, das als Wal interpretiert werden kann (aber auch als Drache, Schlange, Krokodil auftritt): »Es gibt nicht seinesgleichen auf der Erde, dazu geschaffen, ohne Furcht zu sein. Verächtlich schaut er alles Hohe an, und König ist er aller stolzen Tiere.«

Jona und der Wal

In der – ebenfalls alttestamentarischen – Geschichte des Propheten Jona dient ein Wal als Mittel zum Zweck, um sowohl die Autorität als auch die Güte des Allmächtigen zu belegen. Gott beauftragt den Hebräer Jona, in die große Stadt Ninive zu gehen und ihren Untergang zu verkünden. Sie galt im Heiligen Land als Inbegriff von Bosheit und Frevel, und die Androhung des Strafgerichts sollte die »hundertzwanzigtausend Menschen« in der Stadt zur Umkehr bewegen.

Diese Chance gönnt Jona den Bewohnern Ninives nicht. Deshalb versucht er, sich dem Auftrag Gottes durch Flucht über das Mittelmeer zu entziehen. Aber »da ließ der Herr einen großen Wind aufs Meer kommen, und es erhob sich ein großes Ungewitter auf dem Meer, dass man meinte, das Schiff würde zerbrechen. Und die Schiffsleute fürchteten sich und schrien, ein jeder zu seinem Gott, und warfen die Ladung, die im Schiff war, ins Meer, dass es leichter würde.«

Das half aber alles nichts. Schließlich blieb Jona nichts anderes übrig, als den Schiffsleuten von seiner Flucht zu erzählen, die ja der offensichtliche Grund für die aufgewühlte See war. Was dann geschah, ist die Geschichte einer Läuterung, in deren Verlauf Jona erkennt, dass Gott nicht nachtragend ist, sofern die Menschen vor ihm bereuen:

»Und sie nahmen Jona und warfen ihn ins Meer. Da wurde das Meer still und ließ ab von seinem Wüten. (…) Aber der Herr ließ einen großen Fisch kommen, Jona zu verschlingen. Und Jona war im Leibe des Fisches drei Tage und drei Nächte. Und Jona betete zu dem Herrn, seinem Gott, im Leibe des Fisches und sprach: Ich rief zu dem Herrn in meiner Angst und er antwortete mir. Ich schrie aus dem

»Und der Herr sprach zu dem Fisch, und der spie Jona aus ans Land«, heißt es im Alten Testament. Kolorierter Kupferstich von Matthäus Merian d. Ä. aus einer Luther-Bibel von 1630.

Rachen des Todes und du hörtest meine Stimme. Du warfst mich in die Tiefe, mitten ins Meer, dass die Fluten mich umgaben. Alle deine Wogen und Wellen gingen über mich, dass ich dachte, ich wäre von deinen Augen verstoßen, ich würde deinen heiligen Tempel nicht mehr sehen. (…)

(…) Meine Gelübde will ich erfüllen dem Herrn, der mir geholfen hat. Und der Herr sprach zu dem Fisch, und der spie Jona aus ans Land.«

Auch wenn von einem Fisch die Rede ist, kann wegen der Größenverhältnisse nur ein Wal»fisch« gemeint sein. Das Motiv von Jona und dem Wal hat unzählige Künstler zu Zeichnungen oder Gemälden inspiriert – jahrhundertelang und über alle Epochen hinweg.

Zugvögel der Meere

Aufgrund ihrer Anatomie unterteilt man die Meeressäuger in Zahn- und Bartenwale. Zu den Zahnwalen zählen Delfine, Tümmler, Schwertwale (Orca), Narwal und Pottwal, zu den Bartenwalen insbesondere die großen Arten wie Blau-, Finn- und Grauwale. Barten sind lange, dreieckige Hornplatten, die vom Gaumen in die Mundhöhle herabhängen. Wegen ihrer Festigkeit und Elastizität wurden sie im 19. Jahrhundert zu Korsettstangen verarbeitet, in einer Zeit, als die Mode den Frauen Einschnürung bis zur Atemnot abverlangte. (Daher die häufigen Ohnmachtsanfälle und der Ruf nach »Riechsalz!«) Mit Hilfe der Barten sieben die Wale das Wasser durch und ernähren sich von dem, was hängen bleibt: vor allem kleine Krebse und Fische. Damit sich das überhaupt lohnt, sind die Bartenwale auf reiche Nahrungsgründe angewiesen. Und die gibt es im Frühling und Sommer rund um die Arktis und die Antarktis.

Den Winter verbringen die Tiere jedoch lieber in wärmeren Gewässern, also Richtung Äquator. Dort paaren sie sich auch, und dort bringen die Weibchen gut 1 Jahr später ihre Jungen zur Welt. So sind vor allem die Bartenwale notorische Pendler. Ihre Wanderungen gehören zu den erstaunlichsten Phänomenen im Tierreich. Die Angehörigen fast aller Arten wechseln zwischen den fetten Weiden an den Polen und den Kinderstuben in den Tropen oder Subtropen hin und her. Dabei legen sie Zigtausende von Kilometern zurück.

Gut dokumentiert sind die Wanderungen des Pazifischen Grauwals und die des Buckelwales. Den Sommer verbringen die Grauwale in den arktischen Meeren, die zu den produktivsten der Erde gehören. Ein Schlaraffenland aus Flohkrebsen und Garnelen, in dem die grauen Riesen nach Herzenslust futtern. Bevor die bis zu 14 m langen und bis zu 35 Tonnen schweren Tiere nach Süden ziehen, legen sie sich eine dicke Speckschicht zu. Während der Wanderung leben sie fast ausschließlich von der eigenen Substanz; ihren Rei-

Mit Korsetts aus elastischem Walbein ließen sich Frauen früher die Taille schnüren. Es stammt aus den Barten in der Mundhöhle der Wale.

DIE KREATUREN

seproviant tragen sie gewissermaßen unter der Haut. Der Zeitpunkt des Aufbruchs wird wahrscheinlich hormonell gesteuert und hängt mit den kürzer werdenden Tagen zusammen. Die Odyssee der Grauwale führt durch 3 Meere: Von der Tschutschkensee am Rande des Packeises durch die Beringsee und an der Pazifikküste Nordamerikas entlang bis hinunter zur mexikanischen Halbinsel Baja California.

Die Walkälber genießen die ersten Wochen ein relativ unbeschwertes Leben: Sie tummeln sich im flachen Wasser der Lagunen und spielen mit ihresgleichen. Sie saugen täglich bis zu 200 Liter fettreiche Muttermilch und wandeln sie in körpereigene Masse um. Bereits im Alter von 2,5–3 Monaten folgen sie ihrer Mutter auf dem langen Treck Richtung Arktis. Sie schwimmen dicht unter der Wasseroberfläche mit verschlossenen Blaslöchern. Alle paar Minuten tauchen sie zum Luftholen auf, meist so, dass das Blasloch gerade eben über Wasser ist. Über Grunz- und Klopflaute halten sie den Kontakt und kommunizieren miteinander.

LÄRMVERSCHMUTZTE GEWÄSSER

Im Meer, wo sich Töne besser ausbreiten als an Land, ist die akustische Orientierung wichtiger als die optische. Bei aufgewühltem oder trübem Wasser beträgt die Sichtweite nicht mal einen halben Meter. Über Wasser sehen Wale gut. Walbeobachter kennen die typische Spähhaltung, wenn die Kolosse ihren Kopf aus dem Wasser strecken und sich umgucken. Da die Wanderroute der Grauwale oft nur ein paar Kilometer von der Küste entfernt liegt, prägen sich die Tiere in der Spähhaltung wahrscheinlich charakteristische Landschaftsmerkmale ein. Außerdem orientieren sie sich wohl an Geräuschen unter Wasser, etwa der Brandung, und dem »Geschmack« von Flussmündungen, die sie passieren.

Grundsätzlich wichtig für die Orientierung ist der Magnetsinn, eine Art körpereigener Kompass. Wale können sich anhand magnetischer Feldlinien orientieren und Veränderungen des elektrischen Potenzials wahrnehmen. Normalerweise folgen die Tiere den Routen, die auf Magnetfeldern geringer Dichte verlaufen, und bewegen sich parallel zu den geomagnetischen Linien. Dabei kann es zu Orientierungsfehlern kommen, wenn sich durch Bewegungen in der Erdkruste die geomagnetischen Konturen verwischen. Spektakuläre Massenstrandungen von Walen beruhen möglicherweise darauf, dass Veränderungen im Erdmagnetfeld die Tiere in die Irre leiteten.

Auch Lärm wird als mögliche Ursache diskutiert. Unter Wasser kann es sehr laut werden; je nachdem, wo man sich befindet, sogar erheblich lauter als an Land. Ausgerechnet die Nordsee, an deren Stränden gestresste Großstädter Ruhe und Erholung suchen, ist für Meeresbewohner einer der lautesten Plätze der Welt. Nicht nur wegen der Schiffsantriebe, sondern vor allem wegen der Bohrinseln. Ihr Getöse erreicht 180 Dezibel – das ist mehr als in der Nähe einer startenden Weltraumrakete gemessen

Hollywoodstar Gregory Peck in der Rolle seines Lebens als manisch düsterer Waljäger, der schließlich von Moby Dick besiegt wird.

wird (175 Dezibel). In den Walgebieten im Nordatlantik müssen die Tiere mit einer Beschallung von 100 Dezibel fertig werden. Zum Vergleich an Land: Autoverkehr auf einer viel befahrenen Straße produziert 70 Dezibel. Im Pazifischen Ozean liegt der Lärmpegel abseits der Handelsschiffsrouten immerhin noch bei 60 Dezibel. Am schlimmsten aber sind Militärübungen im Meer: Explosionen unter Wasser können das Gehör von Walen derart schädigen, dass sie die Orientierung verlieren.

Dennoch kann man nicht alle Walstrandungen auf submarinen Lärm zurückführen, denn das bis heute rätselhafte Phänomen wurde schon vor Jahrhunderten dokumentiert.

Der Pottwal ist als Tauchkünstler bekannt: Forscher vermuten, dass er bis auf 3000 m Tiefe tauchen kann.

Der Pottwal

Zu literarischem Weltruhm gelangte mit »Moby Dick« ein weißer Wal mit dem typisch kastenförmigen Aussehen seiner Art. Der Pottwal, dem der amerikanische Schriftsteller Herman Melville in seinem 1851 erschienenen Roman ein Denkmal setzte, war die bevorzugte Beute der Waljäger im 19. Jahrhundert. Seine Häscher folgten dem Pottwal rund um den Globus. Sie fürchteten den »Großköpfigen«, »Macrocephalus«, wie der Pottwal früher auf Lateinisch hieß, als primitives Ungeheuer.

Ganz anders Melville, der selbst als Matrose auf Walfängern unterwegs war. Er machte sich Gedanken über die möglichen geistigen Fähigkeiten der Tiere und das Anbetungswürdige an ihnen: »Genie beim Pottwal? Hat denn der Pottwal je ein Buch geschrieben oder eine Rede gehalten? Nun, sein großes Genie erklärt sich damit, daß er nichts zu unternehmen braucht, um es unter Beweis zu stellen. Darüber hinaus bekundet er sich in seinem tiefen Schweigen. Und es bringt mich auf den Gedanken, daß der große Pottwal, wäre er der Welt des frühen Orients bekannt gewesen, in ihrem kindlich-magischen Denken zum Gott erhöht worden wäre.«

Der Pottwal ist der größte unter den Zahnwalen: Die Bullen werden bis zu 18 m lang und bis zu 50 Tonnen schwer. Als Kosmopolit ist er in allen Meeren der Welt zu Hause und zieht mit einer Geschwindigkeit von 8 km/h durchs Wasser. Bei Gefahr steigert er sich bis auf Tempo 30. Er ernährt sich von großen Fischen wie Thunfischen, Haien, Barrakudas und vom legendären Riesentintenfisch. Dafür taucht er 1000 m oder tiefer und hält dem dort vorherrschenden extremen Druck stand. Eine Meisterleistung für ein Säugetier!

Möglich wird das durch eine besondere physikalische Anpassung des Pottwals (*Physeter catodon*). In seinem riesigen Kopf, der beinahe ein Drittel der Körperlänge ausmacht, befindet sich das so genannte Walratkissen. Es enthält eine wachsartige Flüssigkeit, mit deren Hilfe der Wal seinen Auftrieb im Wasser reguliert. Beim Abtauchen saugt er kaltes Wasser in seinen rechten Nasengang (der nicht mehr der Atmung dient). Die Flüssigkeit wird fest, wodurch ihr spezifisches Gewicht zunimmt. Das erleichtert dem Wal den Sinkflug in die Tiefe. Umgekehrt funktioniert es so: Erhöht sich die Blutzufuhr im

Kopf, steigt die Temperatur, wodurch sich der Walrat wieder verflüssigt. Das spezifische Gewicht nimmt ab, und der Wal erhält Auftrieb.

MARITIMES NUTZTIER

Da Walfänger die seltsame Flüssigkeit im Kopf des Pottwals für Sperma hielten, heißt das Walratkissen bis heute auch Spermacetiorgan – und der Pottwal im Englischen »Sperm Whale«. Walrat diente früher als Rohstoff für hochwertige technische Öle. Aus dem Speck der Pottwale (auch Blubber genannt) wurden Schmieröle hergestellt und Substanzen, die für die Pharma- und Kosmetikindustrie wichtig waren. Aus ihren kegelförmigen Zähnen, die einen Durchmesser von bis zu 10 cm haben, schnitzten die Walfänger kleine Figuren. Diese Art von Kunsthandwerk wurde auch in Deutschland »Scrimshaw« genannt, dem englischen Wort für Elfenbeinschnitzerei. In Japan wurde selbst die Kopfhaut des Pottwals verwendet – als Leder für Schuhe und Taschen.

Der Pottwal-Darm enthält Ambra (auch: Amber), ein übel riechender Brei, in dem die scharfen, unverdaulichen Tintenfischschnäbel eingebettet sind. An der Luft härtet der Brei zu einer gräulich-wächsernen Masse und der Gestank entweicht. Wenn man die Masse erhitzt, entfaltet sie einen überraschend angenehmen Duft, ein süßliches, erdiges Aroma. Für die Parfümindustrie war Ambra eine wichtige Zutat, um andere Düfte zu fixieren: wertvolle Blütenaromen, die sich andernfalls schnell verflüchtigen würden. Es heißt, wenn man einen einzigen Tropfen Ambra auf ein Blatt Papier träufelt und dieses Blatt in einem Buch aufbewahrt, dann könnte man die Substanz – eine feine Nase vorausgesetzt – noch 40 Jahre später riechen.

In China glaubte man um 1000 v. Chr., dass die am Strand angespülten Ambraklumpen von Drachen stammten, die in Felshöhlen am Meeresufer schliefen. Im Fernen Osten diente Ambra als Aphrodisiakum und Gewürz, die Araber nutzten es auch in der Medizin.

DIE »MARGERITEN- BLÜTE«

Die Logbücher der Walfänger entpuppten sich später immerhin als wichtige Informationsquelle über die Verbreitung von Pottwalen. Schon damals fiel den Walfängern das ausgeprägte Sozialverhalten der Meeressäuger auf, vor allem die Vehemenz, mit der die unverletzten Tiere einer Gruppe ihrem harpunierten Artgenossen zur Hilfe eilten. Häufig gelang es ihnen, den Booten schweren Schaden zuzufügen. Die folgenden Beispiele stammen aus dem Buch »Der Geist in den Wassern«. In den 1830er-Jahren: »Einige wenige Einzeltiere unternehmen sogar absichtliche, gezielte und wohlüberlegte Versuche, ein Boot zwischen ihren Kiefern zu zermalmen, und lassen, sofern sie nicht getötet werden oder das Boot ihnen entkommen kann, von ihrem Bemühen erst ab, wenn sie ihr Ziel erreicht haben.«

Ende des 19. Jahrhunderts reiste Frank Bullen auf einem amerikani-

Walfänger beim Zerlegen eines Finnwals. Das Massenschlachten auf dem Meer brachte viele Arten an den Rand der Ausrottung.

Die so genannte »Margeritenblüte« beim Pottwal: Bei Gefahr nehmen die Tiere einer Herde diese markante Formation ein.

schen Walfänger um die Welt und schrieb darüber das Buch »The Cruise of the Cachalot« (= Pottwal). Zu seinen merkwürdigsten Erlebnissen gehört ein Verhalten, das später auch wissenschaftlich belegt werden sollte. Eine Herde von Pottwalen umlagerte ihr Schiff. Es war mit Tran bereits so voll geladen war, dass die Crew nicht mehr jagen konnte. »Wie von einer gemeinsamen Regung getrieben, hoben die Wale alle ihre gewaltigen Köpfe aus dem Meer und verweilten feierlich wie schwarze Felsblöcke, inmitten des glitzernden Wellengekräusels auf und ab tanzend. (…) Dann kehrten sie sich plötzlich um, hoben ihre breiten Schwanzflossen in die Luft und begannen, langsam und rhythmisch auf das Wasser zu schlagen, als wären sie alle Teile einer einzigen großen Maschine. (…) Mehr als eine Stunde dauerte der ganze Aufzug, bis sie plötzlich (…) davonschwammen.«

Beinahe ein Jahrhundert danach beschrieb ein japanischer Walforscher das gleiche Verhalten und nannte es »Margeritenblüte«. Der blumige Begriff täuscht über den makabren Hintergrund hinweg. Japanische Walfänger töteten gezielt den größten Wal einer Herde, woraufhin sich die übrigen Tiere wie eine Blüte formierten. Die Walfänger hatten dann leichtes Spiel: Sie brauchten die »Blüte« nur noch zu rupfen, Blatt für Blatt.

Orca, der Schrecken der Meere

Über sie wurde früher wenig Schmeichelhaftes berichtet. Als eine »ungeheure Masse Fleisch, bewaffnet mit barbarischen Zähnen« beschrieb sie der römische Gelehrte Plinius der Ältere in seiner Naturgeschichte. Die Populärnamen – »Mörderwal« auf Deutsch, »Killerwhale« auf Englisch – sprechen Bände. Zwar verwenden Biologen und Tierfreunde heute lieber das neutraler klingende »Schwertwal« oder »Orca«, aber selbst das ist zweischneidig.

Mit »Schwert« ist die steil aus dem Wasser ragende Rückenflosse gemeint. Beim erwachsenen Männchen, das fast 10 m lang werden kann, ist sie bis zu 1,80 m hoch! Der wissenschaftliche Name *Orcinus orca* bedeutet »der dem Totenreich angehört.« Und der französische Meeresforscher Jacques-Ives Cousteau berichtete nach einer Begegnung mit Schwertwalen im Indischen Ozean voll gruseliger Ehrfurcht: »Wir betrachteten sie als die Meerestiere, die wir am meisten zu fürchten hatten, den Feind aller Geschöpfe des Meeres, einschließlich der Taucher. Dieses Tier erschien uns viel gefährlicher als der Hai, denn wir wussten, wie intelligent es ist.«

Der schlechte Ruf der Orcas beruht eher auf einer unzulässigen Vermenschlichung ihres Verhaltens als auf ihrem Verhalten selbst. Sie sind Raubtiere, die Jagd auf Meeressäuger machen: auf Robben und mindestens 25 Arten von Walen und Delfinen, Verwandte also. (Es sei denn, sie gehören zu den Fischfressern, davon später mehr.) Wenn Schwertwale in der Gruppe jagen, greifen sie auch Tiere an, die erheblich größer sind als sie selbst, zum Beispiel Pott- oder Grauwale. Meist haben sie es dann auf die Kälber abgesehen.

Reporter der BBC filmten vor Kalifornien den dramatischen Kampf eines Orca-Trupps gegen eine Grauwal-Mutter und ihr Junges. Er dau-

DIE KREATUREN

Der schauerliche Name »Killerwal« trat etwas in den Hintergrund, als der Film »Free Willy« den Orca als Sympathieträger zeigte.

erte 6 Stunden und endete mit dem Tod des Grauwalkalbs.

Doch Schwertwale haben nicht nur Fressen im Sinn. Sie sind äußerst verspielt, kommunikativ und manchmal vielleicht sogar Retter aus der Not. Zumindest berichtet der in Kanada lebende Walschützer Paul Spong, dass er in der Johnstone Strait einmal in dichten Nebel geraten ist. Plötzlich war er von prustenden Orcas umgeben, die zum Atmen an die Oberfläche gekommen waren. Spong »antwortete« darauf mit einer Flöte, die er bei sich hatte, und paddelte dann aufs Geratewohl weiter.

10 Stunden lang blieben die Wale an seiner Seite, als wollten sie ihm Geleitschutz geben.

UNTERSCHIEDLICHE ORCA-KULTUREN

Die weltweit verbreiteten Schwertwale gehören zu den schnellsten Tieren der Ozeane. Ihre massigen, tonnenschweren Körper erreichen trotz des Wasserwiderstands fast die Geschwindigkeit eines galoppierenden Pferdes an Land. Der Rekordhalter ist ein Orca-Bulle, dessen Geschwindigkeit 1958 mit 55 km/h gestoppt wurde.

Was Wissenschaftler in den letzten 20 Jahren über das Verhalten von Schwertwalen herausgefunden haben, ist so faszinierend, dass manche Forscher ihnen bereits »kulturelle Fähigkeiten« attestieren. Die Tiere lernen schließlich alles, was zum Leben wichtig ist – Dialekt, Nahrungsvorlieben, Jagdtechniken – durch Beobachtung und Imitation von ihren Artgenossen. Das ist der Anfang von Kultur. (Dieser Begriff war dem Menschen vorbehalten, inzwischen wird er aber auf Menschenaffen und andere Tiere ausgeweitet. Was freilich umstritten ist.)

Auch Orcas im *selben* Lebensraum zeigen erstaunlich unterschiedliches Verhalten. Am besten untersucht sind die Schwertwale vor der Pazifikküste Kanadas und der Vereinigten Staaten. Sie spalten sich in 3 Populationen: die Sesshaften, die Nomaden und die »offshore Orcas«, die sich vor allem auf hoher See tummeln. Über die weiß man naturgemäß am wenigsten.

Die Sesshaften und Nomaden durchstreifen im Sommer die Küstengewässer. Obwohl sie einander immer wieder begegnen, ignorieren sich die beiden Gruppen. Sie spielen nicht miteinander, verpaaren sich nicht, ja, sie »grüßen« sich nicht mal. Zu verschieden sind nicht nur die Lebensstile von Sesshaften und Nomaden, sondern auch ihre Dialekte, die Größe der Gruppen und deren Zusammensetzung nach Alter, Geschlecht und Verwandtschaftsgrad.

Die Sesshaften bilden Rudel von 10–25 Tieren, die meist ihr Leben lang zusammenbleiben. Sie ernähren sich überwiegend von Fisch; etwa 175 kg verzehrt ein Männchen pro Tag. Die Nomaden fressen vor allem Robben und andere Meeressäuger. Sie ziehen entweder als Singles umher oder bilden Minigruppen von weniger als 10 Tieren. Ihre Gruppen-Zusammensetzung wechselt, und die Tiere sind oft nicht miteinander verwandt. In der Kommunikation geben sie sich wortkarg: Sie verwenden nur wenige Laute, und die klingen bei allen Nomaden vor der nordamerikanischen Küste gleich.

Ganz anders die Sesshaften. Sie verfügen über ein reichhaltiges Repertoire an Tönen, mit dessen Hilfe sie sich lebhaft austauschen. Sie quietschen, pfeifen und knacken, um die Gruppe per Stimmfühlung zusammenzuhalten oder um ihren Einsatz bei der Jagd zu koordinieren. Ihr ozeanisches Geplauder gibt Wissenschaftlern, die am Empfangsgerät ihrer Unterwassermikrofone lauschen, weit mehr zu denken als die einsilbig daherkommenden Nomaden.

Keimzelle der Orca-Gesellschaft ist die matrilineare Gruppe, bestehend aus einer Walkuh mit ihren Jungen, den Enkeln, manchmal auch Urenkeln. Auch die Männchen bleiben ein Leben lang bei ihrer Mutter. Eine oder mehrere solcher Mutter-Gruppen bilden ein Subrudel, das Wissenschaftler nach dem ältesten Weibchen, der Matriarchin, benennen. Sie führt die Gruppe an. Zeitweise schließen sich mehrere Subrudel zusammen und wandern gemeinsam. Trifft so ein Rudel auf ein anderes (innerhalb derselben Population), spielen ihre Mitglieder vielleicht miteinander. Aber jeder Orca bleibt bei seinem Dialekt.

Und, was noch erstaunlicher ist, alle 19 Rudel der Sesshaften vor der amerikanischen Pazifikküste pflegen ihren eigenen Dialekt. Der kann über 40 Jahre unverändert in einem Rudel »gesprochen« werden, wie John Ford vom Meeresbiologischen Zentrum des Aquariums in Vancouver anhand von Unterwasser-Aufzeichnungen belegt hat. Die Dialekte werden allerdings nicht vererbt, sondern erlernt – von der Mutter.

Außer in der Kommunikation unterscheiden sich die Orca-Populationen auch durch ihre Futtervorlieben und Jagdmethoden. Zum Beutefang nutzen Schwertwale normalerweise die »Echo-Ortung«, wie Delfine auch. Sie senden spezielle Klicks aus und formen sich anhand der zurückgeworfenen Echolaute ein »Hörbild« von ihrer Umgebung. Die ortstreuen Fischfresser wenden diese Echoklicks auch ausgiebig an.

Im Gegensatz zu den Herumstreunern. An ihre Beute – Robben, Seelöwen oder Delfine – müssen sie sich ja heranpirschen. Und die Klicks würden sie nur verraten. Außer Geduld und Ausdauer mussten diese Schwertwale also lernen, eine Technik zu unterdrücken, die eigentlich ein evolutionärer Fortschritt ist.

Die Fischfresser wiederum geben sich äußerst wählerisch. Sie wollen Lachs. Nicht irgendeinen, sondern den ölreichen Chinook-Lachs. Dafür ignorieren sie 2 andere Lachsarten, obwohl die häufiger vorkommen. Um sich aber mit Chinook den Bauch voll schlagen zu können, müssen Schwertwale ein gutes Gedächtnis haben. Woher »wüssten« sie sonst, wann sie wohin schwimmen sollen?

Dem Orca-Experten John Ford kommt es vor, als hätten die Schwertwale Landkarten und Kalender im Kopf. Er ist überzeugt, dass dieses Wissen von den Alten an die Jungen weitergegeben gibt. Bei geselligen Säugetieren mit so hoher Lebenserwartung klingt das zwar plausibel, aber es ist wissenschaftlich schwer nachzuweisen.

DIE WAL-SCHULE

Großes Aufsehen erregten deshalb Video-Aufnahmen, die französischen Zoologen Mitte der 1990er-Jahre gelangen. Vor den Crozet-Inseln im Indischen Ozean, zwischen der Antarktis und Südafrika, beobachteten sie, wie Walkühe ihren Nachwuchs in der Jagd unterrichteten. Und zwar mit der ebenso riskanten wie spektakulären Methode des »absichtlichen Strandens«. Um junge Seelöwen oder See-Elefanten zu fangen, wagen sich die Wale gefährlich nah an den Strand heran: bis sie mit dem Bauch auf Grund laufen.

Die Franzosen filmten, wie sich ein junger Wal unter mütterlicher Aufsicht an ein Seelöwenbaby »anschlich«. Dann schnellte er mit einem kräftigen Flukenschlag vorwärts, um sich die Beute zu schnappen, wobei die Walkuh mit einem Schubs nachhalf. Treffer! Der Jungwal hielt sein Mahl zwischen den Zähnen, kam aber aus eigener Kraft nicht wieder aus dem Flachwasser heraus. Also schwamm die Mutter herbei und schob ihn an, bis er von selbst ins offene Meer zurückkehren konnte.

Der Trick mit dem absichtlichen Stranden ist gar nicht so einfach zu

Um Robben vom Meeresufer wegzufangen, lernten Schwertwale eine schwierige Technik: Sie können »stranden«, ohne dass ihnen das zum Verhängnis wird.

lernen. Das notwendige Augenmaß und Geschick erreichen Waljunge erst nach mehrjähriger Ausbildung. Sie beobachten die Alten viele Male beim Robbenfang am Strand, ehe sie selber die ersten Versuche wagen. Unermüdlich schieben die Lehrerinnen sie ans Ufer, Richtung Beute, dann wieder herunter, ins Wasser. Verfehlen die Novizen das angepeilte Robbenbaby, schnappen es die Alten und werfen es ihnen zu.

Auch vor der argentinischen Halbinsel Valdez praktizieren Orcas diese Fangtechnik. Die Ausbildung dort scheint besonders professionell organisiert: An einem Meerwasserkanal, der wind- und strömungsgeschützt ist, absolvieren die Jungen Gruppentrainings, bei denen sich mehrere Weibchen gleichzeitig an den Strand werfen – mit den Kälbern zwischen sich.

Aber: Nicht jedes Waljunge schafft das Klassenziel. Und nicht jede Mutter ist eine gute Lehrerin. Vor Crozet beobachteten die französischen Forscher 2 Kälber, 3 und 4 Jahre alt. In jenem Alter beginnt der Jagdunterricht in einer Meeresbucht ohne Robben mit »spielerischem Stranden«. Als Fünfjährige waren beide Kälber so weit, sich ohne Mutter auf den Strand zu werfen. Mit 6 fing das eine Kalb sein erstes Robbenjunges; dem anderen gelang das nicht mal mit 7 Jahren.

Das glücklose Schwertwaljunge hatte auch nicht annähernd die gleiche Förderung erhalten wie sein Klassenkamerad. Die Mutter, die selbst nie bei dieser Beutefang-Technik beobachtet wurde, beteiligte sich kaum am »Stranden-Spielen«. Ganz im Gegensatz zur Mutter des Primus, die nicht von seiner Seite wich und ihm geduldig alles beibrachte.

Ob der andere Sprössling die Fangmethode jemals lernte, ist fraglich. Ein tragisches Ende kann nicht ausgeschlossen werden: Solange die Forscher auf der Insel waren, steckte der kleine Wal nämlich oft im Flachwasser fest und wäre verendet, wenn die Franzosen ihn nicht befreit hätten. Die Mutter schien das nicht zu kümmern.

Das kommt einem irgendwie bekannt vor, und es ist schwierig, das Verhalten zu beschreiben, ohne zu vermenschlichen. Der kanadische Forscher John Ford vergleicht die Lebensweise der Orcas tatsächlich mit frühen Jäger- und Sammlergesellschaften des Menschen. Noch heute existieren Volksstämme, die in Familienverbänden umherziehen, ihre eigenen Dialekt sprechen und bei denen die Alten ihre Sitten, Gebräuche und Jagdmethoden an die Jungen weitergeben.

DAS EINHORN DER MEERE

Wenn ein ozeanisches Wesen den Mythos vom Einhorn beflügelt hat – das den nordeuropäischen Legenden nach ja eher ein weißes, langmähniges Pferd im Wald war –, dann der Narwal mit seinem degenhaften Stoßzahn. Im Englischen heißt er deshalb auch »Unicorn Whale«.

Das sagenumwobene Einhorn, das seit gut 5000 Jahren bekannt ist, verkörperte normalerweise alles Gute, Reine, Edelmütige. Ein Helfer in der Not, der die Gerechten schützte und die Bösen strafte. In seinem Horn vereinten sich der Legende nach wundersame Heilkräfte, Unbesiegbarkeit und männliche Potenz. Diese Kräfte sagte man auch dem Narwal-»Horn« nach, weshalb es früher mit Gold aufgewogen wurde.

Ein Becher aus dem Stoßzahn des Narwals sollte sogar Gifte unwirksam machen – für Herrscher und Potentaten also eine Art Lebensversicherung. Unter ihresgleichen diente das seltene Horn als besonders exquisites Geschenk – oder auch als Zahlungsmittel. Der dänische Krönungsthron ist mit Narwalzähnen verziert, und solche befinden sich angeblich auch in den Schatzkammern der britischen und japanischen Königshäuser. Mitte des 16. Jahrhunderts soll der deutsch-römische Kaiser Karl V. seine Schulden an den Markgrafen von Bayreuth mit Narwalstoßzähnen beglichen haben, und beide glaubten, sie stammten von Einhörnern.

Aller Einhorn-Verehrung zum Trotz nannten Seeleute den Narwal ziemlich respektlos »Leichenwal«, weil dessen wächsern-bleiche Haut sie an Wasserleichen erinnerte.

Die Inuit haben ihre eigene Legende, was es mit dem Narwal und seinem seltsamen Stoßzahn auf sich hat: Es war einmal eine verwitwete Frau, die mit ihrem Sohn und ihrer Tochter allein lebte. Der Junge war blind, konnte mit ihrer Hilfe aber trotzdem jagen. Als er auf diese Weise einen Eisbären erlegt hatte, log sie ihm vor, das Tiere wäre entkommen, und gab ihm nichts von dem Fleisch ab. Eines Tages gingen die beiden zur Waljagd, und wieder half die Mutter ihrem Sohn. Plötzlich wurde sie von einem harpunierten Weißwal aufs Meer hinausgezogen und schrie: »Udluk, udluk!« (»Mein Messer!«). Aber der Sohn half ihr nicht. Ihr langes Haar verdrillte sich im wirbelnden Wasser zu einem Stoßzahn. Auf dem Meeresgrund verschmolzen der Weißwal und die Frau zu einem Narwal. Traditionelle Jäger, die sich an eine Gruppe von Narwalen heranpirschen, hören angeblich bis heute den Ruf »Udluk, udluk!«, bevor die Tiere abtauchen.

Der rätselhafte Narwalzahn

Das Nordpolarmeer ist die Heimat des Narwals (*Monodon monoceros*). Sein Verbreitungsgebiet erstreckt sich von der kanadischen Ostküste über Grönland bis nach Spitzbergen. Im Oberkiefer junger Narwale bilden sich 2 hohle Zähne mit einem nach links gewundenen Spiralmuster. Bei den Männchen wächst in der Regel der linke Zahn zu einem »Horn« aus, das bis 3 m lang werden kann. Meist ist er aber 2–2,5 m lang. In seltenen Fällen bilden sich aus beiden Zähnen Stoßzähne, und manchmal wächst auch den Weibchen ein Horn (oder auch zwei). Bei maximal 30 cm Länge ist es aber eher ein Hörnchen.

Welche Funktion der Zahn hat, war auch Wissenschaftlern lange Zeit

Wegen ihres wertvollen Stoßzahns waren Narwale eine begehrte Beute, die nicht nur Jäger im hohen Norden schätzten.

nicht klar. Manche vermuteten, dass die Narwale damit »Speerfischerei« betrieben oder gegen Feinde kämpften. Offenbar ist der Zahn aber ein sekundäres Geschlechtsmerkmal, das den Männchen zum gegenseitigen Drohen und Imponieren dient. Wie Florette kreuzen sie ihre Zähne gegeneinander und messen ihre Kräfte. Wenn das alles nichts nützt, fechten sie ziemlich heftige Duelle aus, die zu starken Verletzungen führen können. In den Köpfen von gefangenen Narwalen steckten manchmal abgebrochene Stoßzahnspitzen.

Von den saisonalen Kämpfen abgesehen, sind Narwale sehr gesellig und leben in Familienverbänden. Die

Die Kreaturen

bestehen aus bis zu 10 Mitgliedern. Manchmal schließen sie sich zu großen Schulen zusammen, die dann Hunderte oder gar Tausende von Tieren zählen. Narwale ernähren sich von Fischen wie Hering, Kabeljau, Heilbutt und Lachs, fressen aber auch Tintenfisch und Krustentiere. Die Weibchen werden 3,5–5 m lang, die Männchen 4–6 m (jeweils ohne Stoßzahn gemessen). Der Narwal gehört zur Familie der Gründelwale, wie auch der – stoßzahnlose – Weißwal (Beluga), der erstaunlicherweise milchweiß ist und einen seltsam knubbeligen Kopf hat.

Als Bewohner der arktischen Gewässer verirren sich Tiere beider Arten zuweilen sehr weit südwärts, bis in die Nord- oder Ostsee hinein und in die großen Flüsse. In den »Hamburgischen Berichten von neuen und gelehrten Sachen« von 1736 liest man vom Fang eines Narwals in der Elbe, nahe des Ortes Osten. Ein fast 18 Fuß langes Männchen. Im selben Jahr schwamm noch ein weiterer Narwal in die Niederelbe. Sein Stoßzahn ist heute im Museum des Zoologischen Instituts an der Universität Hamburg zu besichtigen. Und als 1966 ein Weißwal den Rhein hinaufschwamm, waren die Anwohner buchstäblich aus dem Häuschen.

Historische Walstrandungen

In den vergangenen Jahrhunderten strandeten immer wieder Wale und Delfine an den deutschen Küsten von Nord- und Ostsee. Oder die Tiere schwammen aus dem Meer in die großen Flüsse wie Elbe, Weser und Rhein, wo sie natürlich großes Aufsehen erregten. Gottgläubige Menschen begegneten ihnen mit Ehrfurcht. »Die gewaltigen Tiere wurden früher für Sendboten des Himmels gehalten, die die sündige Menschheit zur Selbstbesinnung bringen sollten«, schrieb die Hamburger Zoologin Erna Mohr in den 1930er-Jahren. Mit leicht sarkastischem Unterton fährt sie fort: »Das hielt selbige Sünder aber nur selten davon ab, die drohende Strandung nach Kräften zu fördern. Die Knochen der gestrandeten Tiere wurden vielfach als Menetekel in Kirchen und Rathäusern aufbewahrt.«

Der Walspeck oder Blubber wurde genutzt, um daraus Tran zu kochen. Die Knochen waren eine begehrte Trophäe. Die Unterkiefer der großen Bartenwale wurden wie Elefantenstoßzähne im Freien aufgestellt, etwa um ein Gartentor einzurahmen. Im Volksmund hießen die Trophäen »Walfisch-Rippen«, weil man sich früher so große Knochen ohne Zähne oder Zahnlöcher nicht als Kiefer vorstellen konnte. Und wer sich heute in einem beliebten Hamburger Szeneviertel darüber wundert, warum die Hauptstraße »Schulterblatt« heißt: Der Name geht auf das Schulterblatt eines Wals zurück, das im 18. Jahrhundert ein Wirtshausschild zierte.

Wenn so ein riesiger Meeressäuger im Norden Deutschlands an den Strand gespült wurde, nannte ihn das staunende Volk einfach »Butzkopf« (was früher »Butzhoft« hieß). Bisweilen verirrte sich ein solcher Butzkopf auch in die Elbe und wurde schließlich vor den Toren Hamburgs angeschwemmt – wie jüngst im Oktober 2003 ein toter Finnwal, der mehr als 12 m lang und 14 Tonnen schwer war. Etwas Ähnliches ereignete sich Mitte des 17. Jahrhunderts »bey Hamburg«, im heutigen Nobel-Stadtteil Blankenese.

Ein Zeitgenosse notierte: »Anno 1659 Sept. 1. ward zu Blanckenneß von den Fischern daselbst auff der elbe ein sonderlicher Fisch erhaschet /mit Namen Butzhoft ...« Offenbar war er schon tot, denn die Schaulustigen hielten es wegen des Gestanks nicht lange am Strand von Blankenese aus und sprachen nur vom »Stinkfisch«. Ein eiligst herbeigerufener Kupferstecher bannte die Sensation für die Nachwelt auf seine Platte. Der Zeichnung nach handelt es sich um einen Entenwal; Tiere der Art werden 8–9 m lang.

Anfang des 18. Jahrhunderts verzeichnet eine Chronik aus Bremen eine Pottwal-Strandung, die offenbar einige der Küstenbewohner in Angst und Schrecken versetzt hatte. Andere reagierten pragmatischer und machten mit der unverhofften Meeresbeute ihr Schnäppchen. Die Tiere schwammen Richtung Elbe zurück und kamen dabei auch an der Insel Neuwerk vorbei. 5 der Wale fielen auf den Sandbänken trocken und haben »ein entsetzlich Brüllen und Geheul gemacht und sich untereinander schrecklich geworfen und geschlagen. Wie die Flut gekommen, sind noch drei derselben halb tot in See getrieben, an die beiden übrigen haben sich die am Strand und auf dem Lande Herumwohnenden gewagt; der größte dieser beiden ist 95 Schuh lang gewesen, und soll dem Berichte nach der Speck davon

36 400 Pfund gewogen haben. Von dem Gehirn oder so genannten Walrat sind unterschiedliche Fässer vollgefüllt, und hat ein Kaufmann zu Bremen allein für 4000 Taler davon bekommen.«

Auch die Großen Tümmler (*Tursiops truncatus*), eigentlich im Atlantik zu Hause oder zu Besuch in der Nordsee, tauchen manchmal ganz unverhofft in der Ostsee oder in Flüssen auf. Im Mai 1860 wurde ein Tümmler bei Glückstadt an der Elbe gefangen und von Gottfried Clas Carl Hagenbeck in Hamburg erworben. Vielleicht stellte er ihn dort auch aus, wie vorher schon die Seehunde oder einen Eisbären. Zu jener Zeit hatte sich der spätere Begründer des international bekannten Zoos bereits vom Fisch- zum Großtierhändler gemausert. Mit seiner Menagerie logierte er im legendären Vergnügungsviertel St. Pauli, in einer der so genannten Spielbuden.

1888/89 schwammen mehrere Große Tümmler vor Brunsbüttel in der Elbe, im Februar 1901 wurde ein mehr als 3 m langes Tier bei den Hamburger Elbbrücken getötet. Großes Aufsehen erregte ein Tümmler, der sich im Herbst 1929 bei Brunsbüttel in den Nord-Ostsee-Kanal einschleusen ließ. Er schwamm durch den Kanal, bis er am 12. Oktober bei Holtenau getötet wurde. Das Skelett wird im Kieler Zoologischen Museum aufbewahrt.

Eine Sensation für Schleswig-Holstein war ein Finnwal, der im Frühling 1911 durch die Ostsee pflügte. Nachdem er erst einige Zeit beobachtet wurde, machte die Marine Jagd auf den Meeresriesen und beschoss ihn. Allerdings ohne zu treffen. In der Nacht zum 17. März strandete er schließlich in der Flensburger Förde, zwischen Oster- und Westerholz. Was dann passierte, klingt selbst aus dem Munde von Wissenschaftlern kurios:

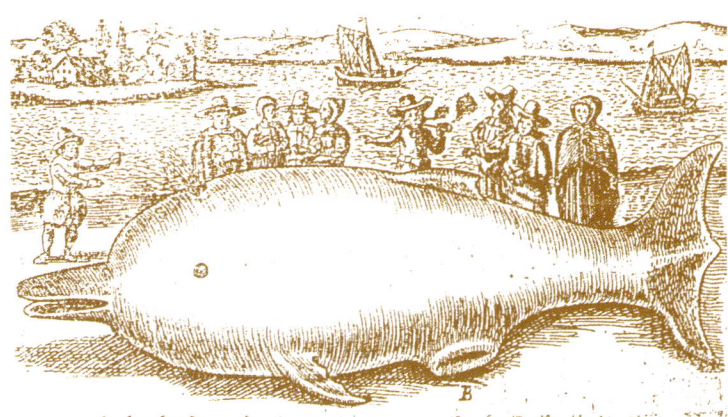

Angeschwemmte Wale hießen in Norddeutschland »Butzkopf«. Dieser strandete 1659 im Fischerdorf Blankenese, heute ein Nobelviertel in Hamburg.

Die in der Nähe stationierten Schleppdampfer erwiesen sich als zu schwach zum Abschleppen, und so hat das Riesentier über zwei Wochen lang dort gelegen, ein Schauobjekt für Tausende von Fremden. Schließlich mußte man aber doch nachdrücklich an seine Beseitigung denken, und es blieb kein anderer Rat, als daß die Sonderburger Düngerfabrik das Tier »auf Abbruch« übernahm. Von der Sonderburger Düngerfabrik kamen dann Leute, die sich ans Abschlachten und Abspecken machten. Es beneidete sie keiner von den Zuschauern, die sich sorglich an der Windseite hielten, um diese Arbeit. Sie taten sie aber wacker, mit Fleiß und Geschick den ganzen Tag. Als es Abend wurde, waren sie nur mit der einen Seite fertig geworden. (...) Als der Rauch ihres Dampfers hinter der Spitze von Borreshöft verschwand, machten verschiedene Leute in Westerholz besorgte Gesichter und seufzten: »Ach, wenn sie doch bald wieder kämen!« Drei Tage lang seufzten sie, standen mit ernsten Mienen und zugehaltenen Nasen am Strande und spähten nach Nordost, ob nicht ein Schleppzug von Sonderburg herüberkäme, um den Rest der Berühmtheit zu holen. Endlich kamen sie. Als sie wieder fortzogen, war nichts mehr vom Walfisch am Westerholzer Strande geblieben. – Sic transit gloria mundi!

Das Skelett befindet sich in einem Museum in Hannover.

Sogar Buckelwale – die heute so bekannt sind für die elaborierten »Gesänge« der Männchen – trieben an die deutschen Küsten. Am 21. August 1766 wurde in der Ostsee vor Eckernförde ein solches Tier gefangen. »Die auf diesen Fisch gemachte Jagd«, erinnert das städtische Protokoll, »war sehr divertissant [lustig] anzuschauen. Das Ufer war mit Menschen gleichsam besät.«

Die Kreaturen

Robben
Seehund, Seelöwe, Walross & Co.

Seelöwe

Vom Polarkreis bis nach Nordafrika: Robben prägten die Kultur der Küstenbewohner. Die Grönländer konnten sich das Paradies nur mit Robben vorstellen, die Griechen ließen sie in Amphitheatern auftreten.

Schwarz glänzende Kulleraugen, rundes Gesicht, kleine Schnauze – wer wäre beim Anblick eines Seehundes nicht gerührt? Sein Gesicht passt perfekt ins »Kindchenschema«, es verkörpert die pummeligen Proportionen eines Babys, die beim Menschen normalerweise »Wie niedlich«-Rufe auslösen und einen Schutz- und Pflegeinstinkt mobilisieren (außer freilich bei Robbenjägern). Weil Seehunde nicht nur hübsch anzusehen, sondern auch relativ einfach zu halten waren, gehörten sie zu den ersten Zootieren überhaupt. Bevor beispielsweise Carl Hagenbeck seinen berühmten Tierpark in Hamburg gründete, hatte sein Vater, ein Fischhändler, im Hafenviertel der Hansestadt Seehunde zur Schau gestellt. Finkenwerder Störfischer hatten ihm 1848 sechs der Tiere mitgebracht, die er erstmals am 8. März auf dem Spielbudenplatz zeigte – direkt neben der berühmt-berüchtigten Reeperbahn.

Das Zurschaustellen von Seehunden hatte schon in der Antike Tradition. Plinius berichtet, er hätte welche gesehen, die das Publikum mit Schreien und Blicken begrüßten. Wenn man die Tiere dann beim Namen rief, antworteten sie mit einem »Brummen«. Der griechische Dramatiker Äschylus ließ in einem seiner Satyrspiele sogar einen Chor von Seehunden auftreten. Was vergleichsweise harmlos war angesichts der Überlieferung, dass die Tiere in Amphitheatern auch gegen Bären »kämpfen« mussten.

Der Seehund gehört zur Familie der Hundsrobben, ebenso wie die Ringelrobbe und die Kegelrobbe. Alle 3 Arten leben sowohl in der Nord- als auch in der Ostsee. Knochen von Seehunden fanden sich bereits an den Kochstellen steinzeitlicher Siedlungen rund um das »Mare balticum«. Bis Ende des 19. Jahrhunderts konnte man Seehunde und Kegelrobben gemeinsam auf dem Großen Stubber im Greifswalder Bodden beobachten. An der Küste von Rügen zählte die Robbenjagd Anfang des 20. Jahrhunderts noch zu den beliebtesten Zerstreuungen der Badegäste. Damals lebten rund 100000 Kegelrobben in der Ostsee, heute sind es nur noch 5000. Ringelrobben wurden früher ziemlich unfein »Stinkrobben« genannt, der Seehund hieß im Mecklenburger Platt auch »Sahlhund«.

Respektvoller in der Anrede waren paradoxerweise die Völker, deren Leben auf dem Töten von Robben beruhte. Die Jakuten am Baikalsee bezeichneten die Robben als »Wassermenschen«. Und für die Jäger der Polarregion verkörperten die Tiere zumindest früher die Glückseligkeit auf Erden. Das zeigt die Anekdote vom Bischof: Als den Grönländern von Missionaren einst die Glückseligkeit des Himmels gepredigt wurde, fragten sie: »Dort gibt es also auch Seehunde?«

MIT DEN BARTHAAREN SEHEN

Alle Robben sind – ebenso wie Wale und Delfine – sekundär ins Wasser zurückgekehrt. Das heißt, sie hatten Vorfahren an Land, die ursprünglich selbst aus dem Meer stammten, so wie alles Leben auf der Erde.

Die Ohrenrobbenartigen haben sich vermutlich schon vor 25 Millionen Jahren im nordpazifischen Raum aus bärenähnlichen Landraubtieren entwickelt. Die Hundsrobben dagegen spalteten sich erst vor 12–15 Millionen Jahren von otterähnlichen Vorfahren (Marderfamilie) ab, die das Land beiderseits des Nordatlantiks besiedelten. Im Gegensatz zu den Ohrenrobben fehlen ihnen zwar die Ohrmuscheln, aber sie hören – wie fast alle Robben – ausgezeichnet. Die Augen sind stark gewölbt, weshalb die Tiere unter Wasser gut sehen, über Wasser und an Land aber kurzsichtig sind. (Das liegt am unterschiedlichen Brechungsindex von Luft und Wasser.)

Die guten Augen nützen den Robben aber gar nicht so viel, da sie oft im Trüben fischen. Entweder ist es dunkel, weil sie nachts jagen oder tief tauchen. Oder das Wasser ist voller Schwebstoffe. Lange Zeit war es unklar, wie sie sich unter solchen Bedingungen unter Wasser orientieren können und sogar Beute fangen. Andere fischfressende Meeressäuger (die Zahnwale) verlassen sich auf ihre Echoortung. Robben fehlt dieses System aber. Sie haben auch kein Seitenlinienorgan wie die Fische, mit dem sie feinste Wasserbewegungen wahrnehmen. Dafür besitzen Robben einen imposanten Schnauzbart, und der ist mehr als nur Zierrat.

Biologen war aufgefallen, dass in freier Wildbahn hin und wieder Robben leben, die zwar blind sind, aber ansonsten wohlgenährt und bei guter Gesundheit. Morphologen nahmen die Barthaare von Ringelrobben genauer unter die Lupe und stellten fest, dass ein solches Haar bis zu zehnmal stärker mit Nervenfasern versorgt ist als das Barthaar eines Landsäugetieres. Das legte die Vermutung nahe, der Schnauzer wäre als Sinnesorgan besonders wichtig. Experimente, vor allem des deutschen Biologen Guido Dehnhardt, belegten das. Wenn ein Seehund seinen Bart mit leichten Kopfbewegungen über ein Objekt streift, erhält er dabei ähnlich viele Informationen wie ein mit der Hand tastender Affe. Obendrein können seine Barthaare feinste Wasserbewegungen wahrnehmen, ähnlich wie Fische mit ihrem Seitenlinienorgan. Das bewegte Wasser hilft dem Seehund, seine Beute zu finden. Denn jedes Lebewesen, das durchs Wasser schwimmt, hinterlässt mit dem Kielwasser eine Spur.

Wie deutlich solche Spuren sind, maßen Dehnhardt und seine Kollegen nach. An einer Stelle, die beispielsweise ein 30 cm großer Fisch passiert hat, schaukelt das Wasser noch fünf Minuten später mit einer Geschwindigkeit von 0,2 mm pro Sekunde. Für den feinen Robbenbart ist das »unübersehbar«. In Experimenten deckten die Forscher den Seehunden die Augen mit einer undurchsichtigen Strumpfmaske ab und steuerten per Fernbedienung ein Modell-U-Boot durchs Wasserbecken. Die Seehunde waren in der Lage, den

Der imposante Schnauzbart hilft Robben, ihre meist im Trüben schwimmende Beute aufzuspüren. Dieser Seehund hat eine Makrele erwischt.

DIE KREATUREN

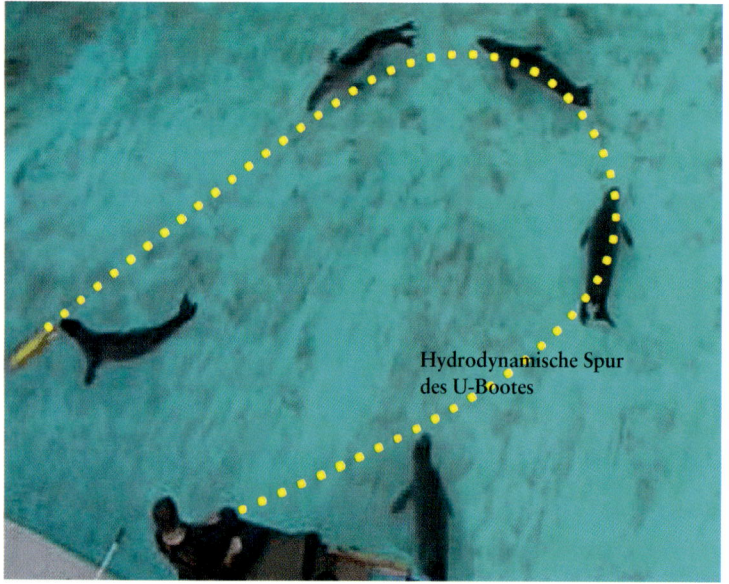

Im Experiment folgt der Seehund exakt der Spur der Wasserbewegungen, die ein kleines U-Boot im Becken »hinterlassen« hat.

hydrodynamischen Spuren des U-Boots über eine Entfernung bis zu 40 m zu folgen. Dabei lagen sie »haargenau« in der Spur und ließen sich auch durch scharfe Kursänderungen nicht irritieren. Wurden den Tieren allerdings die Barthaare (»Vibrissen«) abgedeckt, tappten sie im Dunkeln. Es war ihnen nicht möglich, das U-Boot aufzuspüren.

Feinnervig, wie die Barthaare sind, vermuten die Forscher, dass ein Seehund einen Hering wahrscheinlich noch auf 180 m Entfernung entdeckt.

Der Seehund (*Phoca vitulina*) ist an den Küsten Nordeuropas und Nordamerikas zu Hause. Täglich streift er durchs Meer auf der Suche nach Nahrung, Artgenossen oder Ruheplätzen. Im Wattenmeer macht er sich bei Flut auf die Jagd nach Fischen. Bei Ebbe lässt er sich auf einer Sandbank trockenfallen und nimmt ein ausgiebiges Sonnenbad. Das ist wichtig für seinen Stoffwechsel, um Vitamin D bilden zu können. Die Jungtiere kommen im Sommer auf Sandbänken zur Welt. Sie können sofort schwimmen und werden etwa alle 3 Stunden gesäugt. Nach 1 Monat wiegen sie 25 kg und beginnen, von der Mutter unabhängig zu werden.

VON DER NUTZUNG ZUM ROBBENSCHLACHTEN

Bis in die 1970er-Jahre stellten Jäger den Seehunden in Deutschland nach. Das Fleisch wurde gegessen, die Felle zu Schuhen, Mänteln, Westen, Gürteln und so weiter verarbeitet. Auch der Tran war wichtig, zumindest früher, als er in den Blinklampen und Scheinwerfern der Leuchttürme brannte und somit indirekt zur Sicherheit auf See beitrug. Ende der 1970er-Jahre war der Bestand dermaßen reduziert, dass die Jagd schließlich verboten wurde. Im deutschen Wattenmeer lebten nur noch 2000 Seehunde.

Was in jener Zeit weltweit Empörung auslöste, war das brutale Robbenschlachten in Kanada. Auf dem Packeis vor Labrador machten sich die Jäger speziell an die weißpelzigen Babys von Sattel- und Klappmützenrobben heran. Mit einem Knüppel schlugen sie den Tieren auf den Kopf und zogen ihnen noch bei lebendigem Leib das Fell ab. Diese Barbarei wurde vor allem durch das beherzte Eingreifen von Umweltaktivisten bekannt, die Robbenbabys mit Farbe besprühten, um das Fell für die Schlächter wertlos zu machen. Zwar wurden die Tierschützer verhaftet, verklagt und zu hohen Bußgeldern verurteilt. Aber immer mehr Menschen solidarisierten sich mit ihnen und sensibilisierten sich für den Umgang mit der Natur. Das Schicksal der weißpelzigen Robbenbabys, deren Schlächterei schließlich verboten wurde, hatte dem internationalen Tierschutz zum Durchbruch verholfen.

KLUGE SEELÖWEN

Seelöwen können sich im Gegensatz zu Seehunden an Land einigermaßen geschickt bewegen. Sie gelten auch als lebhafter als die scheinbar phlegmatischen Hundsrobben. Das war einer der Gründe,

(Hydrodynamische Spur des U-Bootes)

warum sich Seelöwen, die zu den Ohrenrobben gehören, aus menschlicher Sicht besser als »Showtier« eigneten. Weitere lagen in ihrem Temperament und ihrer Gelehrigkeit. Bunte Bälle auf der Schnauze zu balancieren, eine klassische Zirkusnummer, gehört dabei noch zu ihren leichtesten Übungen.

Eine kalifornische Seelöwin sorgte Ende 2001 für Verblüffung unter Verhaltensforschern, weil sie offenbar über ein phänomenales Langzeitgedächtnis verfügt. Meeresbiologen von der Universität Kalifornien in Santa Cruz hatten der Seelöwen-Dame »Rio« 1991 beigebracht, zwischen Symbolen zu unterscheiden, die ihr auf Karten gezeigt wurden. Sie hielten eine Karte mit einer Zahl oder einem Buchstaben hoch. Dann zeigten sie ihr 2 weitere Karten, eine mit dem gleichen Symbol und eine mit einem anderen Symbol. Wenn Rio mit der Schnauze auf die richtige

Wegen ihrer Gelehrigkeit galten Seelöwen früher als ideale Showtiere. Offenbar verfügen sie über ein erstaunliches Langzeitgedächtnis.

Karte deutete, wurde sie mit Fisch belohnt. Nach einer Weile ließen sie die Sache auf sich beruhen.

Erst 10 Jahre später testeten die beiden Biologen die Seelöwin wieder. Und zwar, ohne dass Rio in der Zwischenzeit Gelegenheit »zum Üben« gehabt hätte. Diesmal testeten sie das Tier mit Zahlen und Buchstaben, die sie vor 10 Jahren nicht benutzt hatten. Trotzdem bestand die Seelöwen-Dame den Test mit der gleich hohen Trefferquote wie damals. Das zeigte, dass sie nicht bloß etwas abspulte, was sie einmal gelernt hatte. Und selbst das wäre nach so langer Zeit schon überraschend gewesen. Sie hatte aber obendrein das Prinzip »Gleichheit« verstanden und konnte es anwenden.

Bis dahin waren Wissenschaftler davon ausgegangen, dass das Erkennen von »Gleichheit« hoch entwickelte Lernprozesse voraussetze. Und dass sich Tiere solche abstrakten Konzepte nicht über einen langen

Walrosse sind gesellig und ruhen gerne eng beieinander. Mit ihren Stoßzähnen säbeln sie Muscheln von den Klippen.

Zeitraum merken könnten, ohne sie durch die Praxis in ihrem Gedächtnis zu verankern. Aber Rios glänzende Prüfungsergebnisse hatten all die graue Theorie über den Haufen geworfen. Damit hatte Rio sogar Rhesusaffen übertrumpft – ansonsten die Champions in der Disziplin für Langzeitgedächtnis. Vermutlich, so die Forscher, hilft diese Fähigkeit Seelöwen, verschiedene Arten von Beutetieren wiederzuerkennen, die nur zu einer bestimmten Jahreszeit verfügbar sind.

DIE SELTSAMEN WALROSSE

Die Familie der Walrosse steht – anatomisch betrachtet – zwischen den Ohren- und den Hunds-

Die Kreaturen

robben. Wie die Ohrenrobben auch, können Walrosse die Hinterflossen aufstellen und damit über Land watscheln. Das können die Hundsrobben nicht, auf einer Sandbank müssen sie bäuchlings robben. Und wie bei ihnen fehlen auch den Walrossen die Ohrmuscheln. Das Einzigartige an den Walrossen sind ihre beiden Stoßzähne, die sowohl Weibchen wie Männchen tragen und die bei erwachsenen Tieren etwa 0,5m messen. Damit graben sie Muscheln und Schnecken aus dem Meeresboden oder säbeln sie von den Klippen. Im Extremfall wuchern die 2 oberen Eckzähne bis zu einer Länge von 75 cm. Da sie aus feinstem Elfenbein bestehen, waren Walrosse nicht nur wegen ihres speckigen Fleisches eine begehrte Beute.

Albrecht Dürers Walross-Zeichnung von 1521 ist eine der ältesten Darstellungen dieser Tiere, die wir kennen, auch wenn sie auf uns heute beinahe wie eine Karikatur wirkt.

Sirenen des Mittelmeers

Im Mittelmeer leben Robben, denen heute gern eine Verbindung zu den Sirenen der antiken Sagenwelt nachgesagt wird. Die Gesänge dieser Nymphen – halb Vogel, halb Mensch –, so hieß es in Homers Odyssee, würden jeden Vorübersegelnden betören und vom Weg abbringen. Doch wer sich einmal zu ihrer Insel herüberlocken ließ, war für immer verloren. Eindringlich warnte Kirke, eine der berühmtesten Zauberinnen der antiken Mythologie, Odysseus vor den Gefahren, die ihm bevorstünden. Als der Wind sein Schiff zur Insel der Sirenen verschlug, mussten sich seine Männer die Ohren mit Wachs verschließen und ihn selbst am Mast festbinden – mit der strikten Anweisung, ihn erst wieder zu befreien, nachdem sie die Insel passiert hätten – so sehr er auch bitten und betteln möge. Als Odysseus das Lied der Sirenen hörte, war er tatsächlich so verzaubert, dass er seine Kameraden anflehte, ihm die

---

Das Walross im »Physiologus«

Der Physiologus ist eine Sammlung von 55 Tierporträts, deren lateinische Urschrift um das Jahr 200 entstanden sein soll. Der Autor ist unbekannt. Im Mittelalter wurde der Text mit christlicher Moral aufgeladen, wie folgender Text zeigt.
»Das Walross hat die Gestalt eines Pferdes von der Mitte nach oben, von der Mitte nach unten hat es die Gestalt eines Walfisches. Selbiges Walross hält sich im östlichen Meere auf und ist der Anführer aller Fische, setzt sich gern auf eine Klippe, und Wogen können ihm nichts anhaben, und es sieht aus, als wäre es aus eitel Gold. Und wenn dann die Fische des Meeres brünstig werden, dann ziehen sie zum Walross: Die im Norden stehen, ziehen südwärts, und die im Süden stehen, ziehen nordwärts; denn wenn sie nicht zum Walross kommen und umschmeicheln es und machen ihm ihre Aufwartung wie dem König der Fische, werden sie nicht trächtig.
Wenn sie aber hinwärts zum Walross ziehen, ziehen die Weibchen voraus und die Männchen hinterdrein, und folglich breiten die Fischer ihre Netze aus auf ihrer Trift, aber die Fischinnen in ihrer Brünstigkeit schwimmen stracks hinein und werden so von den Fischern gefangen.
So auch geraten die Menschen, die am Leben sich berauschen, infolge ihrer Wollust den feindlichen Mächten ins Netz.
Wenn jedoch die Fische sich wieder weg vom Walross entfernen, dann schwimmen die Männchen vorne und die Weibchen hinterdrein; und nun werfen die Männchen ihren Laich aus, die Weibchen aber folgen ihnen hintennach und nehmen den Samen durch den Mund auf und werden trächtig, und dann trennen sie sich voneinander und werden nicht mehr gefangen.
Auch du nun, verständiger Mensch, lasse dein Schifflein fahren gen Osten, das heißt: zur Gemeinde, und verehre das Walross, nämlich Gott den Herren, und lass dich befruchten vom Heiligen Geist; und trenn dich von Sünde und Unreinheit, und nicht mehr wirst du ins Netz der widrigen Mächte geraten.«
Wohlgesprochen hat also der Physiologus vom Walross.

Fesseln zu lösen. Das taten sie aber erst, als die Gefahr vorüber war.

Die einzigen Lebewesen in der Ägäis, deren Lautäußerungen Homer vor zweieinhalbtausend Jahren inspiriert haben könnten, den Gesang der Sirenen zu erdichten, seien wahrscheinlich Mönchsrobben. »Ihre hohen, weit in die Ferne tönenden Rufe klingen geheimnisvoll und übernatürlich«, so empfindet es Claus-Peter Hutter von der Europäischen Umweltstiftung, die sich seit vielen Jahren für den Schutz der seltenen Meeressäuger einsetzt.

Auch wenn die Rufe der Mönchsrobben anderen Zeitgenossen eher nach heiserem Bellen und Jaulen klingen, so haben die eleganten und schnellen Schwimmer doch zumindest den Mythos von der Meerjungfrau mitbeflügelt. Die einzigen im Mittelmeer heimischen Robben wurden auch als »Flossenfüße« der griechischen Meeresgöttin Amphitrite bezeichnet. Als eine der 50 Töchter des Meeresgottes Nereus gehörte sie zu den sagenhaften Nereiden, welche die Seefahrer mit Spiel und Tanz erfreuten und ihnen in Seenot beistanden. Die »Flossenfüße« der Amphitrite könnten eine wichtige Rolle gespielt haben, als der Meergott Poseidon ein Auge auf sie geworfen hatte und ihr ständig nachstellte. Sie schaffte es aber immer wieder, ihm zu entfliehen. (Dass er sie später doch kriegte und heiratete, hängt mit einem anderen Meeressäuger zusammen, dem Delfin, s. Seite 87.)

Wegen ihrer Verbundenheit mit dem Meer und der Sonne galten Mönchsrobben auch als Schützlinge von Poseidon und Apollo. Ihr braunes Rückenfell erinnerte die Menschen

»Die Sirenen« von Arnold Böcklin (1874): Holde Weiblichkeit, die mit Flöte und Gesang die Seeleute vom rechten Kurs abbringt.

früher wohl an eine Mönchskutte – daher die Namen Mönchsrobbe oder Seemönch, aber auch die Bezeichnung »Seehund« war geläufig.

Schon Aristoteles beschrieb die imposanten Tiere, die 2,5–3,5 m lang werden, in seiner »Historia Animalium«. Ihre Stimmen verglich er aber ganz prosaisch mit denen von Kühen. Unzweifelhaft ist jedenfalls ihre »Gesprächigkeit«, wegen der einige Mönchsrobben im 19. Jahrhundert sogar in Nordeuropa zur Schau gestellt wurden, zum Beispiel in England als »the talking fish« (der sprechende Fisch). Oder in Nürnberg ein junges Mönchsrobben-Männchen, über das berichtet wird: Seine Stimme klang wie »Owahowah awawa. Zuweilen ließ er eine Art Niesen hören, welches mit einem starken dumpfen Ton verbunden war. Wenn er seinem Herrn einen Kuss gab, so lautete es wie ein Rülpsen mit verschlossenem Munde. Seinen ihm wahrscheinlich unangenehmen Zustand gab er oft durch lautes Geblöke zu erkennen. (…) Zuweilen klapperte er auch mit den Zähnen.«

Das Konterfei von Mönchsrobben zierte bereits frühgriechische Münzen aus der Zeit um 500 vor Christus. Eindeutig genannt werden die Robben in Homers Odyssee, in einem Absatz über Proteus, den »alten Mann im Meer«:

Siehe, dann kommt aus der Flut der graue untrügliche Meergott, / Unter dem Wehn des Westes, umhüllt von schwarzem Gekräusel, / Legt sich hin zum Schlummer in überhängende Grotten, /

Die Kreaturen

*Und flohfüßige Robben der lieblichen Halosdyne /
Ruhn in Scharen um ihn, dem grauen Gewässer entstiegen, /
Und verbreiten umher des Meeres herbe Gerüche.*

Verfolgte Mönchsrobben

Die Mittelmeer-Mönchsrobbe (*Monachus monachus*), die zur Familie der Seehunde gehört, ist heute eine der 12 am meisten bedrohten Tierarten der Welt. Ihr Bestand wird auf nur noch 500 Individuen geschätzt. Für Säugetiere, die sich langsam vermehren, ist das alarmierend wenig. Früher war die Mönchsrobbe weit verbreitet, siedelte von der Atlantikküste Nordafrikas, Madeira und den Kanaren über den gesamten Mittelmeerraum bis hinein ins Schwarze Meer.

Ihre »Schwester«, die Karibische Mönchsrobbe, ist schon in den Logbüchern von Christoph Kolumbus verewigt. Leider wurde sie so stark gejagt, dass seit 1952 kein Tier ihrer Art mehr gesehen wurde. Damit gilt sie als ausgestorben. Das gleiche Schicksal könnte der Dritten im Bunde drohen, der Hawaii-Mönchsrobbe im Pazifik. Von ihr existieren nicht mehr als 1000 Tiere.

Ob in der Neuen oder Alten Welt: Seit Urzeiten haben Menschen Robben gejagt, um das Fleisch zu essen und ihr Fett in Lampen zu verbrennen. In seinem 1887 erschienenen Buch »Thiere des classischen Alterthums in culturgeschichtlicher Beziehung« schreibt Otto Kelller:

»Natürlich wurden einem so seltsamen und in vielen Beziehungen rätselhaften Geschöpfe überhaupt allerlei erdichtete Eigenschaften beigemessen. Es gab Leute, die Schuhe aus Robbenfell anzogen, um ihr Podagra [Gicht] zu vertreiben; andere, die Zelte aus Seehundsfell verfertigen ließen, weil sie dem Aberglauben huldigten, unter einem solchen Schirm vom Blitz verschont zu bleiben, wie auch der lebende Seehund vom Blitz nicht getroffen werde. Auch dem Kaiser Augustus, dessen Angst vor Gewitter fast sprichwörtlich war, konnte man nachsagen, dass er auf Schritt und Tritt, statt eines Blitzableiters, ein Seehundsfell bei sich trage und sich, sobald drohende Wolken am Horizonte aufsteigen, an ein sicheres Plätzchen flüchte. Auch gegen Hagelschlag konnte man ein Robbenfell benützen; man brauchte es nur um sein Feld herumzuziehen und dann vor der Hausthüre aufzuhängen. Ferner, weil die Thiere große Freunde des Schlafens waren, schrieb man ihnen schlaferregende Kräfte zu und riet jedem, der an Schlaflosigkeit litt, die rechte Flosse einer Robbe unter den Kopf zu legen. Die Felle, schon zur Zeit der Odyssee erwähnt, werden noch am Ausgange des Alterthums, im Edicte Diocletians, als wichtiger Handelsartikel aufgezählt.«

Otto Keller schreibt auch, die Verbreitung der Mönchsrobbe wäre früher viel größer gewesen als Ende des 19. Jahrhunderts. »Nach dem pseudohomerischen Lobgesang auf Apollon zu schließen (...), waren zur Zeit der alten Epiker die Küsten des Ägäischen Meers noch mit zahlreichen Heerden ›schwarzfelliger Phoken‹ bevölkert. Dafür spricht auch der Name von Phokaia (Robbenstadt) in Aeolis, von welcher Stadt uralte Münzen vor Darius ganz deutlich den Seehund zeigen. Ebenso hatte die karische Küste ihre Robbenstadt. Einen Seehundskopf zeigen auch späte Münzen vor Rhodos.«

Eine der wenigen bekannten Skulpturen einer Mönchsrobbe ist eine 8 cm große Basaltplastik, die aus der Zeit des assyrischen Königs Assurbelkala, einem Sohn Tiglatpilesers, stammt (1070 v. Chr.). Sie wurde in der antiken mesopotamischen Hauptstadt Assur (heute Irak) gefunden und befindet sich jetzt in einem Museum in Istanbul.

1896 schrieb der deutsche Geograf Alfred Philippson über einen Küstenabschnitt der Nördlichen Sporaden: »... eine jähe Steilwand, mit malerischen Brandungsgrotten, ein Rückzugsplatz der immer seltener werdenden Seehunde.« Die Gewässer rund um die Inseln, die der griechischen Mythologie nach entstanden, weil die Riesenbrüder Otos und Efaltis im gegenseitigen Kräftemessen riesige Steine ins Meer geworfen haben, sind heute einer der wichtigsten Lebensräume der Mönchsrobben. Mittlerweile steht er als Meeresnationalpark unter Schutz.

Menschenscheu wie die Tiere sind, leben sie sehr zurückgezogen – auch in diesem Sinne passt der Name »Mönch«. Sie verbergen sich an abgelegenen Felsküsten und ruhen tagsüber in Höhlen. Nachts gehen sie in kleinen Gruppen auf die Jagd und erbeuten außer Fisch auch Tintenfische oder Krebse. In einer Höhle ziehen die Weibchen ihre Jungen groß; manche dieser Höhlen liegen so versteckt,

Die Mittelmeer-Mönchsrobbe gehört zu den meistbedrohten Tierarten der Welt. Von ihr gibt es nur noch 500 Exemplare.

dass selbst die Mütter sie nur tauchend erreichen. Ein Weibchen bringt nach 8 Monaten Tragzeit – meist im Herbst – nur 1 Junges zur Welt. Es bleibt bis zu 3 Jahre bei der Mutter und wird mit 4–6 Jahren geschlechtsreif. Unklar ist, wie oft die Weibchen Nachwuchs haben, wahrscheinlich alle zwei Jahre.

Fischern sind die Fischfresser ein Dorn im Auge. Wenn sich mal eine Mönchsrobbe in ihren Netzen verfängt, ist es ziemlich wahrscheinlich, dass sie das Tier erschlagen – aus Wut über die immer kleiner werdenden Fischfänge. Ausgerechnet die seltene Mönchsrobbe muss als Sündenbock für die dramatische Überfischung herhalten.

Da die Art schon Ende des 19. Jahrhunderts stark dezimiert war, zweifelten manche Zoologen im 20. Jahrhundert, ob es im Mittelmeer überhaupt noch Robben gab. Erst Mitte der 1970er-Jahre wurde *Monachus monachus* »wieder entdeckt«.

Der Biologe und Naturfilmer Thomas Schultze-Westrum hatte jahrelang nach ihnen gesucht. Und als er sie endlich fand, klangen ihm die Laute tatsächlich wie Sirenengesang in den Ohren.

MASSENSTERBEN VON ROBBEN

Von Mai 2002 bis Anfang 2003 wütete eine verheerende Epidemie unter den Robben Nordeuropas, die insgesamt 22 500 Tieren das Leben kostete. Auslöser für die Krankheit war das Seehundstaupe-Virus (kurz: pdv). Es befiel zunächst die Atemwege und Lungen. Dann folgten Sekundärinfektionen mit Bakterien und Parasiten. Dieser geballte Befall setzte nach und nach alle Körperfunktionen außer Kraft, bis die Lungen kollabierten. Die Epidemie betraf verschiedene Robbenarten, aber überwiegend Seehunde.

Kein schönes Bild: Ihre »Kulleraugen« waren von Sekret verklebt, die Tiere gingen elendig zugrunde.

Trotzdem nahm die Öffentlichkeit in Deutschland kaum Anteil daran, denn das alles beherrschende Thema in jenen Wochen war die »Jahrhundertflut«. Außerdem hatte es 1988/89 ein ähnlich dramatisches Robbensterben gegeben – ein Déjà-vu nach 14 Jahren also. Obendrein verlautete beide Male aus Fischereikreisen, dass es sich um einen ganz normalen Vorgang handele: Die Natur regulierte auf diese Weise den Robbenbestand, der nach Ansicht der Fischer ohnehin zu groß ist.

Beide Behauptungen sind wissenschaftlich unhaltbar. Die Bestandsdichte von Robben richtet sich nach dem Angebot von Nahrung und Liegeplätzen. Wäre die Population der Seehunde im dänisch-deutsch-holländischen Wattenmeer im Frühjahr 2002 mit 20 000 Tieren zu groß gewesen, hätte sich das in typischen Stresssymptomen geäußert wie zunehmender Aggression, erhöhtem Parasitenbefall oder abnehmender Speckschicht. All dies traf aber nach Auskunft des Nationalparkamtes in Tönning nicht zu. Im Gegenteil, der Gesundheitszustand der Seehunde war gut. Außerdem hatten um 1900 sogar 37 000 Seehunde im Wattenmeer gelebt, also beinahe doppelt so viel wie 2002. Trotzdem gab es bis 1988/89 keine Epidemien von solch schwerem Ausmaß.

Die Kreaturen

Aus biologischer Sicht handelt es sich um eine klassische Räuber-Beute-Situation: In »fetten« Jahren, in denen das Meer viel Fisch, Garnelen oder Muscheln bietet, können sich die Seehunde stärker vermehren als in mageren Jahren. Vorausgesetzt, es gibt auch genügend ruhige Plätzchen auf Sandbänken zum Ausruhen, Sonnen und Säugen. Trotzdem bringt ein Weibchen nur 1 Junges pro Jahr zur Welt. Falls es mal 2 Junge sein sollten, kann sie nur 1 aufziehen. Für mehr reicht die Milch nicht. Das zweite wird verstoßen, schwimmt wehklagend umher, bis es schließlich verhungert.

Manchmal greifen Fischer einen solchen »Heuler«, auf. Früher brachten sie ihn vielleicht in einen Zoo, wo die Pfleger versuchten, ihn mit der Milchflasche großzuziehen. Heute landen verlassene Jungtiere mit Glück in einer Seehundstation und werden dort aufgepäppelt. Angesichts der schon seit Jahrzehnten währenden Überfischung der Nordsee gibt es aber auch für die Robben keine »fetten« Jahre mehr. Sie müssen sehen, wie sie mit wenig Fisch klarkommen. Reicht der Fisch nicht aus, können sie sich auch nicht fortpflanzen.

VERWICKELTE ZUSAMMENHÄNGE

Bereits 1988/89 waren an den Küsten Nordeuropas rund 18 000 Seehunde verendet. Die Population des holländisch-dänisch-deutschen Wattenmeeres wurde damit um 60% dezimiert. Die Tiere starben an einem Virus, das bis dahin völlig

Die Idylle trügt. Um 1900 lebten noch 37 000 Robben im Wattenmeer, und die Jagd auf sie gehörte zu den beliebtesten Zerstreuungen der Badegäste.

unbekannt war und dem Hundestaupe-Virus ähnelt. Als mutmaßliche Überträger galten arktische Sattel- und Ringelrobben. Zu Zigzehntausenden wanderten sie damals südwärts. Eine ungewöhnliche Migration, die – so erklärt der Kieler Robben-Experte Günter Heidemann – durch akuten Nahrungsmangel ausgelöst wurde. Grund dafür war der Raubbau durch die industrielle »Gammelfischerei«. Skandinavische und sowjetische Trawler fingen in den hochnordischen Frühjahrsquartieren der Meeressäuger massenweise »Lodden«. Das sind kleine, fettreiche Fische, die nur indirekt der menschlichen Ernährung dienten. Sie wurden zu Fischmehl und -öl verarbeitet und beispielsweise dem Futter in der Massentierhaltung beigemengt.

Der Zusammenbruch der Lodde-Bestände führte zum Exodus der arktischen Robben. Sie trugen das pdv »traditionell« in sich und konnten offenbar damit leben. »Aber für die Seehunde der Nord- und Ostsee war es völlig neu«, sagt Heidemann. »Und die hohe Schadstoffbelastung hatte ihr Immunsystem bereits geschwächt. Sie waren diesem neuen Erreger schutzlos ausgesetzt. Kein Wunder, dass sie starben wie die Fliegen.«

Besonders auffällig waren die hohen Konzentrationen von polychlorierten Biphenylen (PCB) in Seehunden. Infolgedessen mangelte es den Tieren an Vitamin A und einem Schilddrüsenhormon, wie holländische Forscher 1989 herausfanden. Das hatte die Immunabwehr der Tiere herabgesetzt, was sich unter anderem in Hauterkrankungen und gestörter Fruchtbarkeit zeigte. Der Hamburger Mediziner Udo Schumacher untersuchte im selben Zeitraum die Schilddrüsen von toten Seehunden aus dem schleswig-holsteinischen Wattenmeer. Ergebnis: Der Gewebeaufbau der Schilddrüsen war dermaßen gestört, dass sie höchstwahrscheinlich nicht mehr richtig funktionieren konnten. Eine vergleichende Untersuchung an den Schilddrüsen isländischer Seehunde lieferte dagegen einen normalen Gewebebefund.

Das passte zu den Daten von anderen Wissenschaftlern, die die Schadstoffbelastung bei Seehunden aus verschiedenen Meeresregionen gemessen hatten. Die isländischen Tiere lagen mit 5000 ppb (parts per billion) PCB pro Kilogramm Körperfett erheblich unter der Belastung von Seehunden aus Schleswig-Holstein und Dänemark mit 85 000 ppb PCB.

Das Verbreitungsgebiet der Seuche spricht erst recht für die Schadstoff-Hypothese: Die meisten Seehunde starben in den hoch belasteten Küstengewässern vor Deutschland, Holland, Dänemark und Schweden sowie Großbritannien. Am Rande der Nordsee, vor Irland, Schottland und Norwegen, wo das Meer weniger verschmutzt ist, erkrankten nur wenige Tiere. Und noch weiter nördlich, um Island herum, wurden gar keine kranken Seehunde beobachtet. Obwohl auch sie mit dem Virus in Berührung gekommen waren: Sie hatten nämlich Antikörper im Blut.

»Für das Ausmaß des Seehundsterbens von 1988/89«, folgerte Günter Heidemann, »war also nicht allein das neue Virus entscheidend, sondern auch das Immunsystem der Tiere. Und das war bei vielen wegen der Schadstoffbelastung geschwächt.« Die meisten Wissenschaftler, so versichert das Nationalparkamt in Tönning, vertreten diese These.

Immerhin waren die überlebenden Seehunde nun gegen das Virus immun. Sie hatten Antikörper gegen

Innige Bindung: Ohne seine Mutter wäre das Seehundjunge nicht überlebensfähig.

pdv im Blut und vermehrten sich wieder. Aber so eine Immunisierung hält nicht ewig. Im Frühjahr 2002 wurden im Kattegat die ersten toten Seehunde mit den typischen pdv-Symptomen entdeckt. Seltsamerweise wieder vor der dänischen Insel Anholt. Dort hatte auch die erste pdv-Epidemie, vor 14 Jahren, begonnen. Gemessen an den vielen kleinen und großen Inseln der Region ist das schon ein sehr merkwürdiger Zufall.

»Entweder ist dort ein Virus-Reservoir«, mutmaßten die Seehund-Experten der 3 Wattenmeer-Anrainerstaaten. »Oder das Virus wurde erneut eingetragen. Vielleicht durch ein Meerestier oder durch Abwässer von Nerzfarmen an Land.« Zuchtnerze, auch Minks genannt, werden unter anderem in Dänemark und Schweden auf großen Farmen gehalten.

»Nerze haben eine sehr hohe Durchseuchung mit Staupe«, sagt die Tierärztin Ursula Siebert vom Forschungs- und Technologiezentrum Westküste in Büsum. Als sie ihren Urlaub 2002 in Dänemark verbrachte, war sie schockiert über die Dichte von Nerzfarmen in Meeresnähe.

»Für mich ist es absolut plausibel«, berichtete sie, »dass auf diesem Wege immer wieder was in Wildtierpopulationen eingetragen werden kann.«

Der Übergang vom Land zum Meer fällt so genannten Morbilli-Viren wie dem pdv leicht. Staupe-Erreger, so die Erkenntnis des Virologen Timm Harder vom Veterinäruntersuchungsamt des Landes Schleswig-Holstein, »werden offenbar immer wieder zwischen verschiedenen Arten von Meeressäugern und auch Landsäugetieren übertragen.«

Woher das Seehundstaupe-Virus kam, ist immer noch nicht eindeutig nachgewiesen. Unklar ist auch, warum es ausgerechnet wieder von Anholt aus zugeschlagen hat.

Die Belastung der Nordsee mit Schadstoffen ist heute nicht wesentlich weniger geworden. Deshalb sind die Wattenmeer-Seehunde auch zukünftig nicht vor solchen Epidemien gefeit. Sie könnten sogar in kürzeren Abständen als bisher auftreten. Erst wenn das Wasser sauberer wird, haben die Robben und andere Meeressäuger langfristig eine Überlebenschance.

Die Kreaturen

Medusen
Gefährliche Grazien

Ohrenquallen

Der Bauplan ist einfach, der Inhalt größtenteils Wasser. Aber der Rest hat es in sich: Das Gift einer einzigen Seewespe könnte 250 Menschen töten. Zum Glück sind nicht alle Quallenarten so.

Aus der Sicht eines Schnorchlers, im Gegenlicht der Sonne, wirken sie zart und filigran wie tanzende Elfen. Harmlos also. Aber Quallen gehören zum Stamm der Nesseltiere und deren Gifte zu den stärksten, die das Tierreich überhaupt hervorgebracht hat.

Dieser Doppelgesichtigkeit verdanken die gelatinösen Scheibchen wohl den Namen »Medusen«. Die griechische Mythengestalt Medusa und ihre beiden Schwestern Stheno und Euryale waren geheimnisvolle Nymphen, auf deren Kopf sich zischende Schlangen wanden – anstelle von Haaren. Schon der Blick von Medusa war angeblich tödlich, die Opfer erstarrten augenblicklich zu Stein.

Mit nur wenig Fantasie könnte man in dem glockenförmigen Körper einer Qualle und den vielen langen Fangarmen das Haupt der Medusa erkennen. Der »Blick« aus ihren einfachen »Flachaugen« (so der biologische Begriff) ist zwar ungefährlich, aber wehe dem, den die Tentakel streiften!

Falls es sich um die aus Nord- und Ostsee bekannten Feuerquallen (*Cyanea capillata*) handelt, beginnt die Haut unangenehm zu brennen. Bei Menschen, die zu Allergien neigen, kann es zu Schock, Schwindel, Erbrechen, Fieber und heftigem Ausschlag kommen. In einem Sherlock-Holmes-Roman ist die Feuerqualle (englisch »lion's mane«) sogar für den Tod eines Schwimmers verantwortlich. Im wirklichen Leben übernehmen diese Rolle vor allem die berüchtigten Würfelquallen, nach deren Berührung das Opfer tatsächlich erstarrt – vor Schmerz und Lähmung; im schlimmsten Fall endet die Begegnung tödlich.

Das liegt an den unzähligen, winzigen Nesselkapseln, mit denen die Fangarme der Nesseltiere für den Beutefang gerüstet sind. Jede dieser Kapseln birgt einen zusammengerollten Schlauch, der in eine mit Widerhaken besetzte Spitze mündet. Bei der kleinsten Berührung explodieren die Nesselkapseln und schießen ihre Mini-Harpunen ab. Der 1–2 mm lange Nesselschlauch injiziert ein Gift, das je nach Quallenart aus paralysierenden Substanzen unterschiedlicher Stärke besteht. Sie sind eigentlich für kleine Fische oder Garnelen gedacht, können aber auch dem Menschen zum Verhängnis werden. Zumal sie sich mit einem Druck von 140 Atmosphären – 70-mal mehr als in einem Autoreifen – durch die nackte Haut bohren. Das gefährdet vor allem Schwimmer und Schnorchler, während Taucher durch ihren Anzug gut geschützt sind.

MEDUSEN

Medusa: die Schlangenköpfige. Dieses prächtige Bodenmosaik hinterließen die Römer in den Thermen von Dar Smala (Tunesien).

DIE TÖDLICHSTEN MEERESTIERE

Die Mehrzahl der rund 350 Arten von Großquallen schadet dem Menschen allerdings nicht. Nur ein paar Dutzend verursachen Schmerzen, Allergien, Fieber, Kreislaufstörungen, Übelkeit. Gefährlich sind Nesselsäfte mit Enzymen, die das Gewebe des Opfers auflösen, oder so genannte »Nervenblocker« wie bei der berühmt-berüchtigten Seewespe (*Chironex fleckeri*). Der Name Seewespe ist noch arg untertrieben für die bläulich schimmernde, durchsichtige Schönheit – sie ist eines der giftigsten Tiere der Erde. Ihr Körper kann groß wie ein Fußball werden, die 60 Tentakel sind 2–3 m lang. Wie auch ihre Verwandte, die 16 cm große philippinische Killerqualle *Chiropsalmus quadrigatus*, treibt die Seewespe beispielsweise vor Australien ihr Unwesen. Allein an der australischen Nordostküste, sagt der Quallenexperte Thomas Heeger, wurden in einem Zeitraum von 25 Jahren mehr Menschen durch die Glibberwesen getötet als zur gleichen Zeit auf der ganzen Welt durch Haie.

Die Unglücklichen, die von einer Seewespe genesselt wurden, berichten von einem heftigen, schneidenden Schmerz, wie bei einer Messerattacke. Der dauerte Stunden, manchmal Tage an. Weitere Symptome sind Schwindel, schwacher Herzschlag, Atemnot – die häufig zur Bewusstlosigkeit führt. Dann besteht akute Lebensgefahr, besonders für Kinder.

Bei starkem Nesselkontakt kann auch sofortige medizinische Versorgung im Krankenhaus und die Verabreichung eines Gegengiftes (Antiserum) den Tod des Opfers nicht mehr verhindern. Diejenigen, die überleben, tragen furchtbare, teils wulstige Narben davon, die aussehen, als wären die Opfer ausgepeitscht oder mit glühenden Eisen malträtiert worden.

Was selbst Meeresbiologen und Toxikologen erstaunt, ist die ungeheure Wirksamkeit dieses Giftes. Der Nesselsaft einer einzigen Seewespe reicht aus, um 250 erwachsene Menschen zu töten. Das ist umso verblüffender bei einem Wesen, das ansonsten an Harmlosigkeit kaum zu übertreffen ist. Schließlich bestehen manche Quallenarten aus bis zu 99% Wasser. Nur 2 Zellschichten, eine äußere und eine innere, halten ihre gallertige Masse zusammen.

Mit diesem einfachen Bauplan halten sie sich seit dem Präkambrium – seit mindestens 670 Millionen Jahren – auf unserem blauen Planeten. Lichtempfindliche Zellen und Gleichgewichtsorgane ermöglichen ihnen die Orientierung im Wasser. Die Killerqualle hat sogar 4 Paar hoch entwickelter Linsenaugen, mit denen sie fokussieren und auf ihre Umwelt reagieren kann.

Zwar schwimmen Quallen – aus Energiespargründen – meist mit dem Strom, sind aber nicht vollkommen passiv. Hindernisse können sie aktiv umschiffen, sofern der Wind oder die Strömung nicht gegen sie stehen. Beruhigend ist, dass sie Menschen grundsätzlich ausweichen, selbst die Seewespe und die Killerqualle. Unterwasserfotografen müssen schnell sein, um eine Qualle von der Seite

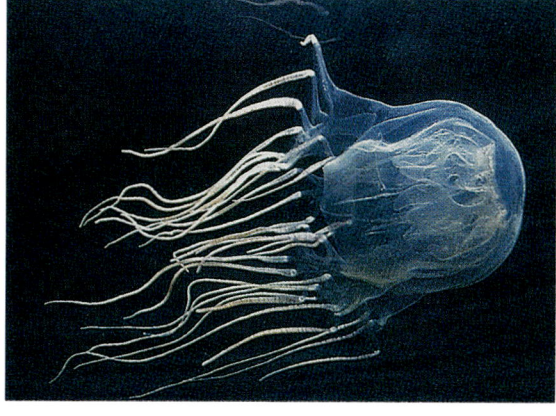

Die allseits gefürchtete Seewespe: eines der giftigsten Tiere unseres Planeten.

117

DIE KREATUREN

aufzunehmen, die kamerascheue Schöne dreht sonst nämlich ab und schwimmt von dannen.

Ein Grund, warum Kinder zu den häufigsten Opfern tödlicher Begegnungen mit Medusen gehören, ist, dass sie zu schnell ins Wasser rennen und zu wild toben, als dass die Wabbeltiere ausweichen könnten. Daher geraten sie häufiger in deren Tentakel als bedächtig ins Wasser watende Erwachsene.

PORTUGIESISCHE GALEEREN

Tentakel sind übrigens auch nach dem Tod der Quallen noch keine entschärften Waffen. Die Nesselkapseln einiger Arten entfalten ihre Wirkung noch Monate später. Zum Beispiel die der ebenso schönen wie gefährlichen Portugiesischen Galeere (*Physalia physalis*), die auf Englisch noch drastischer »Man of War« heißt. Genau genommen eine Polypenkolonie, fällt sie vor allem durch ihren blauvioletten Körper auf, der wie eine Haifischflosse aus dem Wasser herausragt. Kraft des Windes lässt sie sich auf dem Meer treiben, kann aber auch bis zu 40 Grad am Wind segeln. Unter Wasser zieht sie bis zu 50 m lange Fangfäden, gespickt mit hochtoxischen Nesselkapseln, hinter sich her – eine Langleinenfischerin mit Gift statt Ködern. Streift sie Fische oder Garnelen, werden sie sofort gelähmt.

Für Menschen ist die Berührung äußerst schmerzhaft und nicht selten lebensgefährlich. *Physalia* ist nach der Seewespe das zweitgiftigste Meerestier; tödliche Unfälle sind von der

So schön sie auch ist, die Portugiesischen Galeere: Eine Berührung ihrer Tentakel ist äußerst schmerzhaft, manchmal tödlich.

amerikanischen Ostküste und der Karibik bekannt.

Wie Heeger berichtet, hatte ein amerikanischer Quallenforscher für seine Untersuchungen Portugiesische Galeeren aus dem Meer geholt. Dabei arbeitete er wie ein Fischer in Ölzeug und mit Handschuhen. Ein halbes Jahr später war er mit dem Forschungsschiff unterwegs und trug wieder seine Öljacke, aber keine Handschuhe. Die See war rau, und als er mit Wasser nassgespritzt wurde, begann plötzlich seine rechte Hand zu brennen. Er konnte sich die Ursache des Schmerzes nicht erklären, bis er an seinem Ärmel Tentakelreste der Portugiesischen Galeere entdeckte. Obwohl seit einem halben Jahr eingetrocknet, hatte das Wasser ihre Nesselzellen wieder voll funktionsfähig gemacht.

Auch Medusas Blick wirkte nach ihrem eigenen Tod noch tödlich. Laut griechischer Mythologie hat Perseus Medusa mit einem Säbel den Kopf abgeschlagen und in seinen Zauberbeutel gesteckt. Der Wind trug ihn ins Reich des Königs Atlas, den Perseus für eine Nacht um Obdach bat. Doch der König wies ihn ab, weshalb Perseus im Zorn das schreckliche Haupt der Medusa aus seinem Beutel zog und Atlas entgegenhielt. Der König ward sofort zu Stein. Er verwandelte sich in ein Gebirge: Seine Glieder wurden zu Berg und Tal, Bart und Haare zu Wäldern, der Kopf wurde zum krönenden Gipfel – in Wolken gehüllt.

BEREICHERUNG DES SPEISEZETTELS

Während Quallen in Europa eher als Ekeltiere gelten, gehören sie in Südostasien, China und Japan zum Speiseplan. Mehrere tausend Tonnen werden jährlich gegessen, vor allem in Japan mit 6000–7000 Tonnen. »Seit mehr als

MEDUSEN

ÄSTHETIK DER MEDUSEN

Der deutsche Zoologe und Philosoph Ernst Haeckel (1834–1919) hat sich in seiner systematischen Forschung besonders den Niederen Meerestieren wie Schwämmen, Korallen und Quallen gewidmet. In seinem ästhetisch herausragenden Werk »Kunstformen der Natur« zeichnete er märchenhaft schöne Medusen, die trotz allem biologisch präzise wirken.

Sie hatten es ihm auch besonders angetan, wie er 1879 in seinem »System der Medusen« begeistert schreibt: »Als ich ... zum ersten Mal das Meer besuchte und im August 1854 auf Helgoland ... in die unerschöpfliche Wunderwelt des Seethier-Lebens eingeführt wurde, da übten ... keine anderen eine so mächtige Anziehungskraft auf mich aus, als die Medusen. Niemals werde ich das Entzücken vergessen, mit welchem ich damals, als zwanzigjähriger Student, die erste *Tiara* und *Irene*, die erste *Chrysaora* und *Cyanea* beobachtete und ihre prächtigen Formen und Farben mit dem Pinsel wiederzugeben versuchte.« Sein Wohnhaus, die Villa Medusa in Jena, ist heute ein Museum mit Zeichnungen, Briefen und Manuskripten des Forschers.

20 Jahren ein blühendes Millionen-Dollar-Geschäft mit steigender Tendenz«, sagt Thomas Heeger. Roh schmecken sie ungefähr wie salziger Wackelpudding. Die Zugabe von Knoblauch, Frühlingszwiebeln, Ingwer und Sojasauce peppt den Geschmack entsprechend auf. So werden sie mariniert als Salat oder frittiert als Beilage zu Fleisch genossen.

Ein traditionelles Gericht auf Cebu (Zentral-Philippinen) ist Geschnetzeltes von der Wurzelmundqualle, im Wok über dem offenen Feuer gebraten. Fischer und Küstenbewohner auf Mindanao (Süd-Philippinen) goutieren sogar Killerquallen, und das auch noch roh. Natürlich nur die sorgsam von Tentakeln befreiten Schirme, die sie scheibchenweise und noch pulsierend mit Reis essen.

Die Kreaturen

Muscheln
Gefäße für Gesundheit, Sex und Tod

Muscheln am Strand: Zu den Prägebildern der meisten Menschen, die als Kind am Meer Urlaub machen durften, zählen die bunten Schätze, die man plastikeimerweise abschleppen durfte.

»Den Römern war ›musculus‹ eine essbare Muschel von geringem Werte; das daraus abgeleitete Wort wird im Deutschen schon früh dasselbe bedeutet haben und erstmals in Klosterküchen gehört worden sein; erst später hat es den allgemeinen Begriff angenommen.« So viel – mit Hilfe der Germanistenbrüder Grimm – zur Genesis eines Tiernamens, der eine auffällige Besonderheit hat, bezeichnet er doch dreierlei: zum einen die Schale, zum anderen den Inhalt, aber auch beides zusammen.

Muscheln gehören zum überaus artenreichen Tierstamm der Mollusken (Weichtiere). Und Muscheln, die Mollusken-Klasse Bivalvia, sind neben Schnecken und Tintenfischen die bekanntesten Vertreter aus diesem rund 130 000 Arten umfassenden Stamm, der tief in der Frühgeschichte des Lebens seine Wurzeln hat. Mit wem sie damals einmal verbandelt gewesen sein könnten, gehört zu den altbekannten Streitpunkten der einschlägigen Forschung; man nimmt an, dass es gemeinsame Ausgangsformen von Gliederwürmern (Anneliden) und Weichtieren gab. Immerhin: Dass die Frühformen im Meer entstanden, scheint gesichertes Wissen zu sein.

Gepanzerte Filtrierer

Ein typisches Merkmal der Mollusken ist ihre äußere Kalkschale, eine Hervorbringung der Körperaußenhülle, ein Stoff, der die Erde mitgestaltet hat. Was ein Alpenwanderer zum Beispiel im Karwendel unter den Bergstiefeln hat, schützte vor ein paar Dutzend Millionen Jahren archaische Muscheln vor Fressfeinden.

Die Schale ist zum größten Teil aus kohlensaurem Kalk aufgebaut. Bei Muscheln bestehen der Schutzpanzer – anders als z. B. bei den Schnecken – immer aus zwei Hälften oder Klappen, die auf dem Rücken miteinander scharnierartig verbunden sind. Der Name »Bivalvia« heißt Zweischaler.

Man ist leicht geneigt, Muscheln zu den primitiven Lebewesen zu zählen. Einmal abgesehen davon, dass diese Klassifizierung in jedem Fall fragwürdig ist – ein einfach strukturierter Organismus, der sich in einer fordernden Umwelt behauptet, ist eher genial als primitiv –, sind Muscheln äußerst plastisch, was ihre Anpassungsleistungen anbelangt.

Die Arten kalter Zonen betreiben in arktischen und antarktischen Gewässern sogar so etwas wie Brutpflege: Sie bewahren ihre befruchteten Eier zwischen den Lamellen ihrer Kiemen auf, bis die neue Generation mit winzigen Schalendeckeln für den Lebenskampf gerüstet ist; mit anderen Worten: Einige Arten der Kaltwassermuscheln überspringen die für

MUSCHELN

Das fransige »Maul« der Pilgermuschel; die roten, lamellenartigen Kiemen sind Hochleistungsfilter.

die meisten Muscheln obligatorische Planktonphase, die in eisigen Gewässern besonders lebensbedrohlich wäre.

Und auch in anderer Hinsicht können die vermeintlich nur statischen Tiere verblüffen. Die Muschel *Yoldia limatula* zum Beispiel steckt halb eingegraben aufrecht im Boden und bürstet mit weit ausgestülpten Spezial-Mundlappen ihre Umgebung aktiv nach Nahrungspartikeln ab.

Muscheln können mit ihren Kiemen den Wasserstrom nach Nahrung durchkämmen und ihm Sauerstoff entziehen. Letzteres mit 10–15% Ausbeute (bezogen auf den Gesamtsauerstoffgehalt der eingestrudelten Wassermenge) nicht besonders gut; die Atemleistungen anderer Wassertiere, die es auf 50% Sauerstoffentnahme bringen, ist weit überlegen. Ein Grund, weshalb die Muscheln gewaltige Wassermassen durch sich hindurch »schlürfen« müssen.

Sie sind Filtrierer, was die Gourmets unter ihren Freunden lieber nicht so genau wissen wollen: Durch den Leib einer Miesmuschel, die in Wein gebadet auf dem Teller liegt, sind zu Lebzeiten Zigtausende Liter Wasser geflossen. In der Regel mit Schadstoffen angereichertes Wasser, davon jedenfalls muss man bei europäischen Randmeeren ausgehen.

Zur Zeit von Jules Verne vermutete man am Meeresboden allerlei Riesengestalten. Aber es gibt tatsächlich Riesenmuscheln (»giant clams«).

MUSCHELGELD – WIE SAND AM MEER

Im Südpazifik gab es von alters her einen guten Grund, Muscheln zu sammeln: Die Schalen bestimmter Seemuscheln und -schnecken wurden als Zahlungsmittel akzeptiert. Das so genannte »Muschelgeld« funktionierte im Wesentlichen wie Metallgeld, und es hatte – wenn man die gewaltigen Entfernungen bedenkt, die pazifische Seefahrer zurücklegten – eine größere Verbreitung als die Metallscheibchen, die von römischen Legionären von Schottland bis Schwarzafrika, von Bagdad bis an die Algarve getragen wurden. Mit Muschelgeld bezahlte man zum Beispiel Salz, aber auch Farbe, die sich daheim nicht herstellen ließ.

Eine »Prachtmünze«, um bei der Parität von Metall- und Muschelgeld zu bleiben, war die Kaurimuschel, die keine Muschel ist. Sie stammt von einer besonders schönen Meeresschnecke. Der schwedische Forscher Carl von Linné nannte sie beziehungsreich *Cypraea moneta*.

Auf Schnüre gezogen, konnte man sein (Primitiv-)Geld als Schmuck um den Hals gehängt tragen. Eine Zurschaustellung, die (keineswegs primitive) Damen der Gesellschaft auch heute und hierzulande noch pflegen.

Die Kreaturen

Die Venus aus der Muschel

Trotzdem: Muscheln haben das Image von Frische, Vitalität und Gesundheit. Dass Botticellis berühmte Venus aus einer Muschel geboren wird, soll zum einen Kraft, Jugend und Gesundheit symbolisieren, aber auch erotische Ausstrahlung. Sexappeal. Schon in pompejanischen Fresken steht die Göttin der körperlichen Liebe auf einer Muschelschale. Das Bild der Muschelfrau als Wasserwesen verknüpft dreierlei: die Sexualsymbolik (im Italienischen bedeutet »concha« noch heute Vulva *und* Muschel) mit Zeugung (Schaum für Sperma) und Fruchtbarkeit (lieblich verbildlicht durch Brüste).

Doch auch hier wird das Christentum seinem zweifelhaften Ruf als Religion der Lustfeindlichkeit gerecht: In christlicher Ikonografie wurde aus der Lust-Muschel ein Grabessymbol; der Tote ruht eingeschlossen zwischen zwei Deckeln: Grabplatte und Grabboden = Muschelober- und -unterseite.

Und wie so oft ist auch hier die bildhafte Zuordnung nicht eindeutig und unverrückbar: In anderen Zusammenhängen kann die Muschel auch die unbefleckte Empfängnis der Jungfrau Maria symbolisieren: Man ging nämlich davon aus, dass sich Muscheln wundersam vermehren – marienhaft-ungeschlechtlich und durch Himmelstau berührt. Und die Pilger- oder Jakobsmuschel (*Pec-*

Botticellis »Geburt der Venus« (um 1482) – die wohl berühmteste allegorische Verdichtung von Schönheit, Fruchtbarkeit und Meer – hat viele Künstlergenerationen fasziniert und inspiriert.

ten jacobaeus) wurde sogar zum Wappentier der Wallfahrer auf dem Jakobus-Pilgerpfad ins spanische Santiago de Compostela. In der Tat eine sehr feine Symbolik: *Pecten jacobaeus* kann »wandern«, genauer: Die Kammmuschel kann sich durch Auf- und Zuklappen der Schalen aktiv schwimmend fortbewegen; sie ist aber natürlich zugleich das in sich gekehrte Wesen. Der fromme Pilger soll sich ein Beispiel nehmen, soll meditierend und muschelgleich in sich versunken auf das Ziel fortschreiten.

Von frühen Muschel-Schlemmern und Feinschmeckern

Was macht die Faszination Spülsaum aus? Warum fühlen sich Menschen – selbst die, die sich nicht unbedingt zu den Wasserratten und Genussbadern zählen – von Küste, Ufer und Strand angezogen? Warum jauchzt spontan fast jedes Kleinkind, dem man das erste Mal Plantschfreunden beschert, sei es nun am Steinhuder oder am Roten Meer, am Ammer- oder an der Nordsee? Warum verbrachten die hauptberuflich Sensiblen, die Dichter, Tondichter und Maler, so viel Zeit, den Blick ins Wellengewoge gerichtet?

Um ehrlich zu sein, die Frage lädt zu Spekulationen ein, an deren Ende dann leicht wiederum mehr Fantasie-Hervorbringung als Analyse steht.

Immerhin: Die Ahnung einer Antwort, die vielleicht sogar vertieftem Nachdenken standhält, hatte ich an Jemens Südküste, dort, wo der Indische Ozean den Rand der Arabischen Halbinsel benetzt.

Der deutsche Archäologe Professor Burkhard Vogt deutete auf einen freigegrabenen Hügel im Dünengürtel, unweit des Spülsaumes: eine fast 10 m starke Schicht von Muschelschalen, nachweislich 6000–7000 Jahre alt. »Das hier ist ein Abfallhaufen, einer von vielen. Die Menschen haben sich hier vornehmlich als Sammler betätigt, das Meer hat ihnen das nötige Eiweiß in Form von angespülten Muscheln geliefert, sie mussten nur zupacken. Die Schalen haben sie auf einen Haufen geworfen.«

An diese Zeugenhügel aus den Kindertagen der Menschheit knüpft (nicht nur) Vogt die Theorie, dass die Sesshaftwerdung der Frühmenschen in diesen Breiten ihren Anfang entlang der Küsten genommen hat. Tatsächlich könnte es – unter ungleich günstigeren naturräumlichen Bedingungen – »eine experimentierfreudige Zeit der Völlerei gewesen sein«, so Burkhard Vogt; denn die Spuren sind beredt: Prähistorische Schlemmer machten hier reiche Beute. Die Abertausenden von riesigen Jakobsmuscheln – auch heute noch Inbegriff der exquisiten Meeresfrucht – »waren mit Sicherheit damals mehr als Sättigungsbeilage oder Appetithäppchen«. Ergänzt wurde der prähistorische Speiseplan durch Fisch und das nicht minder schmackhafte Fleisch von Schildkröten, Seesirenen (Dugongs) und im Hinterland gejagten Gazellen. Und wenn dann auch noch ein Fluss oder Flüsschen die direkte Verbindung ins Hinterland vorzeichnete (das Sammeln von Wildgetreide führte in historisch kurzer Frist zum systematischen Anbau), war das Paradies an der Küste perfekt. Warum also hier weggehen, wenn es sich so gut leben ließ?

Für unsere Vorfahren war – fast weltweit – der Spülsaum ein guter Anblick, hier hatte man die ganz reale Chance, den Hunger zu stillen, ohne sich größeren Gefahren auszusetzen. Spülsaum war gut, war »positiv besetzt« – würde man in der Sprache der Sozio-Psychologen sagen.

Und dieses Grundgefühl (»Strand ist gut«) sublimierte sich in langen Entwicklungszeiten zu einem ästhetischen Empfinden: zum Faszinosum Strand. Im Wellenschlag spüren wir noch dieser Tage den angenehmen Puls des guten Sicherheitsgefühls... von damals. Darum ist für uns heute schön, anregend, faszinierend, was einmal lebenserhaltend war. Ein paar tausend Jahre zu weit hergeholt, diese Erklärung? Na gut. Dann lauschen wir eben wieder den Dichtern!

Vielleicht eine der ältesten Delikatessen der Menschheitsgeschichte – und immer noch frisch.

Die Kreaturen

Riesentinten-fische

Die größten Heimlichtuer

Aller wissenschaftlichen Aufklärung zum Trotz bleiben sie geheimnisumwittert. Nicht mal die Größe der Tiere steht eindeutig fest, zumal sie dehnbar sind wie – Seemannsgarn.

Was wurde nicht alles über sie erzählt: Monsterkraken, die Schiffe samt Mann und Maus in die Tiefe reißen. Ausgeburten der Hölle, die Taucher umschlingen und in ihre untermeerischen Höhlen entführen. Obwohl gigantische Tintenfische die Fantasie des Menschen schon seit Jahrhunderten beflügelten, konnten selbst Wissenschaftler lange Zeit wenig Fakten über die Rätselwesen der Meere liefern. Heute weiß man zwar, dass der Riesenkalmar *Architeuthis* wirklich existiert und kein Hirngespinst ist. Aber in seinem natürlichen Lebensraum beobachtet hat ihn noch niemand.

Der römische Schriftsteller Plinius der Ältere (23–79 n. Chr.) berichtet von einem »Polypen« mit fassgroßem Kopf und 10 m langen Armen, die wie »verknotete Keulen« aussahen. 1555 schrieb der schwedische Geistliche Olaus Magnus über einen »monströsen Fisch« von »schrecklicher Gestalt und riesigen Augen … So ein Seemonster kann zweifellos viele große Schiffe in die Tiefe ziehen, auch wenn viele starke Matrosen an Bord sind.«

Der Krake – das Wort kommt aus dem Norwegischen und bedeutet Baumstamm mit Wurzeln – bevölkert die Mythologie Norwegens als »inselgroßes« Biest. Auch der Bischof von Bergen, Erik Ludvigsen Pontoppidan, beschrieb den Kraken in seiner 1755 erschienenen »Naturgeschichte Norwegens« als »treibende Insel« von eineinhalb Meilen Umfang.

Einzug in die Weltliteratur

Als einige der Seemonster an die Strände Norwegens gespült wurden, glaubten die Landbewohner, das müssten Wassermänner sein. Fischer und Matrosen wussten da schon mehr, auch wenn sie ihre Beobachtungen mit Fantasie zu einem dicken Seemannsgarn verspannen. Walfänger berichteten, dass harpunierte Pottwale im Todeskampf etwas ausspuckten, das an die Arme von Tintenfischen erinnerte. Nur eben viel größer. Beim Zerlegen der Wale fanden die Fischer obendrein handtellergroße Hornteile, die wie Papageienschnäbel aussahen. Das alles war ungeheuerlich – im wahrsten Sinne des Wortes – und machte in den Spelunken der Hafenstädte die Runde.

Der amerikanische Schriftsteller Herman Melville, der als Matrose auch auf Walfängern unterwegs war, beschreibt in seinem 1851 erschienenen Roman »Moby Dick«, wie das Fangschiff »Pequot« einem solchen Monster begegnet: »... eine ungeheure, schlüpfrige Masse, wohl an die 200 m lang und breit, von sahnig weißem Glanz ... Unzählige lange Arme strahlten von ihrer Mitte aus und schlangen und wanden sich wie ein Knäuel Anakondas, als wollten sie blindlings jedes unselige Geschöpf ergreifen, das sich in ihre Reichweite verirrte.«

6 Jahre nach der Veröffentlichung von Moby Dick taucht der Meeresriese erstmals in den Annalen der Wissenschaft auf. Er wurde an der Küste Jütlands angespült, und der dänische Naturforscher Japetus Steentrup kam in den Besitz von Schnabel, Schulp und ein paar Saugnäpfen. Er verglich sie mit den entsprechenden Körperteilen kleinerer Verwandter und schloss daraus, dass es sich um einen Riesenkalmar handeln müsse. Er nannte ihn »Architeuthis«, was so viel wie Ur-Kalmar bedeutet. So heißt die Gattung bis heute.

Ein Ereignis vom November 1861 inspirierte den Schriftsteller Jules Verne und ging so in einen Klassiker der Literatur ein. Vor der Kanareninsel Teneriffa entdeckte die Crew des französischen Segelkriegsschiffes »Alecton« etwas Seltsames auf dem Meer treiben. Es sah aus wie ein 6–7 m langes, vielarmiges Monster mit Schwanz. Sie beschossen es mit Kanonenkugeln und Harpunen und versuchten schließlich, ihre Beute an Bord zu ziehen. Aber das Seil durchschnitt den Körper; Kopf und Arme sanken ins Meer, sodass nur das Hinterteil geborgen werden konnte. Die Männer übergaben es auf Tene-

»20 000 Meilen unter den Meeren« kämpft die Crew von Kapitän Nemo heldenhaft gegen Monstertentakel mit Saugnäpfen.

riffa ihrem Konsul, der es – mit einem Bericht – an die französische Akademie der Wissenschaften weiterleitete. Dort wurde der Fang ungläubig bestaunt und als Teil eines Wesens eingestuft, das gar nicht existieren könnte, weil es gegen die Naturgesetze verstieße. Heute wissen wir, dass es sich um einen Riesenkalmar handelte.

Neun Jahre später erscheint der weltberühmt gewordene Roman »20 000 Meilen unter den Meeren.« Darin schildert Jules Verne, wie die »Nautilus«, das U-Boot von Kapitän Nemo, plötzlich von einem »schrecklichen Monster« angegriffen wird, das alle Legenden über solche Kreaturen noch übertraf. Es umschlingt einen braven Matrosen und reißt ihn – trotz des heroischen Kampfes der Besatzung – mit sich in die Tiefe.

1873 kam es zu einer denkwürdigen Begegnung zwischen einem Riesenkalmar und Fischern vor der Küste Neufundlands. In ihrem Boot waren sie hinausgerudert, um die Reste eines Wracks zu bergen. Als die Fischer einen Teil per Enterhaken an sich heranziehen wollten, erstarrten sie vor Schreck. Plötzlich schlug »es« seine Kiefer in den Bootsrumpf und

Die Kreaturen

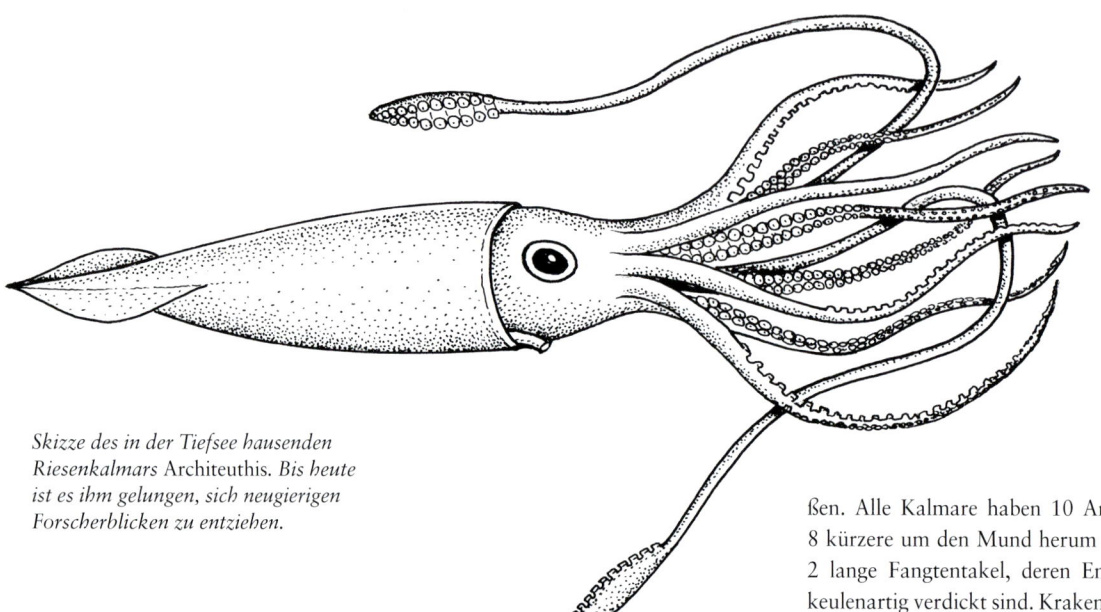

Skizze des in der Tiefsee hausenden Riesenkalmars Architeuthis. *Bis heute ist es ihm gelungen, sich neugierigen Forscherblicken zu entziehen.*

saugte sich mit riesigen Tentakeln daran fest. Tom, der zwölfjährige Sohn eines der Fischer, berappelte sich als Erster, griff nach der Axt und hackte dem Monster einen Fangarm ab. Tinte ausstoßend floh es in die Tiefe. Die Fischer überreichten ihre mehr als 6 m lange Trophäe noch am selben Tag dem Reverend und Laienforscher Moses Harvey, der das Armstück später an den Zoologen Addison Emery Verrill, Professor an der Yale-Universität, schickte. Es wurde ein weiteres wichtiges Beweisstück für die Existenz des vermeintlichen Fabelwesens.

Die ist inzwischen zwar unumstritten, aber die Mythen ranken sich bis in unsere Zeit. Schon Jules Verne hatte die Fakten übertrieben, aber Peter Benchley, der »Weiße Hai«-Autor, setzte 130 Jahre später noch eins drauf. In »Beast. Schrecken der Tiefe« fantasiert er von einem rachsüchtigen, 33 m langen Kalmar.

Wissenschaftliche Erkundungen

Den amerikanischen Meeresforscher Clyde Roper macht so etwas wütend. Er möchte diesen haarsträubenden Geschichten ein für alle Mal ein Ende setzen. »Wir wissen wahrscheinlich mehr über Dinosaurier als über Riesenkalmare«, erklärt der weltweit führende Teuthologe. »Und das wurmt mich.«

Zumal sie die größten Wirbellosen sind, die unseren Planeten jemals besiedelt haben. Und die größten Augen des Tierreichs haben. Mit einem Durchmesser von 25 cm sind sie etwa so groß wie ein Volleyball. Wie alle Tintenfische gehören Riesenkalmare zu den »Kopffüßern«, die so heißen, weil ihnen die »Füße« oder auch Arme wirklich aus dem Kopf sprießen. Alle Kalmare haben 10 Arme: 8 kürzere um den Mund herum und 2 lange Fangtentakel, deren Enden keulenartig verdickt sind. Kraken dagegen, auch Octopoden genannt, besitzen nur 8 Arme.

Während die meterlangen Tentakeln der Kalmare allein schon ausreichen würden, um beim Menschen Horrorvisionen hervorzurufen, sind sie obendrein mit Saugnäpfen bestückt: die beiden Fangtentakel mit je 4 Reihen, die 8 übrigen Arme mit je 2 Reihen. Und jeder Saugnapf hat einen Rand aus rasiermesserscharfen Zähnchen, die in der Haut von Pottwalen wüste Narben hinterlassen, oft um das Maul herum. Pottwale sind die einzigen Feinde der Riesenkalmare. Da sie ebenfalls zu den Giganten der Tiefsee gehören – die Weibchen werden bis zu 11 m lang, die Männchen maximal 20 m –, braucht man nicht viel Fantasie, um sich Kämpfe von titanischem Ausmaß zwischen ihnen vorzustellen.

Wissenschaftlern ist es bislang zwar noch nicht gelungen, *Architeuthis* beim Jagen oder Fressen zuzusehen. Aber aus dem Mageninhalt der tot angeschwemmten Tiere schließen sie, dass der Riesenkalmar sich von Fischen und anderen Tintenfischen, also kleineren Verwandten, ernährt. Wahrscheinlich lauert er ihnen auf und lässt dann blitzschnell die beiden langen Fangarme vorschießen, die am Ende keulenartig verdickt sind. Am Mund hält er sein Beutetier zwischen den 8 kürzeren Armen gefangen und beißt es mit dem Papageienschabel-Kiefer in Stücke. Die werden von der bezähnten Zunge weiter zerkleinert. Der Schnabel ist so stark, dass er vermutlich auch ein Stahlseil kappen könnte.

3 Arten von Riesenkalmaren unterscheiden Zoologen derzeit: *Architeuthis dux,* den Atlantischen Riesenkalmar, der in den Kaltwasser-Auftriebsgebieten vor Norwegen, Kanada und Neufundland relativ oft angespült wird. Der Südliche Riesenkalmar (*Architeuthis sanctipauli*) lebt in antarktischen Gewässern – in 400–800 m Tiefe. Wie Mark Norman in seinem »Tintenfischführer« schreibt, landeten in den letzten Jahren mehr als 40 dieser Tiere in den Netzen der Tiefseetrawler: vor Neuseeland, Australien, Tasmanien und Südafrika. Außerdem gibt es noch mindestens 1 Riesenkalmar-Art im Nordpazifik (*A. martensi*).

Der größte Kalmar, der jemals vermessen wurde, strandete bereits 1880 vor der Küste Neuseelands: 20 m lang von der Mantelspitze bis zum Ende der Fangtentakel, fast 1 Tonne schwer. Clyde Roper glaubt, *Architeuthis* könnte sogar 25 m lang werden, das wären »unglaublich massige Tiere also«. Um sich mit so einer Masse schwerelos durch den Ozean bewegen zu können, brauchen sie ein Auftriebsmittel. Dazu dient das im Gewebe gelöste Ammoniumchlorid, das bei toten Kalmaren den typisch stechenden Geruch verursacht.

Seine Expeditionen zu dem sagenumwobenen Riesentintenfisch startete Roper 1997 und 1999 vor Neuseeland. Im 1750 m tiefen Kaikoura-Graben, östlich der Südinsel, tauchte er in einem Spezial-U-Boot, dessen dicke Acrylglaskugel maximalen Rundumblick gewährte und mit modernster Kameratechnik ausgestattet war. Fischer hatten dort oder in der Nähe des Canyons immer wieder Riesenkalmare aus dem Wasser gezogen – tot oder sterbend –, aus einer Tiefe von 300–600 m. Und obwohl ihnen 1999 von Januar bis Ende März 6 Riesenkalmare in die Netze gingen, hatte der Forscher Pech. Clyde Roper suchte das Gebiet im selben Zeitraum für 2 Monate ab, aber erhaschte nicht einen Blick auf die Giganten, deren torpedoförmige Körper per Rückstoß durch den Ozean düsen. Er tröstete sich mit der Überlegenheit seiner Forschungsobjekte: »Nur die langsamen, schwachen und dummen gehen den Fischern ins Netz. Kalmare können nämlich ausgezeichnet sehen und wissen genau, was um sie herum geschieht. Sie haben das höchstentwickelte Gehirn aller Wirbellosen.«

Auch die Versuche, Pottwale vor den Azoren mit Unterwasserkameras auszustatten und als »Spürhunde« einzusetzen, schlugen fehl. Zwar

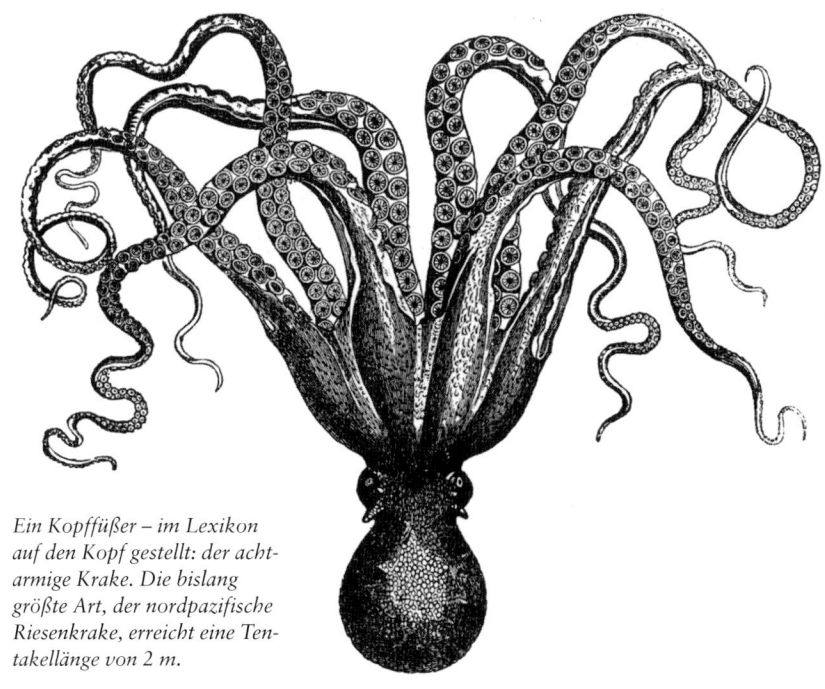

Ein Kopffüßer – im Lexikon auf den Kopf gestellt: der achtarmige Krake. Die bislang größte Art, der nordpazifische Riesenkrake, erreicht eine Tentakellänge von 2 m.

förderten sie bedeutende Filmaufnahmen vom Sozialverhalten der Wale in mehreren hundert Metern Tiefe zutage. Aber selbst ihnen, den unerschrockenen Kalmarjägern, schwamm – solange die Kamera lief – kein Riesentintenfisch vor die Linse. Und so bleiben sie uns bis heute ein Rätsel.

Das Monster von St. Augustine

Kraken sind jene rundlichen Gesellen, die auf dem Meeresgrund mit Hilfe ihrer 8 Arme umherspazieren – halb schwebend und grazil wie Balletttänzer. Im Gegensatz zu den zehnarmigen Kalmaren, die im Freiwasser leben, zeigen Kraken also »Bodenhaftung«. Auch um sie ranken sich bis heute Legenden von einer Riesenvariante. Aktuellstes Beispiel ist eine 12 m lange, rosagraue Fleischmasse, die im Sommer 2003 in Chile an Land gespült wurde. Sofort rätselten einige Experten, ob es sich dabei wohl um die sterblichen Überreste von »Octopus giganteus« handelte.

So lautet kurioserweise der »wissenschaftliche« Name für ein Tier, dessen Existenz gar nicht bewiesen ist. Und das kam so: Im November 1896 radelten zwei Knaben südlich von St. Augustine in Florida/USA am Strand entlang, als sie dort einen großen, klumpenförmigen Kadaver entdeckten. Sie informierten den Arzt und Amateurforscher DeWitt Webb. Der untersuchte die schon stark verwesten Überreste und diagnostizierte, es müsste sich um einen großen Kraken handeln. Ohne Arme war die Kreatur etwa 6 m lang und ungefähr halb so breit. Teile von Tentakeln, die aber nicht mehr am Körper hingen, erstreckten sich über 12 m.

Webb, auch Vorsitzender der Historischen Gesellschaft von St. Augustine, war sich der Bedeutung dieses Fundes wohl bewusst. Er rief Fotografen herbei, die das »Monster« ablichteten und sandte die Bilder samt Beschreibung an den Tintenfisch-Experten Addison Emery Verrill von der Yale-Universität. Obwohl dieser sich schon seit Jahren mit angeschwemmten Riesenkalmaren beschäftigte, hielt er es nicht für nötig, an den Fundort zu reisen, um den bizarren Brocken persönlich in Augenschein zu nehmen. Aus weiteren Daten und Fotos schloss er, das wäre tatsächlich ein kolossaler Krake, und nannte ihn *Octopus giganteus*. Als Webb ihm später Gewebeproben zuschickte, änderte Verrill seine Meinung. Nun hielt er den Klops für die Überreste eines Wals.

Spätere biochemische Untersuchungen im 20. Jahrhundert führten zu gegensätzlichen Ergebnissen: In den 1970er-Jahren sprachen sie für den Riesenkraken, 1995 für einen Wal. Obwohl man meinen könnte, mit der letzten – elektronenmikroskopischen – Analyse wäre das »Monster von St. Augustine« nun eindeutig als Wal identifiziert, zweifeln Kryptozoologen daran bis heute. Sie glauben weiterhin an den Riesenkraken.

Die Existenz eines solchen Wesens auszuschließen fällt offenbar auch skeptischen Wissenschaftlern schwer. Zwar sei es unwahrscheinlich, dass ein Tier von dieser Größe so lange unentdeckt bleibt, sagte etwa der Meeresbiologe Steven Webster vom Monterey Bay Aquarium gegenüber dem National Geographic Magazine. »Aber ich bin auch immer offen für Überraschungen. Ein unbekannter Tintenfisch von der Größe eines Pottwals wäre eine feine Sache.«

Amateurforscher DeWitt Webb 1896 neben einem in Florida angeschwemmten Kadaver, über dessen Identität bis heute spekuliert wird.

Tiefseebewohner
Die Unwahrscheinlichen

Tiefseefisch der Gattung *Chauliodus*

Warum haben Fische im ewigen Dunkel Augen? Wo beginnt ihre Nahrungskette, wenn es etliche hundert Meter unter Normalnull doch keine pflanzlichen Grundlagen für das Leben gibt?

Beim Nachdenken über die Tiefsee – über den unvorstellbar großen Wasserkörper unterhalb von 200 bis hinab auf 11 022 m Tiefe (Marianengraben) – drängt sich einem eine Einsicht auf: »Unwahrscheinlich« und »geht nicht« gibt es offenbar nicht; zumindest nicht für die Evolution, für die Langzeit-Schöpferin der Arten.

Der Lebensraum, der 90 % des Meeres-Gesamtvolumens ausmacht, wird unwirtlicher, je tiefer man hinabtaucht. In 1 km Tiefe drücken schon jeweils 100 Kilopond auf einen Quadratzentimeter Körperoberfläche; die Temperaturen liegen nur knapp über der Null-Grad-Grenze, und es ist stockfinster.

DAS LICHT IN DER TIEFE

Außergewöhnliche Umstände erzwingen außergewöhnliche Lösungen. Das Sichtproblem – wie findet man im Dunkeln Beute oder einen Geschlechtspartner? – beantwortete die Natur mit der Erfindung der so genannten Biolumineszenz: Das ist die Fähigkeit von Tiefseebewohnern, auf chemischem Wege kaltes Licht herzustellen, sei es durch körpereigene Bakterien oder »Leiharbeiter«, Leuchtbakterien, die im Gewebe ihres »Gastgebers« siedeln. Der Wirkungsgrad ist verblüffend hoch: Mit einer Effizienz von 80–90 % wird der Leuchtstoff Luciferin mittels Enzym-Sauerstoff-Reaktion in Strahlung umgewandelt.

Die Unterwasser-Lichtsignale sind die lang gesuchte Erklärung eines alten Rätsels: Wozu brauchen Tiefseekreaturen in absoluter Dunkelheit Augen? Um Signale auf Distanz erkennen und differenzieren zu können. Für diese Orientierungsleistung benötigen Tiefseefische sensible Rezeptoren.

Joachim Wagner von der Universität Tübingen fand in den Netzhäuten von 40 Tiefsee-Fischarten in bis zu 5 km Tiefe mehrere Schichten von Lichtrezeptoren. Zäpfchen, mit deren Hilfe Menschen und landlebende Wirbeltiere Farben differenzieren können, gab es nicht. Auch das ist plausibel. Fast alles Biolumineszenz-Licht ist blau; dafür gibt es zwei Gründe: Blaugrünes Licht (Wellenlänge um die 470 Nanometer) durchdringt Wasser am leichtesten, ganz im Gegensatz zu Rot (705 Nanometer).

Die Kreaturen

Jeder Unterwasserfotograf kennt das Problem der Blaugrün-Stichigkeit seiner Dias, wenn er ohne Kunstlicht arbeiten muss.

Der zweite, gewichtigere Grund: Die übergroße Mehrheit der Organismen, die sich mit Hilfe von Licht orientieren, können kein längerwelliges Licht (Rot und Gelb) absorbieren und haben auch kein Sensorium für Kurzwellenlicht (Indigo, Ultraviolett). Blaulicht als Kommunikationsbasis ist demnach »offensichtlich« die klügste Wahl, weil sie die geringsten Anforderungen an die natürliche Unterwasseroptik der Tiefseebewohner stellt.

Es gibt aber mindestens eine bemerkenswerte Ausnahme von der Blaulicht-Regel. Mitglieder der Familie Weichstrahlenfische (Tiefseejäger, die durch ihre extremen Kiefer-Klappmechanismen berühmt wurden) arbeiten mit Rotlicht, das sie scheinwerferartig aussenden und konsequenterweise auch sehen können. Und obwohl dieses Suchlicht nicht besonders weit reicht, erlaubt es, Beute zu erkennen, ohne selbst gesehen zu werden; denn die Beute ist ja in aller Regel nur »Blaulicht-sichtig«.

Dass Weichstrahlenfische außerdem mit Hilfe eines Sonderorgans auch Blaulicht aussenden, deuten Wissenschaftler als eine Art Warnblinkanlage: Wegbleiben, ihr Feinde, hier schwimmt ein zähnegespicktes Riesenmaul!

Drachen- und Anglerfische wedeln mit erleuchteten Fortsätzen vor ihren eindrucksvollen Großmäulern herum und locken auf diese Weise Beute an – Tiere, die ihrerseits leuchtende Kleintiere suchen und sich täuschen lassen. Die nach hinten gekrümmten Zähne der großen Lauerjäger halten sogar Beute fest, die die eigene Körpergröße überragt.

Manche Arten wie der Pelikanaal haben, so Hansjörg Heinrich, »die Anpassung ins Extrem gesteigert: Sie sind praktisch nur noch Maul mit angeschlossenem Sackmagen.« Die proportional zum Körper riesigen, zum Teil nach Schlangenart ausklappbaren Mäuler helfen, alles nur Er-

Dieser Tiefsee-Anglerfisch der Gattung Himantolophus *schwenkt bei Bedarf einen leuchtenden Köder, um Beute anzulocken. Für diese Technik war die »Erfindung« des kalten Lichtes Voraussetzung.*

Wanderer zwischen den Welten

Spannend sind in der Natur meist die Grenzräume: Überschneidungsgebiete, in denen das eine nicht mehr und das andere noch nicht ganz möglich ist. In der oberen Schicht der Tiefsee (200–1000 m unter NN), der so genannten Restlichtzone, ist Fotosynthese nicht mehr ausreichend möglich, es fehlen also die pflanzlichen Basis-Bauelemente für die Nahrungsketten. Wer sich als Tiefseebewohner hier aufhält – etwa weil der Jagddruck angenehm gering ist und man folglich nicht so viel in Fluchtfähigkeit investieren muss wie in der 200 m mächtigen, umkämpften oberen Lichtzone –, der hat ein Problem: Wovon satt werden?

Mit Hilfe neuzeitlicher Technik hat man herausgefunden, dass es Wanderer zwischen den Welten gibt: Vertikalwanderer. »Das ganze Ausmaß dieser Vertikalwanderung wurde erst nach dem Zweiten Weltkrieg bekannt, als man zunehmend Sonarsysteme einsetzte«, schreiben Byatt, Fothergill und Holmes.

Eigentlich wollte man den Meeresboden vermessen, erhielt aber irritierende, schwankende Echos. Als man versuchte, der »Störung« auf den Grund zu gehen, erkannte man Regelmäßigkeiten. Nachts kam ein Streu-Echo aus geringerer Tiefe, in Vollmondnächten gab es sogar kurzzeitige Schwankungen, die offenbar damit zu tun hatten, ob oder wie sehr der Erdtrabant gerade in Wolken gehüllt war. Es gab anscheinend Lichtabhängigkeiten – und da sich der Meeresboden nicht durch die Mondschein-Intensität hebt und senkt, musste es andere Erklärungen geben.

Die Wissenschaftler entschlossen sich zum aufwändigen »Zielfischen« mit leistungsfähigen Netzen. Die Phänomene, die das Sonargerät als Ablenkung oder Streuung registriert hatte, entpuppten sich als Riesenschwärme von Vertikalwanderern: Krill, Quallen, Kalmare, Copepoden und nicht zuletzt Fische. Allesamt Bewohner größerer Tiefen, die im Schutze der Dunkelheit nach oben zur Nahrungsaufnahme strebten, in Regionen, die bei Tageslicht von scharfsichtigen Räubern durchstöbert werden. Großes Plankton legt durchschnittlich 100–300 m pro Nacht zurück. »Ein echter Champion der Vertikalwanderer ist der Laternenfisch, der jede Nacht eine dreistündige Reise aus 1700 m Tiefe bis auf 100 m an die Oberfläche unternimmt«, heißt es bei Byatt, Fothergill und Holmes.

In der Morgendämmerung kehrt sich die Wanderbewegung um. Ehe noch die »Sichtjäger« aktiv werden, hat sich der lebende Teppich wieder in sichere Tiefen gesenkt.

Wissenschaftler gehen davon aus, dass per Vertikalwanderung ein wesentlicher Energie-Eintrag in die Tiefe stattfindet, denn dort warten stationäre Jäger, die auf den »Nahrungsregen« angewiesen sind.

---

reichbare, auch Beute bis zur eigenen Körpergröße, zu verschlucken; der »Restfisch« dehnt sich nach den seltenen Mahlzeiten grotesk aus.

Dem Druck widerstehen

Rätselhaft wie die optische Orientierung in der ewigen Tiefsee-Nacht war lange auch die Fähigkeit der Tiefsee-Lebewesen, den gewaltigen Wasserdruck auszuhalten, der auf ihren Körpern lastet. Während Menschen, wenn sie Tiefen von 150 m unterschreiten wollen (das tun in der Regel nur Hochleistungstaucher, die ein Spezial-Gasgemisch atmen), sich in aufwändig konstruierte Stahlbehältnisse zwängen müssen, widerstehen die skurrilen, teils labil und gebrechlich wirkenden Körper dem Druck der auflastenden Wassersäulen nackt und schutzlos.

Das Prinzip, das auch hier das »Unmögliche« ermöglicht, klingt genial einfach. Tiefseefische erhöhen den Wasseranteil in ihren Zellen, sie werden mit zunehmender Tiefe »qualliger«. Im Extremfall gleicht der Wasserdruck im Körper dem Umgebungsdruck. Eine Schwimmblase – die nützliche Erfindung, mit der sich »Normalfische« im Wasser so gut wie schwerelos machen können – verbietet sich in Tiefen, in der jede Luftblase sofort zerquetscht würde.

Die Kreaturen

Jules Verne (die Illustration stammt aus seinem Klassiker »Zwanzigtausend Meilen unter den Meeren«) fantasierte erstaunlich realistisch: Es gibt in der Tat Tiefseequallen, die magisch leuchten.

Die Tiefenexperten behelfen sich mit Fetteinlagerungen (Fett schwimmt oben, bewirkt Auftrieb!) und einem extrem leichten Skelett.

Die meisten Lebewesen sind – eine Folge der Spezialanpassung – auf bestimmte Wassertiefen festgelegt und können *nur* hier leben (zu den gewichtigen Ausnahmen siehe Kasten: Wanderer zwischen den Welten). Einigen Meeressäugern ist es allerdings gelungen, die klar definierten Grenzen zwischen oben und unten zu durchbrechen. See-Elefanten tauchen über 1 km tief, Pottwale sollen bei ihrer Jagd auf Riesentintenfische 3 km tief hinabstoßen und es dort über 100 Minuten lang aushalten können.

Lange bevor das Licht der Erkenntnis in die Meerestiefen funzelte – viel Einblick gibt es in diesen mit Abstand größten Lebensraum des Planeten noch immer nicht –, ließ sich der Mensch von diesen Sphären faszinieren. Seltene Funde von toten Riesentintenfischen, meist Teilen von Armen, die auf die Gesamtgröße schließen ließen, heizten die Fantasie an: Da unten mußte die eigentliche Heimat der Monster liegen, der Ungeheuer (vgl. voriges Kapitel). Die Schöpfer von Special-Effect-Filmen haben sich hier erkennbar bedient!

Aber natürlich sind auch die gruseligen Gestalten der Tiere des Abyssals, der Tiefsee, keine Laune der Natur, sondern angepaßt an ihren Lebensraum. Ein Beispiel für viele: Eine der unglaublichsten Tiefsee-Erscheinunen ist der »Behaarte Angler«, ein Lauerjäger, dessen Leib von Antennen überzogen ist, die ihm helfen, Beute zu orten.

Über die Geschöpfe der Tiefsee-Dunkelzone (sie beginnt 1 km unter der Oberfläche) weiß man, wie schon gesagt, noch immer erstaunlich wenig. Immerhin, eine grobe Schätzzahl traut sich die einschlägige Wissenschaft zu: Von den insgesamt rund 12 000 Meeresfischarten leben nur 2000 in der Tiefsee – die Möglichkeiten der Natur, die Mangelfaktoren Licht und Nahrung auszugleichen, sind eben doch endlich.

Jules Vernes »Nautilus«

Die berühmteste »Tiefenspekulation« ist vermutlich die des Vaters der Science Fiction-Literatur, Jules Verne: »Nautilus – 20 000 Meilen unter den Meeren«. Der Roman traf den Nerv zeitgenössischer Leser nicht zuletzt deshalb so präzise, weil im späten 19. Jahrhundert der Glaube an technische Machbarkeit – aber auch aufkommender Grusel davor! – erste Aufschwünge erlebte. Vernes Käpten Nemo wurde zum Archetypus des halb wahnsinnigen Forschers und Abenteurers, der Tod und Teufel verlacht, wenn es darum geht, Geheimnisse zu lüften und in angeblich unerreichbare Welten vorzudringen.

Vorbild und Namensgeber von Jules Vernes literarischem Kraft- und Saftstück ist ein rot-weiß-schaliger urtümlicher Kopfüßer – also ein Weichtier – mit einer langen Lebensgeschichte. Nautilus ist der letzte von unschätzbar vielen Gleichartigen, die vor 200 Millionen Jahren ein paar Ewigkeiten lang absolute Erfolgsmodelle der Evolution waren.

Der Meer-Bär
Ursus maritimus

**Wie sein wissenschaftlicher Name schon vermuten lässt:
Der Eisbär lebt nicht nur *auf* dem Ozean, sondern auch *im* Ozean.**

Unter den Jägern am Polarkreis heißt es: »Einen Eisbären auf der Pirsch bemerkt man nicht eher, als bis er einen am Genick packt.« Das Anschleichen perfektionieren die weißen Raubtiere nämlich bis zur Meisterschaft. Und so entbehrt es auch nicht der Komik, wenn ein Eisbär seinen Vorderkörper platt auf den Schneeboden drückt, um mit hochgerecktem Hintern die Illusion eines Eisbergs zu erzeugen, der sich ganz langsam und rein zufällig Richtung Robbe bewegt.

Eisbären sollen sogar so clever sein, dass sie beim Anschleichen ihre in der weißen Landschaft weithin sichtbare schwarze Schnauze mit der Tatze abdecken. Aber das ist wahrscheinlich Jägerlatein. Bislang jedenfalls hat noch kein Freilandforscher ein solches Verhalten beobachtet.

Perfekte Schwimmer

Im Wasser ist der Eisbär in seinem Element. Wenn so ein 2,5–3 m großer Riese mit der Verdrängungskraft von einer halben Tonne in die Fluten springt, erweist er sich als erstaunlich geschickter Schwimmer und Taucher. Er paddelt wie ein Hund mit den Pfoten, und die sind so groß, dass sie im Verhältnis zum Körper überdimensioniert wirken. Unter Wasser beschleunigen sie den Vortrieb – als wäre der Bär mit Taucherflossen ausgerüstet.

Seine Tatzen erfüllen aber noch weitere Funktionen: Auf festem Untergrund – Schnee oder Eis – geben sie dem Bären einen schnellen und trittsicheren Gang, wie auf Schneeschuhen. Obendrein sind sie mit Klauen bewehrt, die wie Fleischerhaken gebogen sind, und das macht die Pranken zur todsicheren Waffe.

Eisbären besitzen eine erstaunliche Kondition. Sie können 100 km am Stück durchs Meer schwimmen, selbst 300 km hat ein Eisbär schon einmal ohne Unterbrechung geschafft. Da steckt einiges an Training dahinter, und die Gewohnheit täglicher Schwimmübungen behalten manche Eisbären selbst in Gefangenschaft bei, vorausgesetzt, ihnen steht ein Wasserbecken zur Verfügung.

Im Berliner Zoo beispielsweise kann man jeden Morgen, wenn man sich dem Eisbären-Freigehege nähert, ein rhythmisches Plantschen hören. Eine Bärendame namens »Nancy« absolviert dort ihr allmorgendliches Konditionsschwimmen. Seelenruhig, gleichmäßig und ohne Pause dreht sie ihre Runden – wie bei einer meditativen Übung. Das Erstaunlichste ist jedoch ihre Wende am Beckenrand, so wie es Profischwimmer machen: Arme bzw. Vordertatzen über den Kopf nach hinten werfen, den birnenförmigen Leib in einer Schraubendrehung hinterher. Mehr als eine Stunde geht das so. Dann erklimmt Nancy das felsige Festland des Geheges und schüttelt ihren Pelz aus, dass das Wasser nach allen Seiten wegspritzt.

Die Kreaturen

Ihre Genossen springen auch gern ins Becken, liefern sich spielerische Ringkämpfe und wilde Plantschereien, aber keiner schwimmt so diszipliniert wie sie.

Attraktion für Menagerien

Trotz der guten Kondition, die Eisbären vor allem in freier Wildbahn besitzen, kann es vorkommen, dass sie auf einer Eisscholle verdriftet werden und dann hilflos auf dem offenen Meer treiben. Zu weit weg, um aus eigener Kraft wieder an Land zu kommen. Früher wurden solche Tiere von Matrosen eingefangen und an Land gebracht. Sei es, um sie ihrem König zum Geschenk zu machen oder um die seltenen weißen Bären auf dem Jahrmarkt zur Schau zu stellen.

1852 zum Beispiel lief Kapitän L. Main mit dem Walfänger »Der junge Gustav« im Hafen von Hamburg ein – mit einem Grönland-Eisbären an Bord. Er verkaufte ihn an den Fischhändler Gottfried Clas Carl Hagenbeck, der seinen Laden im Hafenviertel St. Pauli hatte und dessen Sohn Carl später den berühmten Tierpark Hagenbeck gründen sollte. 4 Jahre zuvor hatte jener Fischhändler entdeckt, dass der exotische »Beifang« von Fischern interessanter war als der Fisch selbst. Nun konnte er dem staunenden Publikum sogar einen veritablen Polarbären vorführen, wie ihn die Stadtmenschen sicher noch nicht gesehen hatten.

Der Pelz ist übrigens nicht immer weiß. Manche Tiere kommen mit einem Übermaß an schwarzen Pigmenten zur Welt, wodurch sie graublau aussehen. Die sagenhaften »blauen Eisbären« sind also ausnahmsweise kein Jägerlatein.

Eisbären leben rund um den Nordpol auf dem Meereis und den angrenzenden Küstengebieten von Alaska, Kanada, Grönland, Norwegen und Russland. Der arktischen Kälte ihrer Heimat trotzen sie mit einem doppelt gewebten Pelz und viel Speck auf den Rippen. Ihre Haut ist von einer feinen Unterwolle bedeckt, auf der ein Spezialfell aus *hohlen* Haaren liegt. Sie füllen sich mit Luft, wodurch sie eine optimale Wärme-Isolation bieten, ähnlich wie das Daunengefieder bei Gänsen. Deshalb können Eisbären ihre Körpertemperatur von 37 °C auch dann noch halten, wenn um sie herum die Lufttemperatur auf minus 37 °C absinkt und sie in einer Schneewehe ruhen. Unter dem weißen Pelz verbirgt sich zudem eine schwarze Haut, die wie ein Solarkollektor funktioniert: Sie absorbiert die wärmenden Sonnenstrahlen, und der Bär verbraucht so weniger Kalorien zum Heizen.

Jagdstrategien

Die massigen Tiere könnte man also als wandelnde Thermoskannen bezeichnen. Das hat nur einen Nachteil: Ihnen wird es schnell zu heiß. Da sie ihre Pelzoveralls nicht ausziehen können, bleibt ihnen nur die Langsamkeit zum Temperaturausgleich. So trotten die Raubtiere die meiste Zeit über möglichst gemächlich auf dem Eis herum und schwenken den Kopf sacht hin und her. Manchmal halten sie inne, um ihre Umgebung zu mustern. Dann strecken sie die Schnauze witternd in den Wind und extrahieren aus dem Puzzle der Gerüche, was für sie wichtig ist: Wo verbirgt sich eine Robbe unterm Eis? In welcher Himmelsrichtung tummeln sich die Artgenossen? Gibt es in ihrer Nähe vielleicht einen Kadaver, der vor sich hin rottet?

Sobald ein hungriger Eisbär auf diese Weise etwa eine Robbe erschnuppert, die sich ein paar hundert Meter entfernt auf dem Eis räkelt, erstarrt er auf der Stelle wie zur Salzsäule. Manchmal sogar mit der noch ausschreitenden Pfote in der Luft, wie der kanadische Polarbär-Experte Ian Stirling beobachtet hat. Das dient alles der Tarnung, um die potenzielle Beute – die meist ebenso aufmerksam die Umgebung abspäht – nicht zu warnen.

Mit gesenktem Kopf und äußerster Vorsicht beginnt der Eisbär dann, sich an die Robbe heranzuschleichen. Möglichst bis auf 30 m, nur dann lohnt der Versuch, sie in einer Sprintattacke zu überwältigen. Dazu beschleunigt der weiße Riese kurzfristig auf Tempo 40 und wirft sich über sein Opfer. Gelingt es ihm, die Robbe zu packen, ehe sie durch das Atemloch im Eis zurück ins Meer flieht, ist es aus. Zwischen Fleischerhaken-Pranken und 4 cm langen Reißzähnen gibt es kein Überleben. Der Eisbär zermalmt sie vom Kopf her, dass es nur so kracht.

Das Jagdhandwerk erlernen die weißen Bären von ihrer Mutter, unter deren Obhut sie bis ins dritte Lebensjahr stehen. Die Jungen folgen ihr auf Schritt und Tritt und ahmen alles nach: Gucken, Schnuppern, Auf-den-Boden-Werfen. Macht Muttern sich

DER MEER-BÄR

Eisbären sind ausgezeichnete Schwimmer. Ihre großen Pranken geben ihnen Vortrieb, beinahe so als hätten sie Flossen umgeschnallt.

an eine Robbe heran, bleiben sie ruhig liegen und schauen zu. Vorausgesetzt, die Sprösslinge sind wohlerzogen.

Ian Stirling hat schon komische Szenen beobachtet, in denen Jungtiere während des mütterlichen Anschleichmanövers aus lauter Neugierde vorgeprescht sind – und alles vermasselt haben. Derart ums Mittagessen geprellte Bärinnen reagierten äußerst erbost, manchmal mit einem so heftigen Prankenhieb gegen die Kleinen, dass sie hintenüberkugelten. Die Disziplin war jedenfalls sofort wiederhergestellt.

DIE »WELTHAUPTSTADT DER EISBÄREN«

Weltweit gibt es 20 000–40 000 Eisbären. Eine der größten Populationen – und zugleich die südlichste – lebt in Kanada rund um die Hudson Bay und Churchill, das sich selbst »Welthauptstadt der Eisbären« nennt. Weil das Eis der Bucht dort im Sommer zuletzt schmilzt, ziehen sich die Bären auf die verbliebenen Eisschollen zurück, um noch ein paar Wochen länger von den Pfründen der Robbenjagd zu leben. Schließlich müssen sie zum Übersommern an Land, und das bedeutet karge Kost. Von Ende Juli bis Anfang November ist Beerensammeln und Mäusefang angesagt. Dann kommen auf jeden der rund 600 Einwohner Churchills mindestens 2 Eisbären, die hungrig durch die Tundra streifen oder die Müllkippen fleddern.

Eine direkte Begegnung mit dem größten Landraubtier der Erde endet für den Menschen oft tödlich. Die Stadt Churchill wehrt sich deshalb mit drakonischen Strafen gegen die vierbeinigen Herumstreuner: Sie werden betäubt und in Arrest genommen. In einem fensterlosen, ausgedienten Militärgebäude sitzen die Bären im Dunkeln. »Bei Wasser und trocken Brot«, möchte man sagen, aber sie kriegen nur Wasser und kein Futter. Im Herbst werden sie dann auf dem Eis freigelassen. Diese schreckliche Erfahrung soll sie daran hindern, sich jemals wieder in die Nähe menschlicher Siedlungen zu wagen.

Noch Schlimmeres als die Beugehaft droht den Eisbären allerdings durch den Klimawandel und die chemische und radioaktive Verseuchung ihres Lebensraumes. Obwohl die Nordpolarregion fernab von Zivilisation und Industrie liegt, gelangen die Schadstoffe durch Luft- und Meeresströmungen dorthin und reichern sich in der Nahrungskette an. Vor allem schwer abbaubare, hochgiftige Chemikalien wie DDT, polychlorierte Biphenyle (PCB), Tributylzinn (TBT).

Sie stören das Hormon- und Immunsystem und gelten als Ursache für die zunehmende Zwittrigkeit bei Jungtieren. Auf Spitzbergen, wo die PCB-Konzentration im Fettgewebe der Eisbären sechsmal so hoch ist wie bei den Artgenossen in Alaska, fanden Forscher auffallend viele Eisbärinnen, denen ein kleiner Penis wuchs. Mit 1,5 % zweigeschlechtlicher Weibchen liegt die Rate weit über dem natürlichen Maß der Zwittrigkeit.

Besorgnis erregend ist auch die Erwärmung in der Hudson-Bay-Region, wodurch das Eis früher als üblich schmilzt. Das zwingt die Eisbären von den gut gefüllten Fleischtöpfen im Meer aufs Festland – also auf Mäusediät. Vor dem Landgang müssen sie sich aber dick und rund gefressen haben.

Besonders trächtige Bärinnen brauchen viel Speck auf den Rippen, weil sie die 8 Monate bis zur Geburt nahezu fastend auf dem Trockenen verbringen. Dabei verlieren sie bis zur Hälfte ihres Körpergewichts, somit ist das Ausgangsgewicht entscheidend für ihr Wohlbefinden. »Wenn das Eis auch nur eine Woche eher schmilzt«, schätzt Ian Stirling, »muss eine Bärin rund 10 kg leichter an Land.« Und je weniger Reserven sie hat, desto weniger Junge kann sie aufziehen.

Die Kreaturen

Pinguine
Manche mögens kalt

Königspinguine

Obwohl denkbar weit von uns entfernt beheimatet, stehen sie uns nah: gefühlsmäßig, emotional. Pinguine sind Lebendbeweise, dass die Evolution bisweilen per Rückschritt Fortschritte erzielt.

Auf der Beliebtheits-Skala der Meeresvögel stehen Pinguine an der Spitze; und das obwohl nur relativ wenige Menschen Pinguine jemals außerhalb eines Zoos gesehen haben. Pinguine sind beliebte Werbeträger, eignen sie sich doch hervorragend zum »Vermenscheln«. Sie kommen an, reizen zum Lachen, verzaubern.

Der Generation der knapp Nachkriegsgeborenen in Deutschland schenkte Reinhold Escher 1951 mit Charly Pinguin eine wirklich starke Comic- bzw. Bilderbuch-Gestalt, von der es im »Lexikon berühmter Tiere« heißt: »Wie der chaotische Donald Duck als Gegenpart der eher braven Micky Maus entwickelt wurde, so hat auch Mecki, der artige Comic-Igel der Fernsehzeitschrift ›Hör Zu‹, einen exzentrischen Begleiter: Charly Pinguin. (…) Der anthropomorphe Antarktisvogel ist stets korrekt mit Frack und Zylinder gekleidet. Seine Eitelkeit wird nur noch von seiner maßlosen Selbstüberschätzung übertroffen. Der sich selbst ›als Herkules des Gehirns‹ bezeichnende Choleriker hat durchaus solide Fähigkeiten als Erfinder und Detektiv, doch stellt er sich durch seine Überheblichkeit regelmäßig selbst ein Bein…«

Ganz anders Pinguin Mischa in Andrej Kurkows zu Recht hochgelobtem Roman »Picknick auf dem Eis«: Kaiserpinguin Mischa ist ein melancholischer Einzelgänger, der in einer Moskauer Etagenwohnung (der örtliche Zoo musste aus Geldmangel seine Pinguin-Abteilung auflösen) hinter dem Sofa des Ich-Erzählers die bleierne Zeit des Nachwende-Russlands durchsteht. Und das im Wortsinne.

Fliegen unter Wasser

Überflüssig zu sagen, dass Pinguine in Wirklichkeit weder cholerisch noch melancholisch sind. Aber sie sind, jenseits aller Vermenschlichung, höchst bemerkenswert. Und das, obwohl sie in der biologischen Fachliteratur meist mit ihrem bekannten Defizit vorgestellt werden: Vermutlich werden auch Sie irgendwann, irgendwo gelesen haben, der Pinguin sei ein flugunfähiger Vogel.

Glauben Sie das nicht! Pinguine haben nur das Medium gewechselt; statt Luft durchfliegen sie ein rund tausendmal dichteres Medium: Wasser, meistens den antarktisch kalten, zirkumpolaren Ozean. Nur dem Galapagospinguin, einer der 18 heute lebenden Arten, ist ein verblüffender Ausreißversuch bis hoch zum Äquator gelungen.

Der spektakuläre Unterwasserflug (siehe auch das Kapitel Schwimmen) ist das augenfälligste Indiz dafür, dass die Pinguin-Vorfahren noch Luftreisende waren. Als ihre Heimat-Landmasse, die wir heute Antarktis nennen, auf Süddrift ging und vor rund 30 Millionen Jahren schließlich aus den warmen und moderaten Zonen ans kalte Ende der Welt gerutscht war, blieben (fast allen) Vögeln nur zwei Alternativen: Auswandern oder Aussterben.

Der unwahrscheinliche dritte Weg, und damit der Ausweg aus der eisigen Todesfalle, stand allein den Pinguinen offen. Denn ihre Vorläufer hatten – soweit man das aus den spärlichen Versteinerungen lesen kann – schon vor rund 55 Millionen Jahren den entscheidenden Rück-Schritt ins Wasser getan.

Es musste aber noch eine weitere Bedingung erfüllt werden, damit der Pinguin-Siegeszug am Ende der Welt gelingen konnte: Es durfte auf dem Südkontinent keinen »landgestützten« Räuber geben (nur Eier und Junge werden aus dem Luftraum über dem Eis von Raubmöwen bedroht). Und zum Glück für die gefiederten Tauchjäger blieb am Südpol die Planstelle »Großräuber« frei; die Schöpfung hatte, als sich die Antarktis auf heutige Temperaturen abkühlte, einfach kein passendes Modell parat, aus dem sich so etwas wie ein Eisbär oder ein Polarfuchs hätte formen lassen. Und als fast weltweit die hohe Zeit der warmblütigen Jäger begann, war die Landbrücke nach Südamerika lange weggebrochen, sodass keine Einwanderung aus anderen Faunenregionen möglich war.

Populär ausgedrückt: Pinguine gibt es in der Antarktis, weil dort die arktischen Eisbären fehlen und auch sonst niemand an Land lange Zähne macht oder eiskalt zuschlägt. Übrigens: Dieses Sicherheitsgefühl an Land macht Pinguine so duldsam gegen zudringliche, bunte, klickende Zweibeiner.

Kälte braucht Grösse

Wer die Sonderaufwendungen fürs Luftreisen mit all den Entwicklungs-, Unterhaltungs- und Nebenkosten aufgibt, kann sich anderswo was leisten: Pinguine haben statt der leichten Röhrenknochen ein stabiles Skelett. Und sie dürfen sich den Bauch in einer Weise voll schlagen, die für jeden Vogel, der flug- und fluchtbereit bleiben muss, ruinös wäre.

Wer schwerer sein darf, weil ihn das Wasser trägt, kann sich zum Beispiel eine Super-Speck-Unterwäsche unter der Dunen-Federschicht leisten. Dabei gibt es durchaus Konfektionsunterschiede. Es fällt auf, dass es die Kolonien mit den größten Pinguinarten (Kaiser- und Königspinguin) dort gibt, wo es am kältesten ist: auf dem Festlandeis der Antarktis. Wo es dagegen relativ warm ist, leben kleinere Vertreter – der Galapagos-Pinguin am Äquator ist denn auch regelgerecht einer der Kleinsten unter seinen weltweit 17 Verwandten.

Die besagte Regel (je kälter, desto größer) ist nach dem deutschen Physiologen Carl Bergmann benannt, dem als Erstem auffiel, dass nahe Verwandte Tiere in kalten Regionen einen wuchtigeren Körperbau zeigen als in wärmeren. Ein großer, kompakter Körper hat – bezogen auf sein Volumen – weniger Außenfläche als ein kleinerer. Er verliert weniger Wärme. Große, Kompakte frieren nicht so schnell wie Kleine.

Aber Vor- und Nachteile liegen in der Natur auf einer Gleitskala: Wenn man klein(er) ist, wie zum Beispiel die Arten, die auf antarktisnahen Felsinseln brüten (Goldschopf- und Haubenpinguin) oder an Südamerikas Südspitze (Magellan- und Humboldtpinguin), hat man dafür eher die Chance, sich Höhlen zu graben oder passende Felsnischen (Felsenpinguine) zu nutzen.

Frackträger der Superlative

Menschen lieben Pinguine. Das liegt natürlich ganz wesentlich an deren aufrechtem Gang; und das »Menschelnde« wird durch die schlicht-elegante Kleidung noch optisch betont. Ein Pinguin an Land watschelt wie ein livrierter Kellner, der sich mit den Jahren die Füße platt gelaufen hat. In der Tat, es ist schwer möglich, einen populären Artikel über Pinguine zu finden, in dem nicht früher oder später das Wort »Frackträger« fällt.

Aber manchmal wird die Dienstkleidung auch sinnbezogen erklärt: Der weiße Pinguinbauch ist von Feinden, die sich von unten schwimmend anpirschen wollen, gegen die helle Wasseroberfläche schwer zu orten.

Und selbst wenn, man muss schon Schwimmartist von der Güteklasse

Die Kreaturen

Der Kaiser ist der Grösste

Er ist der größte unter den 18 Pinguinarten, stolze 1,15 m ragen die Männchen auf, und mit seinen bis zu 40 kg Lebendgewicht ist der Kaiserpinguin die imposanteste Gestalt unter den Pinguinen: 16-mal so schwer wie die leichtesten unter seinen Verwandten. In guten Zeiten trägt »the emperor« ein Drittel seines Gewichts als Fettvorrat mit sich herum; und das ist keineswegs Übervorsorge. Denn Kaiser- und Königspinguin-Männer stehen in schier unglaublicher Hartnäckigkeit 2 Monate des antarktischen Winters durch, wobei sie ein einzelnes Ei unter einer Art Federkapuze auf den Füßen balancieren. Kaum einem anderen Vogel – und schon gar keinem Männchen! – wird ein so hartes Brut-, Kälte- und Fasten-Exerzitium auferlegt. Und damit die Füße nicht auf dem Eis anfrieren, haben Pinguine – wie übrigens auch Möwen und Enten – eine trickreiche, körpereigene »Blut-Gegenstrom-Technologie«: Unmittelbar neben den Arterien, die warmes Blut in die Füße hinabführen, verlaufen die Venen mit dem zurückströmenden kalten. Auf diese Weise wird das körperwarme Blut schon fast auf Eistemperatur vorgekühlt, bevor es in den Pinguinsohlen die kritische Berührungsfläche zum Eis erreicht. Pinguine haben tatsächlich kalte Füße, was für sie allerdings keine schmerzhafte Sache ist; die Extremitäten sind für Extreme ausgelegt.

Kaiserpinguine sind vielleicht die Geduld-Weltmeister im Weltreich der Vögel. Brut und Jungenaufzucht in eisiger Umwelt und bei monatelanger Dunkelheit sind ein wahres Exerzitium.

eines Seeleoparden sein, um einen gesunden Pinguin im freien Wasser zu erbeuten. Deutsche Forscher haben – dank elektronischer Fahrtenschreiber im Gefieder der Testschwimmer – herausgefunden, dass die nur 55 cm kleinen Adeliepinguine ihre Tagesstrecken von zirka 100 km durchschnittlich im 11 km/h-Tempo zurücklegen und es im Sprint sogar auf 25 km/h bringen. Zum Vergleich: Deutschlands international erfolgreichster Schwimmer, Michael Groß, genannt der Albatros, durchpflügte mit 7,2 km/h das Wasser.

Noch verblüffender: Wenn man den Brennwert von Krill, der bevorzugten Nahrung des Adeliepinguins, zugrunde legt und ihn spaßeshalber mit dem von Benzin vergleicht, käme ein Pinguin mit einem Liter Normal rund 2500 km weit. Und – kein Ende der Mirakel – als man die torpedoförmige Idealgestalt im Windkanal mit den Werten eines Porsche 911 verglich, schlug die Federgestalt das Blechgetüm in puncto Windschlüpfrigkeit um das Zehnfache.

Ein Erfolgsmodell, dieser »penguis« (lateinisch für »fett«, »wohlgenährt«). Und falls wir, die wir bei seinem Anblick gern spitze Schreie des Entzückens ausstoßen, wider Erwarten nicht das globale Klima zerrütten und damit unter anderem auch die antarktische Nahrungskette, dann könnten die Superanpasser noch die nächsten paar Millionen Jahre absolut cool bleiben.

Wanderalbatros
Mythenvogel der Südmeere

Keiner reitet besser auf dem Wind als die Segelflugweltmeister der südlichen Hemisphäre. Und ihre Teilzeit-Ehe hat schon etwas Bestechendes.

Die Albatrosse waren für die Seefahrer alten Schlages die Meeresvögel schlechthin. Sie segeln locker und ausdauernd mit 80 km/h Durchschnittsgeschwindigkeit über die fast unbegrenzten Wasserflächen der südlichen Halbkugel und erreichen in Spitzenwerten sogar – ohne dabei angestrengt zu wirken – mehr als das Doppelte. Knapp 1000 km Tagesleistung (im Segelflug, wohlgemerkt!) sind für Wanderalbatrosse beglaubigt.

Die 13 Albatrosarten sind nicht Küsten-Seevögel wie Möwen oder Teilzeit-Maritime wie viele Watvögel. Sie sind trotz ihrer Flugkünste Meereskreaturen: wie Fische, Robben, Wale und Muscheln.

Ihre Größe, ihre schiere Majestät, hob besonders die Wanderalbatrosse in den Rang lebendiger Legenden. Ihre Tapsigkeit an Land verlockte die Mannschaften der alten Lastensegler, sie mit besonderem Gerät – so genannten Albatrosangeln – einzufangen und an Bord gutartigen oder üblen Schabernack mit ihnen zu treiben.

Hier ein Versuch, einem Wanderalbatros auf den Schwingen der Fantasie hinterherzufliegen (entnommen dem Buch »Rinaldo ist ein Esel« von Claus-Peter Lieckfeld).

WELTUMSEGLERTAKT

Nennen wir ihn Diomedeus, nach seiner zoologischen Familie Diomedeidae.

Seit über 19 Stunden war Diomedeus geradeaus geflogen, westwärts, ohne einen einzigen Flügelschlag. Das war leichter getan als gesagt. Man braucht dazu nur gut 3 m Flügelspanne, mehr als 10 000 Flugstunden Erfahrung und die beständigsten Westwinde der Welt. Die legen auf 40 Grad südlicher Breite einen Gürtel um die Erde, zuverlässiger als die Winde auf der nördlichen Halbkugel, denn in den brüllenden Vierzigern, den »roaring forties«, stört wenig Landmasse die Schiebewinde, die den zirkumpolaren Ozean in gleichmäßige Schwingungen versetzten.

Diomedeus ließ sich in die Wellentäler fallen, die schmalen Schwingen – zu schmal für den größten Seevogel der Erde, sollte man meinen – beschrieben eine schwache Sinuskurve, ehe ihn die angewehte Sprüh erreichen konnte. Die Aufwinde des Wellenhanges hoben das gefiederte Kreuz des Südens einige Dutzend Meter über die Wellenkämme, hoch genug, um gegen den Wind im stumpfen Winkel wieder hinabgleiten zu können. Zwei Wellen ließ Dio-

Die Kreaturen

Schabernack und Freizeitspaß vor Kap Horn. Mit so genannten »Albatrosangeln« wurden die Riesenvögel gefangen und an Bord vorgeführt.

Nach einjähriger Solo-Wanderschaft einmal rund um den Globus gibt es Pflichten gegenüber der Nachwelt.

medeus durchrollen, die dritte ritt er wieder aus, ein Dreivierteltakt bei Windstärke sechs. Weltumseglertakt.

Als das Licht nur noch als diffuser Abglanz der Wolken auf dem Wasser lag, sah Diomedeus einen Schwarm silberglänzender Tintenfische knapp unter der Oberfläche. Ein kurzes Zucken ging durch die Schwingen, die erste Andeutung eines Flügelschlages seit 19 Stunden ... Nichts schmeckt besser als Tintenfisch. Aber dann zog es den Vogel weiter westwärts mit einer Unerbittlichkeit, die er seit Wochen kommen gespürt hatte und die nun da war, wie auch die Bereitschaft, mit seinesgleichen mehr als die Unendlichkeit von Wasser und Luft zu teilen. Es würde wieder die Zeit kommen, in der man monatelang kleine Kreise flog; denn der Sommer stand als ein Versprechen in den Himmel geschrieben, gleißend blau am Tag und indigoblau mit silbern zitternden Rändern in der Nacht.

In der zwanzigsten Stunde seines Nonstopfluges verstärkte sich der Wind, fast unmerklich, aber deutlich genug für einen Wanderalbatros. Diomedeus ging auf einen Vierviertheltakt, ritt die Wogen noch einen Tick extremer aus, sodass die salzige Gischt seinen Schnabel netzte und ihn der Aufwind mit halber Fallgeschwindigkeit liftete. Der Gegenwind morste ein nervöses Vibrato auf seine Flügeldecken. Diomedeus flog jetzt den schmalen Grat zwischen Optimum und Absturz. Vielleicht muss man als Albatros 23 Jahre alt werden, um so hart auf des Windes Schneide segeln zu können ... Es musste sein. Der Sommer war fast da, und da sollte man ebenfalls da sein.

Vor ein paar Wochen hatte Diomedeus weit hinter dem Horizont die Südküste Afrikas geahnt; der Wind schmeckte ein wenig landig und ließ winzige Unregelmäßigkeiten erkennen. Und die Verführung war groß, sich auf Land zu setzen und die salzverkrusteten Nasenlöcher in einer Süßwasserquelle freizubaden.

Doch Diomedeus zog es weiter. Aber jetzt, nach 23 Stunden ohne Schlafpause auf dem Wasser, ohne Imbiss, ohne erholsamen Leerlaufflug sah er die kantige Silhouette. Vor 2 Jahren hatte er die Gough-Insel – etwa gleich weit von Kapstadt und Buenos Aires entfernt – verlassen, südwestwärts, immer gegen den Wind. Jetzt kehrte er von Osten nach einer weiteren Weltumrundung zurück.

Als er wieder den Grat mit dem flammenden Fleck aus Flechten anflog, sah er den großen Vogel, der ein paar Dutzend Flügelspannen rechts von ihm den gleichen Kurs nahm. Diomedea.

Die beiden schossen gegen den Wind auf, synchron berührten ihre stämmigen Ruderfüße den Fels, dann drückten sie ihre Hälse gegeneinander und richteten sich flügelschlagend aneinander auf. Der Wind nahm ihre Begrüßungsschreie mit aufs Meer. Alles würde sein wie vor 2 Jahren.

Sie würden sich im wöchentlichen Rhythmus, 73 Tage lang, das Brutgeschäft teilen, würden dieses unglaublich plumpe, struppige Etwas mehr als 8 Monate lang mit Nährschleim aus Krebsen und Tintenfischen voll stopfen, es vor Auskühlung und Raubmöwen schützen, schließlich dem Flugeleven beibringen, dass man um Gottes willen niemals *mit* dem Wind startet …

Und eines Tages, wenn schon die Eiswinde ins Untergefieder bissen wie Parasiten, würde sich Diomedeus unvermittelt vom Westwind über Gough Island heben lassen, um abermals die Südhalbkugel zu umrunden, immer den fleischfarbenen Schnabel den »roaring forties« entgegengereckt.

Nach 2 weiteren Jahren würde er aus der Gegenrichtung zurückkehren an diesen winzigen Punkt im Südatlantik, wo der Wind nie schläft. Und Diomedea würde auch zurück sein, zuverlässig. Eine gute Ehe.

Röhren für viele Zwecke

Die typischen Röhrennasen der Albatrosse, namensgebend für die Ordnung Procellariiformes, gaben der Wissenschaft lange Rätsel auf. Deren sukzessive Lösung findet sich in der »Urania«-Enzyklopädie (Vögel) pointiert zusammengefasst:

»Die Nasenöffnungen sind zu Röhren ausgezogen, die dem Schnabel eng anliegen. Über den Sinn dieser Einrichtung ist viel gestritten worden. Manche Forscher erblicken in ihr ein Organ, das dem Vogel nach Art der Staudruckmesser an Flugzeugen die Windgeschwindigkeit anzeigt; diese Annahme hat viel für sich, denn für den dynamischen Segelflug muss der Vogel ja irgendwie Richtung und Stärke des Luftstromes wahrnehmen.

Gewiss ist aber, dass die Röhren nichts mit dem Geruchssinn zu tun haben, zumal ein häutiges Ventil sie gegen die Riechhöhle abschließt, und dass sie noch 2 andere Aufgaben erfüllen. Albatrosse halten nämlich ihr Gefieder nicht nur mit dem Fett der Bürzeldrüse geschmeidig und wasserundurchlässig, sondern sie verwenden dazu auch das Magenöl, das aus den Nasenröhren in die Schnabelrillen läuft und von da aus auf die Federn verteilt wird. Außerdem leiten die Röhren die Ausscheidung der Nasendrüsen ab, die überflüssiges Salz aus dem Körper entfernen, das Seevögel mit dem Meerwasser aufnehmen. Albatrosse und andere Röhrennasen [gehen] ein, wenn sie nur Süßwasser bekommen.«

Merke: Für Extremisten kann die Normalsituation das Extrem sein und das Normale zum Debakel werden – so auch das Landen ohne Gegenwind, für die meisten Vögel eine leichte Übung.

Der markanten Nasenöffnung an der Schnabelbasis verdanken die Röhrennasen ihren Namen.

Die Kreaturen

Vogelzug
Ostsee – das Meer der Vögel

Pfuhlschnepfen-Schwarm

Rossitten auf der Kurischen Nehrung, Kloster auf Hiddensee, Falsterbo an Schwedens Südspitze und der Landkreis Plön: »hot spots« des europäischen Vogelzuges.

Vogelzug und Meer gehören im Bewusstsein der Seefahrer und der Küstenbewohner seit jeher zusammen. Wenn der küstennahe Vogelzug plötzlich abriss, hieß das: Sturm im Anzug; und wenn bei unfreundlichem Wetter – völlig unerwartet und scheinbar widersinnig – wieder Flugbetrieb einsetzte, ließ die Sonne sehr wahrscheinlich nicht mehr lange auf sich waren.

Jede Küste hat ihre eigenen Vogelzug-Besonderheiten. Hier eine einzelne herauszupicken, die Südküste der Ostsee, bedarf daher des Hinweises, dass sich an anderen Küsten andere Konstanten herausgebildet haben.

Ornithologen verbinden mit der Ostsee-Südküste etwas sehr Bestimmtes: das Paradebeispiel für »Leitlinien-Wirkung«. Das sperrige Wort bezeichnet die Neigung der Zugvögel, sich an auffälligen landschaftlichen Großlinien zu orientieren. An Küsten zum Beispiel – und das umso lieber, wenn Futter- und Rastplätze am Weg liegen.

Die Ostsee vom Finnischen Meerbusen bis in die Kieler Bucht sowie die Insel-Verteilung der westlichen Ostsee bieten den weit ziehenden Vögeln gleich zwei große Zugstraßen an. Die Winterflüchtlinge der sibirischen Tundra, Finnlands und Kareliens orientieren sich am Süd-West-Verlauf der baltisch/polnisch/deutschen Küste. Die Flugscharen aus Schweden und Norwegen nutzen die dänischen Inseln zwischen Schwedens Südspitze und Kieler Förde als »Trittsteine« und Wegweiser. Beide großen Achsen laufen über Schleswig-Holstein, etwa im Landkreis Plön, zusammen – für geborene Flieger ein Luftkreuz, wie es nur wenige auf der Welt gibt.

Ein günstiger geografischer Zufall wollte es, dass beide Leitlinien – die südliche Ostsee-Küstenroute und die schwedisch/dänisch/deutsche Vogelfluglinie – in der angeborenen »Wegzugrichtung« ihrer Benutzer liegen. Und das heißt für die beschwingten Langstreckler: Die Strukturen, die, aus ihrer Vogelperspektive betrachtet, deutlich hervortreten, verstärken und bestätigen genau das, was man als Zugvogel an grundlegendem Richtungsgefühl sowieso im Blut hat: Prima, du bist auf dem richtigen Weg, sagt die Küstenlinie.

Im Verlauf beider Zug-Hauptachsen gibt es »hot spots« – Kulminationspunkte, an denen der Strom an Vogelleibern zu bestimmten Zeiten, Tagen, Stunden wie in einem Trichter verdichtet wird. Wonnepunkte der »birder« (Vogelbeobachter) und Fernglas-Artisten. Ausrufezeichen auf der Weltkarte der Ornithologie. Festspielorte des großen Freiluft-Theaters, das die Natur in Herbst und Frühjahr jeden Jahres veranstaltet.

Vogelzug

Einige Punkte laden ganz besonders zu kurzem Gedankenflug ein: Rossitten, ziemlich genau in der Mitte der Kurischen Nehrung nordöstlich von Königsberg gelegen; das Dörfchen Kloster auf Hiddensee; Falsterbo, die Südspitze Schwedens, und schließlich der Landkreis Plön. Besuchen wir sie in dieser Reihenfolge!

Die Wiege der Vogelzugforschung

Am besten, man nähert sich der Kurischen Nehrung wie ein Teil der Vögel, die, im Herbst aus Sibirien und Ost-Skandinavien kommend, die schmale Landzunge ansteuern. Nicht alle überspringen bei der Hafenstadt Kleipeda, dem ehemaligen Memel, die schmale Öffnung, durch die das Haff Verbindung zum Meer hat. Ein nicht unerheblicher Teil schwingt sich über eine Landnase hinüber auf den 90 km langen sandigen Landstreifen.

Die spitz zulaufende Landnase, die sehr zu Recht Windenburger Eck hieß (heute Ventas Ragas), konzentriert die Vogelschwärme auf eine schmale Zugstraße, und so war es nur konsequent, hier im Jahr 1929 – Ostpreußen war noch Teil des Deutschen Reiches – eine Außenstation der Vogelwarte einzurichten, nur wenige Vogelflugminuten von der berühmten Station Rossitten entfernt.

Der Leuchtturm auf der Landspitze, von dem aus damals gezählt – oder richtiger: geschätzt – wurde, ist heute ein litauisches »Technikdenkmal«, seewärts buntscheckig genagt von Eis und Salzwind. Die Wissenschaft dieser Tage ist in einen eternitgrauen Zweckbau umgezogen. »Ornithological Station Ventas Ragas«, verkündet eine Tafel.

Hier amtet Dr. Leonas Jezerkas, knorrig, knollennasig, stämmig. Ein Mann von gestern, meint man voreilig, wenn man seinem Standardvortrag lauscht. Der rollt in betulicher Frage-und-Antwort-Didaktik ab, so als gelte es, eine unlustige Schulklasse frontal in Schach zu halten.

Doch das Genie des Mannes offenbart sich, wenn Jezerkas vor dem Haus seine Vogelfang-Einrichtungen erklärt. Da sind nicht nur die riesigen Netzreusen, wie sie seit Beginn des 20. Jahrhunderts auch in Rossitten benutzt wurden, aufgehängt an 25 m hohen Masten, breit geöffnet und über 140 m spitz zulaufend – riesige Zipfelmützen. Jezerkas hat ein neues System entwickelt: In kleinen labyrinthartigen Netzfallen wird der Aufprall der Schwärme sanft gebremst. Die Langstreckenzieher stauen sich schließlich in einem netzverhängten Kasten am Ende des Labyrinths. Dort können sie vorsichtig aus ihren Verstrickungen befreit, gewogen und beringt werden. Auch ein kurzer Check (Allgemeinzustand, Geschlecht, Alter) ist obligat, ehe der kurze Zwangsaufenthalt beendet ist.

300 000 Zugvögel passieren Ende September/Anfang Oktober täglich die Landnase. Ein paar hundert Beringungen schafft ein eingespieltes Team unter Leitung des »Vogeldoktors« an einem sehr guten Tag.

Der Hauptvogelzug erreicht die Nehrung allerdings nicht über Ventas Ragas, sondern über die Haff-Öffnung bei Kleipeda – die Rekordmarke steht hier bei rund 1,3 Millionen Durchreisenden pro Tag. Die meist deutlich stärkeren Nachtzüge bleiben buchstäblich im Dunkeln.

Jezerkas genießt das Staunen auf den Gesichtern der West-Ornis, die nach Fall des Eisernen Vorhangs – und nach Besuchen in Gibraltar, am Bosporus, auf Kuba und Madagaskar, in Panama und anderen Orni-Paradiesen – jetzt die Nähe entdecken: »Können Sie sich 8 Tonnen Singvögel vorstellen? So viele kommen hier Ende September täglich durch.«

Nein, keiner kann. So viel Biomasse ist unvorstellbar.

Einer, der hier in seinem Ostseeparadies die Vorstellungswelt in Sachen Vogelzug geweitet hat wie kaum ein anderer, verbrachte ab 1902 drei Jahrzehnte in der frisch gegründeten

Vogelberingung – hier wartet ein Spornkiebitz aufs Ende seines Zwangsaufenthaltes für die Wissenschaft – ist eine Langzeit-Erfolgsstory.

Die Kreaturen

Vogelwarte Rossitten: der »Vogelprofessor« Johannes Thienemann, von Profession ursprünglich Theologe und von Passion Jäger. Geschlechterbestimmung durchziehender Greifvögel und Magenanalysen von Schnepfen und anderen Vögeln nahm er schon mal mit Pulver und Blei vor. Und er wusste auch, wie man per Genickbiss den Charaktervogel der Nehrung, die Nebelkrähe, tötete, bevor man gefangene Exemplare für die Pfanne rupfte.

Thienemanns Lebensleistung für die Ornithologie war es, die Beringung als wissenschaftliche Methode durchzusetzen – anfänglich gegen heftigen Widerstand von Tierschützern und etlichen wissenschaftlichen Kollegen. Der Herr der Ringe beendete in seinem Ostsee-Dörfchen zwischen Dünen, Heide, Meer und Haff die Ära des Ahnens und Spekulierens, machte den Himmel frei für das Zeitalter der wissenschaftlichen Vogelzugforschung.

Gen-Analyse und Satelliten-Überwachung

Seit seinen Pioniertagen sind weltweit über 200 Millionen Vögel beringt worden wie zu Thienemanns Zeiten. Die Wiederfundraten bei Kleinvögeln liegen aber immer noch weit unter 1%.

Und träumte der Mann mit dem wilddiebisch tiefgezogenen Jägerhut noch davon, über Telefonketten und bewegliche Pkw-Beobachtungsstationen tiefer in die Geheimnisse des Vogelzuges einzudringen, tüftelt man heute, 80 Jahre später und ein paar Dutzend Vogelflugstunden weiter westlich auf der Ostseeinsel Hiddensee an Problemen, die selbst der Visionär aus Rossitten nicht zu träumen gewagt hätte: Kann man Gen-Analyse und Satelliten-Überwachung besenderter Heringsmöwen kombinieren – zur Klärung der Leitfrage: Wie angeboren ist die Zugrichtung?

Man kann.

Aber Hiddensee ist zu schön, um sich umstandslos in die Laborräume der Vogelwarte auf Kloster zu verkriechen – zumal wenn deren Leiter, Dr. Andreas Helbig, gerade die »Flugleit«-Rufe ziehender Kraniche gehört hat.

Die »Königsvögel« der Ostsee sind Ende März auf dem Rückflug von ihren Winterquartieren in Zentralspanien nach Skandinavien, und die lang gestreckte Insel knapp westlich von Rügen ist ein gern genutztes Absprungbrett nach Schweden. Anders als Greif- und Singvögel fürchtet der europäische Kranich das offene Meer nicht besonders; in schöner Selbstverständlichkeit schieben die Mythenvögel ihr berühmtes »V« aufs offene Wasser hinaus – übrigens geht es ihnen dabei nicht, wie immer noch zu lesen, ums Windschatten-Fliegen; das Gegenteil ist wohl richtig: der Vorder- schaufelt dem Hintermann günstige Turbulenzen auf die Schwingen.

Helbig hebt das Fernglas: »Man hat hier schon mal 56 000 rastende Vögel im Windwatt an einem Tag gezählt ... der Zug da über uns hat 48.« Merke: Ein Spitzen-Orni kann erklären und gleichzeitig zählen.

Für Andreas Helbig, seit 1993 auf Hiddensee tätig, sind solche und ähnliche Anblicke (»... da schauen Sie, Fichtenkreuzschnäbel, die zigeunern ohne feste Zugzeiten durchs Land!«) so etwas wie erwünschte Abschweifung vom wissenschaftlichen Hauptpfad.

Und der heißt für ihn derzeit, wie gesagt: Heringsmöwe. 8 Exemplare haben per Minisender und Satellitenverbindung schon Bemerkenswertes zu Protokoll gegeben. Zum Beispiel einen Nonstop-Flug von 3000 km: vom Schwarzen Meer über das Nildelta hinaus; umso bemerkenswerter, als Heringsmöwen – anders als die Langstreckenflieger par excellence, die Knutts – sich nicht mit reichlich Fettdepots am Leib auf den Weg machen.

Doch der Rekordflug ist eher beiläufige Entdeckung. Helbig und Team wollen klären, warum und aufgrund welcher Informationen die westliche Heringsmöwen-Population (Nordsee und Kattegat) zur afrikanischen Atlantikküste in Sommerfrische fliegt, es die Ostpopulation (Ostsee östlich von Gotland) aber an die ostafrikanische Küste zieht. Steckt die Information in den Genen?

Dann müsste – und genau auf diese Frage zielt ein Experiment! – der Nachwuchs einer in Gefangenschaft verpaarten West- mit einer Ostmöwe sich »intermediär« verhalten: also etwa die Winkelhalbierende wählen und Richtung Libyen ziehen.

Oder doch nicht? Knackt nicht das Vorbild der voranziehenden Eltern den angeborenen Richtungscode? Und wohin zieht das besenderte Möwenkind von Ost-Eltern, deren Ei einem West-Möwenpaar untergeschoben wurde?

Zwar weiß man viel, doch möcht' man alles wissen. Die Ornithologie ist von diesem Faust'schen Drang mindestens so beseelt wie andere Naturwissenschaften. Doch ihre hochfliegenden Pläne bräuchten etwas mehr an pekuniärer Thermik. Die fehlt. Die Beringung in den neuen Bundesländern wird vielleicht demnächst ganz eingestellt, weil Thüringen nicht mehr in den kleinen, bescheidenen Sammeltopf des Gemeinschaftsprojektes einzahlen will. »Gerade in Zeiten des Klimawandels könnte das geänderte Zugverhalten etlicher Arten so was wie Indikator-Informationen geben!«, mahnt Helbig.

Könnte, sollte, müsste. Lauter Konjunktive. Vergebliches Flügelschlagen auf der Stelle?

FLUGBEOBACHTUNG UND ÜBERFLUGRECHTE

Ganz so ausgeblutet wie in Deutschlands Osten ist die klassische Feldforschung (Fangen, Beringen, Registrieren) in Skandinavien noch nicht. In Falsterbo an Schwedens Südspitze sind die Forschungsbedingungen für Ornithologen noch erträglich. 500 Millionen Zugvögel aus dem westlichen und mittleren Skandinavien überqueren hier den 24 km breiten Belt nach Seeland, der größere Teil – sofern nicht moderne Radartechnologie zur Verfügung steht – fliegt unbemerkt in der Dunkelheit.

Aber was man sieht, ist grandios genug. In den letzten Septembertagen sammeln sich Jahr für Jahr scharenweise die Vogel-Touristen aus aller Welt auf der sandigen Landzunge, übernachten in winzigen Zelten, fallen mit dem ersten Morgenlicht aus ihren

Der Dornbusch auf Hiddensee: Die markanten Küsten von Vorpommern, Rügen, Hiddensee und dem Darß haben das, was Ornithologen »Leitlinienwirkung« für ziehende Vögel nennen.

Wohnwagen, richten Spektive und Hochleistungsgläser himmelwärts, zählen, blättern in Bestimmungsbüchern und Zählkladden, warten gemeinsam mit ihren Lieblingen auf gutes Zugwetter. Seid umschlungen, Millionen! – ist ihr Motto, und erst wenn Mitte Oktober der Flugbetrieb spürbar abebbt, zieht es die Seh-Männer (Orni-Frauen sind seltsamerweise stark in der Minderzahl) zurück zu ihren Diakästen und Beobachtungslisten. Die Ostsee und ihr erfüllter Himmel bleiben in ihren Herzen, einen vogelarmen Winter lang.

Die Engagierteren unter den Freizeit-Ornis geben sich allerdings mit ihrer idealen Ausbeute nicht zufrieden, kämpfen einzeln oder in Bürgerinitiativen für die angestammten Überflugrechte ihrer Lieblinge. Off-shore-Windpark ist ein neues Schreckwort unter Vogelfreunden. Die lange gehörte Beruhigungsformel – der Zug fände oberhalb des Schlagbereiches der Rotoren statt – wird vielfach in Zweifel gezogen. Schon der alte Thienemann, vielleicht der genialste Vogelbeobachter des vergangenen Jahrhunderts, wusste, dass heftiger Wind die ziehenden Vögel zum Tiefflug nötigt. Und Windanlagen stehen naturgemäß da, wo's heftig weht.

»Sicherheit schaffen könnten nur Detail-Untersuchung, und zwar exakt da, wo die Anlagen hin sollen!«, sagt Bernd Koop, Ornithologe mit Lehrauftrag an der Uni Kiel, »aber aus Kostengründen behilft man sich lieber mit Vergleichswerten, die an Land gemessen wurden.«

Und noch andere vergleichbare Gefahren drohen: Wenn die Querung des Fehmarnbelt nämlich tatsächlich nicht per Tunnel, sondern, wie geplant, per Hochbrücke geschehen sollte, hätte man hier, mitten in einer der Haupt-Vogelflugstraßen der Welt, »die größte Vogelklatsche aller Zeiten«, sagt Koop.

Besonders eine bei Dunkelheit erleuchtete Brücke würde die Nachtzieher desorientieren, geriete zur gigantischen Todesfalle; das jedenfalls lassen die Erfahrungen mit der Hochbrücke zwischen Kopenhagen und Malmö befürchten – einem Ort mit vergleichsweise bescheidenem Vogelzug.

Vogelfreiheit und Freiheit der Meere – dieses Resümee drängt sich auf – sind schon lange nicht mehr das, was sie mal waren.

Die Schätze

Natürlich sind die »Schätze der Meere« für Menschen zu allererst die essbaren. Und wie im »Märchen vom Butt« und der maßlos wünschenden Frau des Fischers sind wir Menschen dabei, diese Schätze in ruinöser Weise zu plündern. Die Zeiten bescheidener Fischerbötchen (das Bild zeigt einen Krabbenkutter) sind schon fast vergangen.

Anders steht es um versunkene Schätze. Heutigen Tags wird Schatzsuche mit High-Tech-Geräten perfektioniert. Was den Gold raubenden Spaniern auf See durch die Finger rann, finden hochspezalisierte moderne Schatzsucher.

Kleine Schätze, zum Beispiel Bernsteinsplitter, findet jeder, der ein gutes Auge hat und etwas Glück.

Die Schätze

Gold
Es liegt auf der (Meeres-)Staße

Geborgenes Gold und Porzellan aus der Ming-Dynastie

Es wurde schon einiges an Porzellan zerschlagen, ehe sich unter modernen Schatzbergern ein zivilisierter Modus durchsetzte. Heute arbeiten seriöse Unternehmen gedeihlich mit der Wissenschaft zusammen.

Auf rotem Samt liegt bei Sotheby's, im berühmtesten Auktionshaus der Welt, ein versilbertes Astrolabium. Ein Gerät aus der Frühzeit der exakten Nautik, 1645 fabriziert, eine Art Vorläufer des Sextanten. Das kostbare Stück wurde von einem Bergungsunternehmen namens »Arqueonautas« (eine private Aktiengesellschaft, mit dem Hauptaktionär und Vorstandsvorsitzenden Graf Nikolaus von Sandizell) aus einem Wrack vor den Kapverdischen Inseln gehoben.

Da die Firma seriös ist und keineswegs der Gruppe moderner Schatzräuber zuzuordnen, wurde das Stückchen Seefahrtsgeschichte an das maritime Nationalmuseum in Virgina USA verkauft, der Erlös kam der Regierung der Kapverden und der Arqueonautas zugute und eine hochwertige Replik wurde der Regierung gestiftet. Die Rarität stammt aus einem Wrack, das Marinehistoriker auf mindestens 84 Millionen Dollar Gesamtwert taxierten. Des Grafen Unternehmen besitzt für eine gewisse Frist die Bergungslizenz für das entsprechende Gewässer. (Die rechtlichen Fragen, die praktisch jedes Wrack aufwirft – ist der Finder ohne weiteres zur Ausbeute berechtigt oder nicht? –, sollten allein schon ausreichen, um Amateure abzuschrecken!)

10 Milliarden Dollar Belohnung

Schätze wie die aus den kapverdischen Gewässern liegen nicht gerade wöchentlich auf irgendeinem Auktionstisch, aber auch nicht mehr nur alle Jubeljahre. Seit mit hochmodernem Gerät gesucht wird, finden die »modernen Glücksritter« unglaublich viel. Der wissenschaftliche Wrack-Experte Graham Hawkes wird mit der Einschätzung zitiert, alles, was im Meer verloren gegangen sei, werde auch wieder geborgen werden.

Das mag zu einem guten Teil beruflich bedingter Zweckoptimismus sein, aber gänzlich wasserblauäugig ist die Annahme nicht. Die modernen Schatzsucher bedienen sich heutzutage hochsensibler Geräte, so genannter Magnetometer und empfindlicher Side-Scan-Sonargeräte.

Allerdings sind auch diese Geräte alles andere als narrensicher. Man muss die Signale lesen können. Immer wieder blieben Wracks unentdeckt, obwohl die Bergungs-Crew über ihrem Schatz hätte ankern können. Von der »Diana«, die 1817 mit sehr wertvoller Porzellanfracht in der Malakka-Straße versank, weiß man, dass dreimal ein Side-Scan-Echolot über ihre unscheinbaren Konturen ging, ehe beim vierten Durchgang jemandem ein »Zig-Millionen-Dollar-Licht« aufging. Eingefuchste Teams sehen allerdings sogar noch mit etwas Glück Objekte, über die sich eine 10 m dicke Sandschicht gelegt hat.

Die Technik wird laufend verfeinert, Entwicklungskosten spielen fast keine Rolle, denn viele Unterwasser-Jackpots sind noch nicht geknackt: Vor Kolumbien zum Beispiel liegt – irgendwo – die 1807 gesunkene »San José«, deren mit Smaragden, Gold und Silber gefüllter Bauch 10 Milliarden Dollar wert sein soll.

Eher noch mehr – hier riskiert niemand auch nur eine annähernde Schätzung – verspricht sich die Branche von den Resten der 1588 versenkten spanischen Armada. Ein besonders provozierender Fall; schließlich weiß die Nachwelt – mindestens ungefähr –, wo die bewaffnete Seemacht des spanischen Herrschers Philipp II. durch die britischen Seehelden Howard und Drake buchstäblich auf Grund gesetzt wurde.

Superfeine Spürtechnik allein reicht nicht; denn um erfolgreich draufloszusuchen sind die »verdächtigen« Gebiete häufig zu groß. Der erste und wichtigste Schlüssel zum Erfolg ist daher in aller Regel Archivarbeit; und gerade hier sind die Illusionen, die sich Amateure machen, »märchenhaft«. Nur wenige Spezialisten haben das Fachwissen, aus den (ebenfalls wenigen) ergiebigen Archiven das Entscheidende herauszulesen.

Aber wer's kann, hält eine Gold-Wünschelrute in Händen. Das Wrack der »Vung Tau« – der Porzellanfrachter sank 1690 vor der Küste Vietnams – bescherte dem schwedischen Bergungsexperten Sverker Hallström 1991 satte 7,5 Millionen Dollar; so viel brachte eine Versteigerung durch Christie's-Auktionatoren in Amsterdam. Auch dieser Fund war weniger ein Glücksgriff als vielmehr der Lohn für langwierige Archivarbeit.

Schatzfunde durch glücklichen Zufall

Ungezählte Amateur-Sucher lassen sich dadurch allerdings nicht abschrecken; und tatsächlich geschehen immer wieder Wunder, die dann prompt den massenhaften Wunderglauben auf Jahre hin nähren und diejenigen bestärken, die lieber

Das Studium alter Karten – hier die »Ilha de Mozambique« – ist sozusagen die Haus- und Fleißarbeit, bevor hochtechnisches Schatzsucher-Gerät zum Einsatz kommt.

Das bisher einzige versilberte Astrolabium, das weltweit gefunden wurde, gilt als Sensationsfund. Das Navigationsinstrument, 1645 von Niccolau Ruffo hergestellt, barg die Firma Arqueonautas 1999 von einem iberischen Handelsschiff, das »mit Silber zum Kauf für Sklaven« vor der Ilha Santiago/Kapverden versunken war.

Die Schätze

Wem gehört das karibische Raubgold?

Ägypten verlangt seine vieltausendjährigen Schätze zurück, die über alle Welt verstreut in großen Museen und privaten Galerien zu finden sind. Die heutige Regierung in Kairo pocht auf Völkerrecht und globale Ethik; denn die in der Regel nur schwach als Wissenschaft getarnten Raubzüge des 19. und 20. Jahrhunderts durch altägyptische Grabkammern können ja wohl kaum akzeptable Rechtstitel begründet haben.

Wenn die Weltgemeinschaft dieser Tage mehr und mehr geneigt ist, dem modernen Ägypten seine Ansprüche auf Rückgabe zu attestieren, dann müsste das logischerweise auch Konsequenzen für andere Weltgegenden haben – für andere Opfer kolonialer Räuberei.

Zum Beispiel Lateinamerika: Die ergiebigsten Funde aus Schiffswracks stammen immer noch von spanischen Frachtseglern, die vor allem im 16. Jahrhundert Gold und Geschmeide aus der Neuen Welt nach Spanien brachten – wenn sie nicht auf dem Weg zurück an Riffs oder tropischen Zyklonen scheiterten. Raubgold, wie man weiß, Metall und Steine, an denen Blut klebt.

Wenn jemand auf diese Schätze einen *moralisch* begründeten Anspruch hat, dann sind es die Nachfahren jener Indianer, die von den Spaniern gepeinigt und ausgeraubt wurden: die heute meist bettelarmen Inkas Südamerikas und andere indigene Völker der Neuen Welt.

Also, wie wär's, ihr Wracksucher? Von jedem in der Karibik gehobenen »spanischen« Schatz geht ein Pflichtteil an die armen Erben einer großen, kunstsinnigen Kultur: an Selbsthilfeprojekte in den Anden, für Alphabetisierungs-Kampagnen in Bogota, für Seuchenbekämpfung in den Slums von Lima und Mexico City oder … die Möglichkeiten sind grenzenlos!

an Schicksal und Glückssterne glauben als an Statistiken.

Im Internet finden wir so einen bemerkenswerten, wahren (?) Wunder-Bericht: »Auf den Cayman-Inseln spazierten ein Urlauber und seine Frau am Strand, um Muscheln zu suchen. Im knietiefen Wasser entdeckte er (unter anderem) ein Kreuz aus purem Gold, mit Diamanten besetzt. Er behielt die Entdeckung für sich und kehrte (…) an die Fundstelle zurück. Innerhalb weniger Minuten fand er eine im Sand begrabene Kiste. Sie enthielt (…) eine große Zahl von Silbergegenständen, eine 1,4 kg schwere Goldschale, ein Armband aus Gold, besetzt mit Smaragden, und ungefähr 300 andere Goldgegenstände und Schmuck.

Die Archiv-Recherche ergab, dass dieser Fund von der ›Santiago‹ stammte; einem kleinen Schiff, das, vom spanischen Eroberer Cortez entsandt, die (größtenteils) bei den Azteken geplünderten Gegenstände nach Spanien transportieren sollte. Das Faszinierende an dieser Geschichte ist der Umstand, dass der Fund vor dem Holiday Inn gemacht wurde, wo sich jährlich Tausende Sporttaucher aufhalten.«

Überflüssig zu sagen: Es brächte wohl nichts, vor all den anderen Holiday-Inn-Stränden zu suchen, die es sonst noch weltweit gibt.

Bronzekanone vom Wrack eines portugisischen Lastenseglers, dem ein Riff zum Verhängnis wurde, das den Ilha Primeiras (Mosambik) vorgelagert ist.

Bernstein
Göttertränen aus dem Meer

Zu dem ältesten Schmuck-Rohmaterial der Menschheit zählt Bernstein. Vergangenen Geschlechtern war er so lieb und teuer, dass sie eine Haupthandelsstraße (von der Ostsee zum Mittelmeer) nach dem schimmernden Baumharz benannten.

Sie muss ziemlich viel geweint haben, Freya, die Tränenreiche. Die »Göttertränen«, welche die nordische Göttin um ihren toten Gatten vergoss, sollen zu Bernstein geronnen sein, das noch heute in erheblichen Mengen rund um die Ostsee angespült wird. Das Bild von den verewigten Tränen muss etwas sehr Suggestives gehabt haben; jedenfalls findet es sich auch in anderen Kulturkreisen, zum Beispiel in der griechischen Sagenwelt: Die Heliaden vergossen ebenfalls Bernsteintränen um ihren toten Bruder Phaeton. Und auch Nymphen sollen bisweilen bernsteinern geweint haben.

Geheimnisvolles Baumharz

Verblüffend ist – von all dem Sagengeranke einmal abgesehen –, wie dicht »die Alten« bisweilen schon an eine quasi-wissenschaftliche Erklärung des Bernsteins herangefunden hatten. Plinius der Ältere (23–79 n. Chr.) schrieb von »herabfließendem Mark von Bäumen aus der Gattung der Fichten« und erwähnt den besonderen Duft und die Brennbarkeit der Steine.

Bernstein (von mittelniederdeutsch »barnsten« = brennender Stein) ist ein fossiles, erhärtetes Nadelbaumholz, das überwiegend in der Kreidezeit vor etwa 140–66 Millionen Jahren an »blutenden Bäumen« entstand und dann über erdgeschichtlich kleine Ewigkeiten verpresst und umgelagert wurde.

Genau genommen ist Amber, Succinit, Rumänit, Birmit – so eine Auswahl anderer Namen – kein Mineral, sondern eine organische Materie, die durch äußere Einflüsse, vor allem Druck und chemische Umwandlung, ihre unverwechselbare Ausstrahlung und ihre handschmeichlerische Extravaganz erhielt.

Das Meer fungiert nur als Verteiler und Transporteur. Das wissen wir heute. Für unsere Vorfahren war in der Regel – sofern sie dem nordischen Gold nicht unmittelbar (siehe oben) göttlichen Ursprung zusprachen – das Meer die Hervorbringerin. Man stellte sich unter anderem vor, die Berührung der Sonne mit dem Meer ließe den Zauberstoff entstehen. Das ist eigentlich – im Wortsinne – einleuchtend: Prächtige Sonnenuntergänge über dem Meer lassen an fließenden Bernstein denken.

Schmuck und Heilmittel

Schon in der Älteren Steinzeit (70 000–10 300 v. Chr.) soll Bernstein als Tauschware im Um-

Die Schätze

lauf gewesen sein; das älteste bekannte Bernstein-Amulett, gefunden in der Nähe von Alfeld, wurde vor ca. 30 000 Jahren gefertigt.

Römische Kaiser müssen – fast buchstäblich – verrückt nach dem Importstoff aus dem kalten Norden gewesen sein. Man trank aus Bernsteinbechern, ließ sich Kunstgegenstände daraus fertigen und verbrannte ihn, trotz horrender Kosten, wegen seines Wohlgeruchs. Für die Wikinger, die überwiegend Bruchsilber als Quasi-Währung benutzten, war Bernstein so etwas wie eine edle Zweitwährung. Ihre Handelswege in den Mittelmeerraum nannte man schon bald »Bernsteinstraßen«, auch wenn über diese Routen überwiegend andere, profanere Waren rollten.

Was wertvoll ist, sollte auch wirksam sein. So kann es kaum verwundern, dass man dem »Stein« – um den Hals getragen oder pulverisiert – geballte Heilkraft zutraute. Magen- und Gallenleiden soll er kuriert haben, Harnleiden gemildert, Kleinkindern das Zahnen erleichtert haben, er half gegen Asthma und andere Lungenleiden, war ein probates Mittel gegen Ohren- und Nierenerkrankungen.

Wer meint, derlei fände sich – ernst gemeint – nur auf vergilbten Pergamenten und in mittelalterlichen Folianten, der schaue ins hochmoderne Internet. Esoteriker unserer Tage empfehlen: »Wer die Heilwirkung des Bernstein ausprobieren will, bereite sich eine Bernstein-Essenz zu. Dabei werden einige Bernsteine über Nacht in ein Glas Wasser gelegt. Die Steine werden morgens herausgenommen und das Wasser nach dem Frühstück getrunken. (…) Es hilft aber auch, den Stein direkt auf die Haut zu legen.« Ein im Mörser »zerstoßenes und prisenweise verräuchertes« Substrat (1 Teil Bernstein, 2 Teile schwarzer Copal, ein halbes Teil Styrax, 1 Teil Benzoe Siam) soll – sofern in Meditation und bei Mondlicht appliziert – ultimative Entspannung schenken.

Das sagenhafte Bernsteinzimmer

Von ganz anderer Magie und bewiesener Massenwirkung ist ein Bernstein-Mythos der besonderen Art – rund 300 Jahre alt und gerade wieder höchst virulent: das Bernsteinzimmer. Um 1700 ließ sich Andreas Schlüter, der Hofarchitekt von König Friedrich I., etwas Nettes einfallen: Bernstein als Ersatz für Holzpanelee und seidene Edeltapete. Dem König gefiel die Idee; er beauftragte Kopenhagener und Danziger Bernsteinschnitzer, ein Arbeitszimmer in seinem Charlottenburger Schloss zu »gestalten«.

Sein Sohn, der Soldatenkönig Friedrich Wilhelm II., konnte sich für derlei Kunstzeugs nicht so recht erwärmen; er ließ das unvollendete Werk kurzerhand im Berliner Zeughaus einmotten.

Für Mythenbildung das Beste, was passieren konnte: Das Original-Bernsteinzimmer ist verschollen. Eine Nachbildung (Foto) ist seit Mai 2003 im Katharinenpalast von Zarskoje Selo zu bewundern.

BERNSTEIN

ES BEGANN MIT EINEM VERKEHRSUNFALL

In der griechischen Sage wächst Phaeton, der Sohn des Sonnengottes Sol und der Klymene, in Äthiopien bei seiner Mutter und seinem Stiefvater Merop auf. Als ehrabschneiderische Zweifler infrage stellen, dass Phaeton wirklich der Sohn des Sonnengottes sei, macht der beargwöhnte Götterspross sich auf den Weg zu Sol und drängt seinen Erzeuger, ihm einen Wunsch zu erfüllen und dadurch die Vaterschaft zu bestätigen. Der Wunsch erinnert an moderne Zeiten: Pubertierende Söhne werfen begehrliche Blicke in Vaters Garage. So auch Phaeton; er möchte für einen Tag den Sonnenwagen seines Vaters lenken. Trotz der ernsten Warnung Sols bleibt Phaeton bei seinem Verlangen. Und Sol ist wegen eines Schwures gebunden, er muss den Wunsch erfüllen.

Als die Pferde spüren, dass sie nicht mit der gewohnten Kraft und Erfahrung gelenkt werden, brechen sie aus der Bahn und stürmen der Erde zu. Dort entsteht ein gewaltiger Brand; Jupiter muss eingreifen und schleudert Phaeton mit einem Blitzschlag vom Wagen in den (späteren Bernstein-Fluss) Eridanos. An dessen Ufern beweinen Phaetons Schwestern, die Heliaden, seinen Tod.

Die Schwestern verwandeln sich über diese Trauer in Schwarzpappeln, »aus deren Rinde«, so schreibt Ovid in seinen berühmten Metamorphosen, »fließen Tränen, und die Tränenflüssigkeit, die von den gerade entstandenen Zweigen herabtropft, erstarrt in der Sonne: Bernstein (»electron«), den der klare Strom aufnimmt und den jungen Frauen Latiums zum staunenden Betrachten schickt.«

Der Sturz des Phaeton, wie ihn Joseph Heintz der Ältere (1564–1609) vor seinem inneren Malerauge sah. Angenehmer Nebeneffekt der Katastrophe: die Entstehung von Bernstein.

Wenig später, 1716, wurde das preußische Berlin von einer Anfrage des Zaren Peter I. überrascht, der das Bernsteinzimmer gern in St. Petersburg ausstellen wollte. Und weil Friedrich Wilhelm II. die Russen gerade gern als Flankenschutz gegen die Schweden an seine Seite ziehen wollte, machte er dem kunstsinnigen Zaren den Wandschmuck kurzerhand zum Geschenk.

Der Russe ließ sich nicht lumpen und überstellte dem Preußenkönig 55 extralange Grenadiere für seine Gardetruppe der »Langen Kerls« – eine Art lebendes Raritätenkabinett in Uniform.

Schon ein Jahr später, 1717, wurde das »Bernstein Getäffel« von Berlin aus in 18 Kisten über Memel und Riga nach St. Petersburg verfrachtet. Aber daselbst fehlte offenbar der notwendige Fachverstand, um die Kostbarkeiten sachgerecht an Wände zu heften.

Die Schätze

Womöglich noch teurer als der Andenken- und Schmuckindustrie ist der Paläozoologie der Bernstein, in dem sich über Ewigkeiten hinweg konservierte Insekten und Pflanzenreste erhalten haben.

Das geschah erst 1741 mit der Thronbesteigung von Zar Peters Tochter Elisabeth, die das »Bernsteinzimmer«, wie es ab jetzt hieß, im Winterpalais einbauen ließ.

Friedrich der Große unterstützte die Arbeit durch ergänzende Bernsteinlieferungen aus dem baltischen Raum. Die Zarin muss sich ausnehmend wohl darin gefühlt haben, diente ihr doch der lichtdurchflutete Prachtraum zeitlebens als offizieller Empfangsraum. Auf 100 Quadratmetern glänzte und glitzerte das königliche Harz mit Spiegeln und polierten Edelhölzern um die Wette; Stuckarbeiten und Malerei setzten harmonische Kontrapunkte.

Katharina die Große schließlich ließ weitere Glanzpunkte setzten; zusätzliche 450 kg »Ostseegold« gingen durch die Hände der besten Bernsteinschnitzer, um den Glanz der Zarin offensichtlich zu machen.

Der Rest der Geschichte ist weniger strahlend. Die Nazis requirierten gegen Ende des Zweiten Weltkrieges im besetzten Westrussland das »deutsche Kulturgut« wieder fürs Deutsche Reich. Das Zimmer ging auf eine Flucht ohne Wiederkehr. Entweder schmolz der Schatz im Bombenhagel der Nacht vom 26. auf den 27. August 1944 in den Katakomben des Königsberger Schlosses oder aber das geraubte Geschenk lagert noch immer irgendwo unentdeckt. Das jedenfalls glauben etliche Schatzsucher, die aus der »Jagd nach dem Bernsteinzimmer« eine Art Lebensaufgabe gemacht haben.

Im Mai 2003 schließlich wurde mit allem verfügbaren Pomp das originalgetreu rekonstruierte Bernsteinzimmer im Katharinenpalast von Zarskoje Selo eröffnet. Der Mythos lebt, und gegen Eintritt kann er besichtigt werden.

Im gläseren Sarg

Für die Wissenschaftler, die im Buch vergangenen Lebens blättern und forschen, also für die Paläontologen, sind Bernstein und insbesondere die so genannten »Einschlüsse« ganz besondere Geschenke. Pilze, Moose, Blütenpflanzen, Insekten, Spinnen, Schnecken, Würmer und in höchst seltenen Fällen auch Reste von Klein-Wirbeltieren, z. B. Vögeln, finden sich im »gläsenen Sarg« – für die Ewigkeit präpariert. Rare Geschenke, sollte man hinzufügen: Nur rund 2–5% aller gefundenen Bernsteine enthalten Einschlüsse, davon sind 95% tierischen Ursprungs.

Den baltischen Bernstein – auch hier sind die pflanzlichen Einschlüsse verhältnismäßig selten – machten seine so genannten »Sternhaare« berühmt, Haarbüschel von Buchen-, Eichen- und Kastanienknospen. 20 Mücken-, mehr als 40 Fliegenfamilien hat man bestimmen können; verhältnismäßig häufig finden sich Ameisen, zum Teil sogar im Puppen- und Larvenstadium.

Als spektakulär gelten die Ameisenfunde, die Mitarbeiter des Amerikanischen Museums für Naturgeschichte in New York vor einigen Jahren der Öffentlichkeit präsentierten. Im Bundesstaat New Jersey entdeckte man 7 in Bernstein eingeschlossene Ameisen, deren Tod im Pflanzenharz rund 92 Millionen Jahre rückdatierbar war. Das waren immerhin 50 Millionen Jahre mehr als das Alter der bis dahin bekannten Ameisenfossilien. Nähere Untersuchungen zeigten, dass es sich um 3 verschiedene Arten von Ur-Ameisen handelte, was die einschlägige Wissenschaft (man kennt ja in etwa die »Laufzeit« von einer Art zu einer neuen) vermuten lässt, dass schon vor 130 Millionen Jahren die Mutter aller Ameisen auf 6 Beinen unterwegs war.

Fischfang
Unermesslicher Reichtum

Fisch, früher Ersatz für Fleisch an »Festtagen«, hat heute längst seinen eigenen kulinarischen Wert. Er spielte einst eine bedeutende Rolle für den wirtschaftlichen Erfolg der Hanse.

Seit Urzeiten stillt der Mensch seinen Appetit an den Früchten des Meeres. Früher war das ein Privileg der Küstenbewohner. Heute, im Zeitalter des weltumspannenden Handels, sind Meeresfrüchte ein allseits verfügbares Gut geworden. Die Frage ist nur, wie lange noch?

Wahrscheinlich lernte der Mensch das Fischen vor 10 000 Jahren; darauf lassen zumindest Ausgrabungen in Südamerika schließen. Damals war es wahrscheinlich schiere Not, die die Bewohner des fruchtbaren Andenhochlandes an die Pazifikküste trieb. Ein Kälteeinbruch hatte sie dazu gezwungen. An Ackerbau war an der Küste des heutigen Peru aufgrund des wüstenhaften Klimas nicht zu denken. Also sammelten die Klimaflüchtlinge Muscheln, Krebse, Seeigel und andere Meerestiere.

Und sie lernten angeln. Wie »Spektrum der Wissenschaft« (Heft 11/2002) berichtet, entdeckten zwei Archäologinnen prähistorische Feuerstellen, die von Muschelschalen und Fischgräten umgeben waren. Daraus konnten Biologen die Arten der Tiere bestimmen, die damals verspeist wurden. Außer den Schalentieren waren es mehr als 1 m lange Seebarsche, Haie und Rochen. Später, mit Booten, wurden auch Robben und andere Meeressäuger gejagt.

Die richtigen Fangtechniken vorausgesetzt, entpuppte sich das Meer als gigantische Vorratskammer, die sich immer wieder von selbst auffüllte. Die neuen Küstenanrainer in Peru fertigten Angeln und Harpunen mit Haken oder Spitzen aus Muschelschalen und Knochen. Außerdem knüpften sie Netze für den Sardinenfang.

Einige der identifizierten Fischarten lebten auf hoher See. Daraus schließen die Archäologinnen, dass die Menschen offenbar schon vor Tausenden von Jahren einigermaßen stabile Boote gebaut haben. Da es von ihnen bislang keine Funde gibt, kann man über ihr Aussehen nur spekulieren. Waren es Holzflöße oder Binsenboote, die noch heute vor der peruanischen Küste genutzt werden? Oder Boote, die aus Robbenhäuten zusammengenäht und mit Fett abgedichtet wurden? Dieser Schiffstyp war im 18. Jahrhundert an der chilenischen Küste entlang üblich.

INDUSTRIELLE NUTZUNG

In Europa weitete sich die Küstenfischerei ab dem 13. Jahrhundert so sehr aus, dass sie die Versorgung des Hinterlandes – vor allem der Städte – übernahm. Eine der ersten Beschrei-

Die Schätze

Das Meer als Speisekammer der Menschheit: Ökologisch genutzt würde sie sich immer wieder von selbst auffüllen. Foto: Fischmarkt in Lissabon.

bungen über den Fischreichtum und die Flotte der herbeieilenden Fischerboote in den dänischen Meerengen lieferte Philippe de Mézières, der Ratgeber Karls V., im 14. Jahrhundert (zitiert nach Michel Mollat du Jourdin):

»Zwischen dem Königreich Norwegen und dem von Dänemark gibt es einen ganz engen Meerarm, der nur etwa eine oder zwei Meilen breit ist. (...) Im September und Oktober zieht der Hering von einem Meer zum anderen durch die Meerenge in so großen Mengen, dass es einem Wunder gleichkommt, und so viele ziehen in diesen beiden Monaten (...) durch diesen 15 Meilen langen Meeresarm, dass man sie mit dem Schwert zerschneiden könnte. (...) Jedes Jahr versammeln sich Schiffe und Boote aus ganz Deutschland und Preußen, um den Hering zu fangen. (...) Und nach allgemeiner Ansicht sind es 40 000 Schiffe. (...) Es drängt mich,

die Gnade zu beschreiben, die Gott der Christenheit erwiesen hat, denn vom überreich vorhandenen Hering ernähren sich ganz Deutschland, Frankreich, England und mehrere andere Länder in der Fastenzeit.«

Heute ist der Handel mit Meeresfrüchten eine Milliarden-Dollar-Industrie geworden. Der Mensch verzehrt zurzeit rund 90 Millionen Tonnen Fisch pro Jahr, der Gesamtwert der Fischproduktion liegt bei etwa 131 Milliarden US-Dollar. Weltweit sind 200 Millionen Menschen von der Fischerei als Nahrungsquelle und zur Sicherung ihres Lebensunterhalts abhängig. Wissenschaftler, Umweltschützer und die Welternährungsorganisation (FAO) warnen seit langem vor der Ausplünderung der Ozeane. Es gibt kaum eine Speisefischart, die nicht überfischt ist. Die Fangmethoden sind – gemessen an unserem ökologischen Wissen und dem

Stand der Technik – primitiv. Geradezu grobschlächtig.

Um beispielsweise Shrimps und bodenlebende Fische wie Flundern oder Pollack zu fangen, schleifen die Fischer mit Gewichten beschwerte Netze über den Meeresgrund. Diese so genannten Grundschleppnetze wühlen den Boden um und hinterlassen großflächige Verwüstungen. Schwämme, Korallen, die Wohnhöhlen der Tiere und alles, was darin haust, werden durch die Unterwasser-Bulldozer buchstäblich platt gemacht.

In den Netzen landet zudem eine Unmenge von Lebewesen, auf die es die Fischer gar nicht abgesehen haben. Manchmal übertrifft der »Beifang« den eigentlichen Ertrag bei weitem. Auf 1 kg gefangene Shrimps kommen 10 kg unerwünschte Kleinfische, Krusten- und Weichtiere. Da sie für den menschlichen Verzehr ungeeignet sind, werden sie – verletzt oder zerquetscht – wie Müll wieder über Bord gekippt. Für das Ökosystem wären sie aber wichtig gewesen.

Auch bei anderen Fischereimethoden fällt »Beifang« an, er macht etwa 25 % des Gesamtfangs aus. Zu den Opfern gehören auch Robben, Delfine, die vom Aussterben bedrohten Meeresschildkröten und Seevögel. Allein durch die chilenische Wolfsbarsch-Fischerei rund um die Antarktis sterben jedes Jahr mehr als 100 000 Seevögel. Den Ködern der Langleinen können sie einfach nicht widerstehen. Angesichts dieses Blutzolls klingt es sicher überraschend, dass die Langleinenfischerei ansonsten zu den am wenigsten schädlichen Methoden der

FISCHFANG

industriellen Fischerei gehört, weil sie – verglichen mit einem Netz – *relativ* selektiv ist.

Noch gelten die Ozeane der Welt als unerschöpfliche Rohstoffquellen und werden nach Raubrittermanier ausgebeutet. Mit modernster Technik hochgerüstete Fangflotten stoßen in immer neue Regionen und immer größere Tiefen vor. Durch Echolot, Satellitennavigation oder Flugzeuge gelotst, stöbern die Fischer fast alles auf, was Flossen hat, und lassen ihre riesigen Netze oder kilometerlangen Leinen zu Wasser.

Nach Jahrzehnten der industriellen Fischerei ist die Verbreitung der großen Fischarten wie Kabeljau, Thunfisch, Schwertfisch oder Haie um bis zu 90 % zurückgegangen. Der US-Fischereibiologe Ramson Myers von der Dalhousie University im kanadischen Halifax und seine Kollegen warnten 2003, dass das nicht nur einige Fischarten in einigen Regionen beträfe, sondern »jeden großen Fisch, überall auf der Welt«.

KLEINES HERINGS-EINMALEINS

<u>Grüner Hering:</u> wird frisch – also nicht gesalzen – angelandet.
<u>Bismarck-Hering:</u> wird erst in starke Essiglösung eingelegt, um das Fleisch auszubleichen und den Heringsgeschmack abzumildern, dann gespült und mit Gewürzen mariniert.
<u>Rollmops:</u> Die Filets werden mit Gewürzen, Gurken und Zwiebeln aufgerollt, mit einem Holzspieß befestigt und mariniert.
<u>Matjes:</u> holländische Spezialität, bei der nur »jungfräuliche« Heringe verwendet werden, also Jungtiere, die noch nicht gelaicht haben. Das Fleisch ist durch milde Salzung und enzymatische Reifung besonders zart.
<u>Bückling:</u> der goldbraune Räucherhering.

KOLLAPS DER BESTÄNDE UND ÖKOSYSTEME

Bekanntestes Beispiel ist der Zusammenbruch der Kabeljau-Bestände im Atlantik in den 1990er-Jahren. Das delikate weiße Fleisch dieses Fisches war in Europa wie auch in den USA und Kanada gleichermaßen begehrt. Jahrhundertelang lebten Fischer und Händler beiderseits des Atlantiks von ihm, und in den Küchen Europas spielte Kabeljau eine tragende Rolle. Ob als »Stockfisch« in Schweden, »Fish & Chips« in Großbritannien oder »Bacalau« in Spanien und Portugal.

Für den kurzfristigen Profit werden langfristige (manchmal auch irreversible) Zerstörungen in Kauf genommen. Sie erregen nur deshalb kein öffentliches Aufsehen, weil sie weit draußen auf dem Meer passieren und für die meisten Menschen unsichtbar sind. Und weil die Fischläden immer noch voll sind.

Doch der Schein trügt. Wer gerne Fisch isst, weiß, dass Fisch richtig teuer geworden ist. Selbst frühere Massenfischarten wie Hering (»Matjes«) oder Sardinen. Ein sicherer Hinweis auf das sich verknappende Angebot (bei steigender Nachfrage). Aber nicht nur die Menge, auch der Inhalt des Ange-

Kleinere Fischtrawler wie diese in Palma de Mallorca werden immer seltener. Weltweit sind die Fischbestände erschöpft.

157

Die Schätze

Der Kabeljau gehört – wie der Hering – traditionell zu den wichtigsten Speisefischen Europas.

bots hat sich geändert. Die Fische werden immer kleiner (sofern es sich um Wildfänge handelt), und heimische Fische werden immer seltener. Die Entfernungen, aus denen der Fisch eingeflogen wird, werden immer größer – und die Fischarten immer exotischer.

Das gilt nicht nur für den deutschen Markt. Ein Großteil der Meeresfische, die innerhalb der Europäischen Union verspeist werden, ist Importware aus Übersee. Viele Fischer der EU (und auch der USA) sitzen dafür auf dem Trockenen. Mit den Fangflotten in der Fischereiwirtschaft vollzieht sich ein ähnlich schleichender Prozess wie mit den Bauernhöfen in der Landwirtschaft – das Flotten- und Höfesterben, alles kommod abgefedert durch Steuergelder in Millionenhöhe.

Weder Fangquoten noch Aquakulturen haben den Niedergang der Fischereibestände aufhalten können. Nötig ist daher ein Management, das beim Schutz der Ökosysteme ansetzt. Um die natürliche Regeneration zu gewährleisten, müssten die Laichgründe und Kinderstuben des Meeres als Schutzgebiete ausgewiesen werden. Über geschützte Korridore könnte man sie außerdem miteinander vernetzen.

Die Fangtechniken müssen verbessert oder ersetzt werden. Eine größere Maschenweite in den Netzen beispielsweise erlaubt Jungfischen die Flucht. Langleinenfischer in den USA werfen Leinen mit grellbunten Schwimmern aus, die Seevögel so lange fern halten, bis die frisch beköderten Haken tief genug ins Meer gesunken sind. Im Golf von Mexiko benutzen Shrimpfischer Bodennetze, die Meeresschildkröten nicht mehr zum Verhängnis werden.

Noch besser wäre es, Shrimps in Fallen zu fangen oder Jakobsmuscheln von Hand zu sammeln. (Die durch den Mehraufwand verursachten Kosten könnten durch Subventionen kompensiert werden, die man bei veralteten Techniken streicht.)

Fluch und Segen der Aquakulturen

Aquakulturen, die heute bereits ein Drittel aller Meeresfrüchte liefern, werden auch in Zukunft unverzichtbar sein. Allerdings sollten sie umweltverträglich wirtschaften, da sie große ökologische Schäden anrichten. Shrimpsfarmer in Ecuador und in Südostasien haben für ihre Betriebe oftmals die wertvollen Mangrovenwälder an der Küste zerstört. Der Einsatz von Pestiziden und Antibiotika, um die Farmgarnelen vor Parasiten und Krankheiten zu schützen, verseucht die umliegenden Gewässer. Das gilt ebenso für die Lachsfarmen in Norwegen. Dabei geht es auch anders, wie das Beispiel vom »Biolachs« zeigt.

Ende der 1990er-Jahre tauchte er erstmals auf dem deutschen Markt auf. Lachs war damit die erste Fischart mit einem Zertifikat für umweltschonende Zucht. Er stammte von der irischen »Clare Island Sea Farm«, die im Atlantik, etwa 4 km vor der Westküste Irlands, liegt. Die Lachse dort sind äußerlich kaum vom Wildlachs zu unterscheiden. Sie schwimmen in einer starken Gezeitenströmung, was die Muskulatur stärkt und die für Mastlachs typischen Fettpolster verhindert. Ihr Fleisch hat deshalb »mehr Biss«.

Der in Deutschland angebotene Lachs kommt zu fast 90 % aus Zuchten, bei denen es nicht so artgerecht zugeht wie auf der irischen Farm. Hinter dem schön klingenden Wort Aquakultur verbirgt sich eine Massentierhaltung, die der von Schweinen, Rindern und Hühnern kaum nachsteht. In schwimmenden Käfigen werden Zuchtlachse auf engstem Raum gemästet. Um unter solchen Bedingungen Krankheitserreger und Parasiten wie die berüchtigte Lachslaus in Schach zu halten, setzen die Züchter ein ganzes Arsenal von Medikamenten und giftigen Schädlingsbekämpfungsmitteln ein.

Natürlich haben Bio-Aquakulturen geringere Erträge als Massenfischhalter. Aber sie sparen auch die Kosten für Medikamente und Chemikalien und profitieren von der geringeren Fischsterblichkeit. Aufgrund der hohen Fleischqualität

FISCHFANG

erzielen sie auch einen höheren Marktpreis, sodass sich Biolachs nicht nur für die Umwelt, sondern auch betriebswirtschaftlich lohnt. Umweltfreundliche Aquakulturen sind deshalb auf dem Vormarsch.

Ungleich schwieriger ist es, das Prinzip der Nachhaltigkeit auf die Weltmeere anzuwenden. Dabei würde es sich wirklich lohnen. »Wenn wir den Ozeanen jetzt eine Chance geben«, sagt Elliot Norse, Leiter des »Marine Conservation Biology Institute« in Redmond (Washington State), »dann werden sie den Menschen Nahrung liefern, solange es Menschen auf der Erde gibt. Aber wir müssen jetzt anfangen, und nicht erst in 5 oder 10 Jahren.«

DER HERING

Wohl kein Fisch hat die Geschichte, Kultur und Wirtschaft Nordeuropas so sehr beeinflusst wie der Hering. Schon vor 5000 Jahren verzehrten die Menschen Heringe, wie anhand von Fischgräten in prähistorischen Siedlungen an der dänischen Küste nachgewiesen wurde. Der Fang von Heringen – erst zum Eigenbedarf, später auch für den Handel – begründete wahrscheinlich einen der ältesten Erwerbszweige für die europäischen Küstenbewohner. Eine Chronik, die im schottischen Kloster Eveham gefunden wurde, verzeichnet Heringsfang schon im Jahr 709. Von Amsterdam erzählt man, dass es auf Heringsköpfen gebaut wurde.

Die Macht des hanseatischen Kaufmanns- und Städtebundes beruhte vor allem auf dem Handel mit Salz und Heringen – und mit Salzheringen. Diese wurden von der Hanse bis nach Russland vertrieben.

Das Silber der Meere: Heringe. Ihr Fang begründete wahrscheinlich einen der ersten Erwerbszweige für die europäischen Küstenbewohner.

Einmal war eine Ladung Heringe sogar kriegsentscheidend: 1429 im französisch-englischen Krieg. Vor Orléans griff die französische Artillerie einen englischen Nachschubtransport von 300 Wagen an – voll beladen mit Salzheringen. In ihrer Verzweiflung bewarfen die Engländer den Feind so lange mit der fischigen Fracht, bis er sich schließlich geschlagen gab. Das Scharmützel ging als »Heringsschlacht« in die Geschichte ein.

Die fortschreitende Christianisierung in Nordeuropa trug ab dem 10. Jahrhundert maßgeblich zur Verbreitung des Herings als Nahrungsmittel bei. Damals schrieb die katholische Kirche 150 Fastentage vor, an denen Fleisch tabu war, nicht aber Fisch, erklärt Manfred Klinkhardt in seinem Buch »Der Hering«.

Ab dem frühen Mittelalter wurden Fangrechte vergeben, und die Fischer mussten eine Art Steuer zahlen. Der Hering beschleunigte die Entwicklung des Handels weit über die Küstenregionen hinaus. Auch im Binnenland verdienten viele Menschen dank dieses Fisches ihren Lebensunterhalt, zum Beispiel als Fassmacher oder Salinenarbeiter. In Deutschland gehörte das Fass mit den Salzheringen noch nach dem Zweiten Weltkrieg zu den typischen Requisiten eines Kaufmannsladens. In den 1950er-Jahren machten der Hering und seine Verwandten fast ein Viertel des gesamten Fischfangs weltweit aus.

DIE HEERE DER MEERE

Dass die Silbergeschuppten mit der gegabelten Schwanzflosse eine so herausragende Bedeutung erlangen konnten, lag ganz einfach an der ungeheuren Masse, mit der diese

159

Die Schätze

Fische auftraten. Noch Anfang des 20. Jahrhunderts maßen Heringsschwärme 12–15 km Länge und bis zu 6 km Breite. In einem Bericht aus den 1920er-Jahren heißt es: »Die Heringe ziehen so gedrängt, dass Boote, die dazwischen kommen, in Gefahr geraten. Mit Schaufeln kann man sie unmittelbar ins Fahrzeug werfen, und ein langes Ruder, das in diese lebende Masse gestoßen wird, bleibt aufrecht stehen.«

Bei Sonnenschein reflektierten die Fische das Licht so stark, dass die Fischer vom »Heringsblick« sprachen. Die Schwärme waren groß genug, um ganze Völkerscharen zu nähren – und mit ihnen die Vorstellung von der Unerschöpflichkeit der Meere.

Der Name »Hering« geht wahrscheinlich auf »heri« für Heer zurück. Aus der gleichen Wurzel bildeten sich das französische »hareng«, das italienische »aringa« und das spanische »arenque«.

Wenn Fressfeinde einen großen Schwarm attackierten, drängten sich die Fische so dicht zusammen, dass die oberen angeblich als »blinkender Heringsberg« aus dem Wasser ragten. Kleine Boote sollen vom Heringsgewimmel sogar emporgehoben worden sein. Solche Beschreibungen – ob wahr oder übertrieben – spiegeln zumindest den großen Eindruck wider, den die Heere der Meere hinterlassen haben.

Als älteste Fanggeräte sind Fischwehre, -zäune und -reusen bekannt. Der einzige noch erhaltene Heringszaun in Europa ist in Kappeln an der Schlei zu besichtigen. Die moderne Hochseefischerei nutzt das Heringsschleppnetz und die Ringwade.

Salz und Hering – eine segensreiche Verbindung

In Deutschland und anderen europäischen Ländern kam der größte Teil der Heringe gesalzen auf den Markt. Neben dem Trocknen an der Luft ist das Einsalzen wahrscheinlich die älteste aller Konservierungsmethoden. Weitere übliche Verarbeitungsformen waren Räuchern und Marinieren in Essig oder Gewürztunken.

Im 11. und 12. Jahrhundert war Salzhering ein wichtiger holländischer Exportartikel, der bis nach Polen vertrieben wurde. Im ersten Drittel des 14. Jahrhunderts betrug der Handel 34000 Tonnen Salzheringe. Wichtige Umschlagplätze waren damals Lübeck, Hamburg, Stettin und Danzig. Holland und England avancierten später zu bedeutenden Heringsexporteuren.

Über lange Zeit wurde der ganze Hering, also samt Innereien, eingesalzen. Dazu war viel Salz notwendig, was das Fleisch trocken und zäh machte. Das vorherige Entweiden setzte sich erst ab Ende des 14. Jahrhunderts durch. Diese Methode, die die Qualität des Fischfleisches erheblich verbesserte, wird dem holländischen Steuermann Willem Beukelsz von Biervliet zugeschrieben, von dessen Namen sich auch der Begriff »Pökeln« herleiten soll. Vor dem Salzen wurden die Tiere durch einen Kehlschnitt geöffnet und die ungenießbaren Innereien mit einem Handgriff herausgezogen. Die nahrhaften Geschlechtsprodukte aber – der »Rogen« und die »Milch« – blieben im Bauch.

Durch das »Kaaken« (vom holländischen Wort für Kehle) waren die Heringe in geringerer Salzkonzentration lange haltbar und schmeckten viel besser.

Die sprichwörtliche Haltbarkeit von Salzheringen inspirierte Goethe zu einer Metapher, und er reimte:

Begeist'rung ist keine Heringsware,
die man einpökelt auf einige Jahre.

Um den holländischen Pökelerfinder ranken sich zahlreiche Anekdoten. Angeblich hat Karl V. Mitte des 16. Jahrhunderts zusammen mit der ungarischen Königin Beukelsz' Grab besucht, um ihm zu Ehren einen Hering zu verspeisen und einen Pokal Wein zu trinken.

Das Pökeln an Land wurde nach und nach durch das Pökeln an Bord, direkt nach dem Fang, ersetzt. Dadurch verbesserte sich die Qualität nochmals erheblich, und diese Heringe wurden als »seegekehlt« und »seegesalzen« besonders deklariert.

Ein routinierter Fischer kehlte und entweidete einen Hering innerhalb von Sekunden. Auf diese Weise konnte er in einer Stunde die Menge an Fisch verarbeiten, die in 1–2 Holzfässer passten. Pro Fass (auch »Kantje« genannt) waren das je nach Größe 600–700 Heringe. Die »Spillgänger«, eine eigene Berufsgruppe, waren dafür zuständig, die Heringe nach Größe zu sortieren, einzusalzen und in die Fässer zu verpacken. Für die Sorgfalt mussten sie mit ihrem Namenskürzel am Fass einstehen.

FISCHFANG

Die Macht der Hansestädte beruhte vor allem auf dem Handel mit Salz und Heringen. Sie wurden bis nach Russland verschifft.

Seltsamerweise hat sich die Methode des »Kaakens« in Spanien nicht überall durchgesetzt. In Andalusien und auf Mallorca beispielsweise kommen Salz- und Räucherheringe bis heute unausgeweidet auf den Markt.

Die traditionell andalusische Methode, sie zu Hause auszunehmen, klingt skurril, aber sie funktioniert: Man wickelt den Hering in dickes, saugfähiges Zeitungspapier, klemmt den Packen in den Rahmen der Küchentür und schließt sie ganz langsam. Die Eingeweide quellen oben und unten aus dem Hering heraus, der Rogen oder die Milch bleiben drinnen. Wenn das Zeitungspapier zu dünn war, muss man hinterher den Türrahmen putzen, sonst beginnt er zu muffeln …

SPEISEFISCH DER ARMEN

Der Hering ist reich an Eiweiß, Fett sowie den Vitaminen A und D. Ursprünglich eine Fastenspeise, mauserte er sich zum Fleisch der kleinen Leute und wurde schließlich ein Wirtschaftsfaktor von Weltrang. In Kochbüchern Ende des 19. Jahrhunderts finden sich zahlreiche Rezepte für die Zubereitung von Heringen: zum Frühstück, zum Mittagessen, zum Abendbrot. Sogar zum Tee wurden sie gereicht, in einer Soße aus saurer Sahne, Senf, Öl und Essig, Pfeffer und Zwiebeln.

Dass er wichtiger als andere Fischarten war, geht auch aus den Ausführungen in »Brehms Tierleben« von 1924 hervor: »Die Bedeutsamkeit der Fische für den Haushalt des Menschen lässt sich mit dem einzigen Worte Hering verständlich genug ausdrücken. Ohne den Stockfisch kann man leben; von den Schollen und den meisten Seefischen haben wesentlich die Küstenbewohner Genuss und Gewinn; (…) der Hering und seine Verwandten aber bringen den Segen der Meeresernte bis in die entlegendste Hütte. Wenn irgendein Fisch verdient, Speisefisch der Armen genannt zu werden, so ist es dieser, der, auch dem Bedürftigsten noch erschwinglich, in vielen Häusern die Stelle des Fleisches vertreten muss. Es gibt keinen Fisch, der uns unentbehrlicher wäre als er.«

Die Schätze

Kaviar und Hummer
Der Inbegriff von Luxus

Osietra-Stör

Ob derlei Gaumenfreuden heute noch zeitgemäß sind, ist im wahrsten Sinne des Wortes Geschmackssache. Was früher die Dekadenz der Oberschicht symbolisierte, ist Tierschützern heute ein Dorn im Auge.

Iranische Kaviar-Importeure berichten, dass der Begriff »Kaviar« von den Khediven käme, einem iranischen Volksstamm am Kaspischen Meer. »Cahv-Jar« nennen sie den frischen Rogen, das bedeutet »Kuchen der Freude«. Angeblich sind die Khediven für ihre »Körperkraft und Mannesstärke« bekannt – natürlich weil sie viel Kaviar essen. Nahrhaft sind die kleinen schwarzen Perlen allemal. Sie enthalten viel Lezithin, Jod, Kalzium und Eisen, außerdem Vitamine. Früher war Kaviar eine Speise der »kleinen Leute«, vor allem der Fischer am Schwarzen und Kaspischen Meer. Irgendwann kamen auch die Reichen in den Städten, beispielsweise im mindestens 2000 km entfernten St. Petersburg, auf den Geschmack.

Zar Peter der Große (1672–1725) verzehrte sich dermaßen nach Kaviar, dass er einen Stab von Fischern eigens für den Störfang hielt. Über die russische Aristokratie verbreitete sich der kostbare Rogen in den Königshäusern und Adelspalästen ganz Europas. Ab Ende des 19. Jahrhunderts galt Kaviar auch im aufstrebenden Bürgertum den neureichen Industriellen als »schick«. Und um die noblen Eier stilvoll zu servieren, entwarf der berühmte Juwelier Carl Fabergé 1882 zu Ehren der Zarenfamilie ein prunkvolles, reich mit Gold und Silber verziertes Kaviargefäß.

Mit seinem nonchalanten »Es muss nicht immer Kaviar sein« landete Johannes Mario Simmel in den 1960er-Jahren einen Bestseller, der auch verfilmt wurde. Die »tolldreisten Abenteuer« (Verlagsankündigung) des Romanhelden Thomas Lieven führen den Geheimdienstagent wider Willen durch Europa und Amerika, immer auf der Flucht vor Spionen und auf der Suche nach schönen Frauen und gutem Essen. Der Buchtitel ist beinahe eine Metapher für das Auf und Ab des Lebens geworden.

Delikate Perlen

Mit Kaviar sind natürlich nicht die salzigen Kügelchen gemeint, die auf dem Büffet als Dekoration für hart gekochte Eier dienen. Dabei handelt es sich um den schwarz oder rot gefärbten Rogen des Atlantischen Seehasen. Den »echten« Kaviar liefern nur Störweibchen. Je nachdem, von welcher Art er stammt und wie er verarbeitet wird, unterscheidet man verschiedene Qualitätsstufen. Die schlagen sich wiederum im Preis nieder.

Der begehrteste Kaviar stammt vom Beluga-Stör aus dem Kaspischen Meer. Mit einem Durchmesser von bis zu 3,5 mm sind die Eier, die wegen ihrer zarten Schale äußerst vorsichtig behandelt werden müssen, ziemlich groß. Für ihren unvergleichlichen Geschmack – ein Hauch feinsahnige Meeresbrise – zahlen Feinschmecker beziehungsweise die, die es sich leisten können, ein kleines Vermögen: 350 Euro für ein Gläschen von 113 g (1 oz).

Der Stör-Rogen hat damit einen noch kometenhafteren Aufstieg genommen als der Lachs, über den in Hamburg immer wieder kolportiert wird, dass er um die Jahrhundertwende das Standardessen der Hausangestellten und Dienstboten war. Er schwamm halt so zahlreich in der Elbe herum. Als sie seiner überdrüssig waren, forderte das Personal wütend, nicht mehr als zweimal die Woche mit dem orangefarbenen Fisch traktiert zu werden. Dann wurde Lachs selten – und kam als Delikatesse in Mode. Nun ist er aufgrund der Schwemme aus den norwegischen Aquakulturen wieder ein Massenfisch geworden.

Eine urtümliche Familie

Die Familie der Störe gehört zu den ältesten Knochenfischen der Erde. Schon seit 250 Millionen Jahren schwimmen sie durch die Meere. Mit ihrem haiähnlichen Aussehen erinnern sie noch an die evolutionären Vorläufer, die Knorpelfische. Die asymmetrische Schwanzflosse ist oben größer als unten, das Maul unterständig und das Skelett knorpelig. Außer in Europa und Vorderasien sind Störe auch in Nordamerika und Asien zu Hause.

Der Atlantische Stör (*Acipenser sturio*) lebt in den Küstengewässern von Skandinavien bis Marokko, im Mittelmeer und im Schwarzen Meer. Noch bis Anfang des 20. Jahrhunderts war er in allen großen Flüssen Europas anzutreffen. Zwar verbringen die altertümlichen Fische die meiste Zeit im Meer, aber zum Laichen kehren sie in ihre Geburtsflüsse zurück. Die prall gefüllten Eierstöcke, in denen sich mehr als 2 Millionen Eier befinden können, machen bei einem Weibchen rund ein Zehntel des Körpergewichtes aus.

Nach dem Ablaichen dauert es – je nach Wassertemperatur – einige Tage bis zwei Wochen, bis die rund 1 cm langen Larven schlüpfen. Die ersten beiden Lebensjahre verbringen die Jungstöre im Süßwasser, dann wandern sie ins brackige Wasser der Flussmündungen. Dort bleiben sie weitere 2–3 Jahre, bevor es sie ganz auf das Meer hinauszieht. Störe reifen nur sehr langsam heran: Die Weibchen werden erst im Alter von 8–14 Jahren geschlechtsreif, die Männchen mit 7–9. Wegen der intensiven Befischung gingen die Bestände schon in der ersten Hälfte des 20. Jahrhunderts massiv zurück. Die zunehmende Wasserverschmutzung und die Verbauung der Flüsse haben den Tieren endgültig den Garaus gemacht. In Deutschland gilt der Atlantische Stör gemäß Roter Liste als verschollen bzw. ausgestorben.

Mit einer Länge von maximal 5–6 m ist der Beluga (*Huso huso*) der größte unter den Stören. So ein Riese wiegt dann rund 2 Tonnen – ist aber selten. Die heute gefangenen Exemplare sind üblicherweise 2–4 m groß und 100–250 kg schwer. Der Beluga, auch »Europäischer

Die Schätze

Hauser« genannt, lebt im Schwarzen und im Kaspischen Meer in einer Tiefe von 70–180 m und ernährt sich von Fischen, Krebsen und Weichtieren. Wenn man ihn lässt kann er erstaunlich alt werden, 100 Jahre und mehr. Der Rekord liegt bei 118 Jahren.

Störe werden mit Netzen gefangen und mit einem Schlag auf den Kopf betäubt. Die Fischer bringen sie so bald wie möglich an Land, schneiden die Weibchen auf und nehmen ihren Rogen heraus. Das muss in aller Eile geschehen, erklären die Importeure, nur so können sie die Qualität des Kaviars gewährleisten. Von der Entnahme des kostbaren Guts bis zur Verpackung in die traditionelle 1,8-kg-Exportdose in Salzlake vergehen kaum mehr als 10 Minuten, heißt es. Unter Luftausschluss lässt sich die ansonsten leicht verderbliche Ware bis zu 1 Jahr lagern. Genauso lange hält sich auch der pasteurisierte Kaviar, der auf 60 °C erhitzt und in Gläser gefüllt wird.

Außer dem »Beluga«-Kaviar gibt es noch 2 weitere traditionelle Wildkaviarsorten: »Osietra« und »Sevruga«, die von den gleichnamigen Stören stammen. Der Osietra-Stör (*Acipenser gueldenstaedti*) wird etwa 2 m lang und bis zu 200 kg schwer. Im Durchschnitt wiegen die Tiere allerdings 70 kg. Je nach Alter des Weibchens sind die Eier goldbraun bis dunkelbraun. Dass sie kleiner und hartschaliger als die des Beluga sind, macht sie auch unempfindlicher. Ihr Geschmack ist nussig.

Der Sevruga-Stör (*Acipenser stellatus*) ist mit 1,5 m Länge und 25 kg Gewicht ziemlich klein. Der Geschmack der grauen Eier, die ebenfalls dünnschalig und empfindlich sind, wird mit »kräftig-würzig« beschrieben. Sie bilden zwar den preiswertesten der 3 Kaviarsorten, bleiben aber mit rund 190 Euro für 125 g ein Luxusprodukt. Die Preise unterliegen starken Schwankungen, auch durch den Dollarkurs bedingt (Beispiele vom Januar 2004).

Nicht nur die Eier, auch das Fleisch ist begehrt. An den russischen Küsten des Schwarzen und des Kaspischen Meeres sowie an der Wolga gehören Suppe aus frischem Stör oder in der Pfanne gebratener Stör zu den traditionellen Gerichten. In Deutschland wird Stör seit einiger Zeit geräuchert angeboten. Die klassischen Lieferländer sind außer Russland und Iran auch Aserbaidschan, Rumänien und andere Anrainerstaaten der beiden Meere.

Gefährdete Bestände

Trotz der hohen Preise können die 3 Stör-Arten die hohe Nachfrage nach Kaviar gar nicht mehr decken. Auch Ersatzprodukte wie Zuchtkaviar vom Sibirischen Stör (*Acipenser baerii*) oder der in Mode gekommene goldrote Lachskaviar – »Keta«-Kaviar, vom nordpazifischen Lachs – verringern den Druck auf die natürlichen Bestände nur mäßig.

Alle 27 Stör-Arten unterstehen seit 1998 dem Washingtoner Artenschutzabkommen. Es gibt Fangquoten und der Handel wird kontrolliert. Die Preise für legalen Kaviar haben sich seitdem verdreifacht. Trotzdem floriert der offizielle Handel mit Störprodukten auch weiterhin: Einer der größten Kaviar-Importeure Deutschlands setzt pro Jahr rund 10 Millionen Euro um.

Die Fangquoten sinken notgedrungen. Was den Stör-Populationen aber vor allem zusetzt, sind die Raubfänge durch Wilderer und Kaviar-Mafia. Die Schmuggelware wird nicht nur in Moskau oder St. Petersburg feilgeboten, sondern auch in Westeuropa. In Hamburg beispielsweise schrecken Schwarzmarkthändler nicht davor zurück, am hellichten Tag in lizensierte Kaviarläden zu gehen, um ihre Billigware direkt anzubieten. Von strafrechtlichen und ökologischen Argumenten einmal abgesehen: Auch aus hygienischen Gründen muss vor solchen Produkten gewarnt werden. Sonst kann der Genuss einer Pseudodelikatesse leicht mit einer Lebensmittelvergiftung enden.

Hummer-Qualen

In der absoluten Spitzengruppe der kulinarischen Meeres-Köstlichkeiten thront seit Jahrzehnten auch der Hummer. Und das bekommt ihm nicht gut. Ja, für viele Menschen ist der Tod, den wir dem Hummer zumuten, zum Bild für unsere grausame Gefräßigkeit geworden, mit der wir die Küstenmeere und Ozeane plündern.

Zumindest für feinfühlige Zeitgenossen hat der Mythos Hummer einen scharfen Knick bekommen. Die Rede ist von der Art, *wie* wir dem Krustentier den Tod bereiten, ehe wir uns sein Fleisch einverleiben.

Hummer sind faszinierende Tiere, Wissenschaftler hoffen sogar, in ihrem biologischen Bauplan das »Anti-aging-Gen« zu finden.

Der Hummer ist ein Spinnen- und Assel-Verwandter, mithin ein niederes Tier ohne viel Schmerzempfinden. Und der Tod im Kochtopf kommt blitzartig. So in etwa lauten die Beschwichtigungsargumente der Freunde des roten, des toten Hummers.

Aber wie ist das mit seinem Ende – wirklich ein kurzer Prozess? Peter H. Arras von »tierschutz-online.de« hat nachgemessen. Der Todeskampf dauert 3–4 Minuten, nicht zuletzt deshalb, weil der normalerweise auf 4 °C gekühlte Hummer die Wassertemperatur im Topf erst einmal senkt. Werden verbotener, aber wohl nicht ausnahmsweise mehrere Delinquenten gleichzeitig in einem Topf totgebrüht, dürfte der Foltereffekt wohl noch maliziöser ausfallen.

Die kulinarische Grande Nation, die bekanntlich »l'humanité« zur Maxime der zivilisierten Welt erhoben hat, kennt sogar den Hummer-Overkill: Um der Zartheit des Fleisches willen legt »manche französische Hausfrau den Hummer lebend in kaltes Wasser und heizt ihm ganz langsam ein«, war im »Spiegel« (2/2000) nachzulesen. »Damit er nicht herausspringt, beschweren die Köchinnen den Topf mit einem Wackerstein.« Die ebenfalls französische und im Dienste der Humanität erfundene Maschine des Dr. Guillotin gilt nicht als hummertauglich, denn der Leckerschmecker, der seinen Luxushappen teuer bezahlt, will eine optisch unverletzte Gestalt; Zu-Tode-Kochen ist genehm, Köpfen nicht. Das Auge isst ja mit.

Als Deutscher ist man da vielleicht etwas skrupulöser. Manch eine(r) fühlt sich unangenehm an die Rolle der römischen Cäsaren im Circus maximus erinnert, wenn man vor dem Restaurant-Aquarium per Fingerzeig einen Todeskandidaten auswählen soll.

Dabei haben die Meeresbewohner, wenn sie der Käscher der Küchenhilfe ereilt, das Schlimmste schon hinter sich. Ihr Martyrium beginnt lange, oft Monate vor dem Hitzetod – im kalten, nährstoffreichen Wasser des Nordatlantiks. Solange sie dort nicht eine der vielen Korbreusen mit einem natürlichen Unterschlupf verwechseln, leben die Kiemenatmer ein durchaus strukturiertes Leben, das 50 Jahre währen kann. Hummerbalz zum Beispiel ist ein ritualisierter Schreittanz mit Anfassen. In Formen- und Farbensprache steht er der Vogelbalz in nichts nach.

»Grzimeks Tierleben« ordnet die Hummer zwar den Niederen Lebewesen zu, attestiert ihnen aber doch gute Orientierungsfähigkeit und erstaunliches Lernvermögen. Und die Erforscher von Alterungsprozessen erhoffen sich vom Hummer sogar Antwort auf eine 100-Milliarden-Dollar-Frage: Wie-

Die Schätze

Hummer sind nicht rot, meistens sind sie bräunlich, bläulich, dunkel (vgl. Foto S. 165). Rot werden sie erst nach dem tödlichen Heißwasserbad. In kulinarischen Stillleben wurden sie zu Charaktertieren gehobener Gastlichkeit.

so wächst das Tier sein ganzes Leben lang? Wo doch Wachstum Kennzeichen von Jugendlichkeit ist? Sind Hummer etwa Perma-Juvenile, also Geschöpfe, die zeitlebens – im biologischen Sinne – jung bleiben?

Wie die meisten der rund 36 000 bekannten Krebsarten, manövriert sich *Homarus gammarus* oder *americans* – auf der anderen Seite des Atlantiks – mit Hilfe eines Strickleiter-Nervensystems durchs Leben, das fein verästelt unter der Chitinhülle den Körper umfasst. Dieser Wahrnehmungsapparat kann zu jeder Sekunde hochsensibel Schwankungen von Temperatur und Wasserchemismus erfassen – Informationen, die in den 3 Gehirnzentren präzise verrechnet werden.

Die Krustentiere sind also sensorisch bestens gerüstet, um den Entzug zu spüren, sobald sie in einer Korbfalle etliche Dutzend Meter vom Atlantikgrund hochgezogen werden. Das Erste, was ihnen widerfährt, ist Blockade der Scheren per Gummiband, damit Fischer, Transporteure und Köche nicht bluten müssen. Für die Hummer ist das nur die erste Stufe des Terrors. Wehr-, weil waffenlos in Aquarien oder abgetrennte Meeresbuchten zusammengedrängt, erleben die Tiere schon vor ihrem Abtransport den Dichtestress als Dauerbedrohung.

Die Galgenfrist kann lang sein. Lebensmittel-Analytiker und Publizist Udo Pollmer nennt einen bemerkenswerten Grund für die gelegentliche Dauer des ersten Massen-Zwischenlagers: »Um vorzutäuschen, dass die Hummer größer sind, warten die Händler oft die nächste Häutung ab. In die neue Schale muss das abgemagerte Tier aber erst langsam hineinwachsen. Der Kunde kauft gewissermaßen eine teure Mogelpackung.«

Wenn der Preis stimmt, gehen jährlich rund 40 000 Tonnen Hummer aus Maine und Neufundland auf Flugreise nach Europa, Australien und Japan – Weltgegenden, wo allenfalls im kleinen Umfang Lobster gefischt wird. Zuchtversuche sind bisher misslungen. Wenn die vielgliedrigen Meeresbewohner Glück haben, reisen sie per Luftfracht in Styroporkästen, die mit feuchter Holzwolle oder Zeitungspapier ausgekleidet sind. Wenn sie Pech haben, werden sie in Holzkisten festgenagelt.

Kaum verwunderlich, dass die Branche mit Verlusten von 30–70 % kalkuliert. Die Deutschen mit ihren 450 Tonnen Jahresverzehr zahlen also statistisch den Gegenwert von 1000 Tonnen – oder pro Mahlzeit 1 Tier extra, das es nicht mehr lebend ins Schauaquarium schafft.

Dort geht es dann den Delinquenten noch mal so richtig schlecht. Denn natürlich sind die Schaustücke hell beleuchtet und haben wenig oder keine Unterschlupfmöglichkeit: beides absoluter Hummerhorror!

Korallen
Die Blumenkinder des Meeres

Die meisten Menschen meinen, Korallen seien nichts als bunte Stöckchen im Wasser. Das ist ungefähr so falsch, als würde man ein Haus und seine Bewohner mit Mörtel oder Stein gleichsetzen.

Auf Haiti galten sie als Freudenseufzer der Meeresgöttin, im antiken Griechenland als versteinerte Blutspritzer von Medusa. Da Medusas Blick Menschen auf der Stelle in Stein verwandelt hatte, hielt man Korallen für stark genug, den »bösen Blick« zu brechen. Dem »Blut der Medusa« wurde eine besondere Schutzwirkung nachgesagt. Im gesamten Mittelmeerraum glaubte man an ihre magischen Kräfte: Rohe Korallenäste als Tafelaufsatz sollten Dämonen fern halten. Im mittelalterlichen Italien dienten Korallenzweige als Talismane gegen Krankheiten. Die alten Ägypter schwörten darauf, dass Korallen Blutungen stillten, Schlangenbisse neutralisierten und als Grabbeigabe böse Geister abschreckten. Unter den Berbern Algeriens heißt es, Korallen könnten Unglück abwenden.

Korallenschmuck ist mindestens aus der Bronzezeit bekannt. Neuere Funde weisen darauf hin, dass die Koralle sogar schon in der Jungsteinzeit verwendet wurde. Und nicht nur in Küstennähe. In der Schweiz, in der Nähe von Lausanne entdeckten Forscher in einer neolithischen Begräbnisstätte Korallenstücke, die offenbar als Amulette dienten.

Steine, Tiere oder Pflanzen?

Lange Zeit wusste man gar nicht, was Korallen eigentlich sind: Steine? Pflanzen? Tiere! Ihr wissenschaftlicher Name klingt poetisch und paradox zugleich: »Blumentiere« (Anthozoa). Sie sind schön und schmückend wie Blumen und sitzen meist am Meeresboden fest. Aber sie betreiben keine Fotosynthese. Das macht unter anderem den tierischen Charakter der Korallen aus. Sie sind mit den Quallen verwandt und bilden mit ihnen die Gruppe der Nesseltiere. Die Nesseltiere wiederum gehören zu den ersten mehrzelligen Wirbellosen, die auf unserem Planeten entstanden sind.

Bei Korallen unterscheidet man zwischen »Singles«, etwa den Seeanemonen, und den geselligeren Typen, die in großen Kolonien zusammenleben. Zu ihnen gehört auch die in der Schmuckverarbeitung höchst begehrte Edelkoralle (*Corallium rubrum*). Sie sieht aus wie ein roter Strauch von 20–40 cm Höhe, dessen Äste mit Daunenfedern übersät sind. Jede »Daunenfeder« ist ein winziges Tier, ein Meerespolyp, der eigentlich nur aus einem Schlund und einem Tentakelkranz besteht. Mit ihm fischt er vorbeischwimmende Kleinstorganismen aus dem Wasser. Alle Polypen sind durch Kanäle miteinander verbunden. Die harte, rote Subs-

Die Schätze

Rund ums Mittelmeer wird die Edelkoralle seit Jahrhunderten zu Schmuck verarbeitet. Heute kommt der Rohstoff überwiegend aus Asien.

tanz, auf der sie siedeln, ist das von ihnen selbst ausgeschiedene Kalkskelett.

Schmuck und Lebensbasis

Corallium rubrum gehört zu den Hornkorallen (Gorgonaria), die für ihre schönen, metergroßen Fächer bekannt sind. Sie lebt im Mittelmeer in einer Tiefe von 30–300 m. Je nach Rotton und Herkunftsort haben sich in der Schmuckverarbeitung verschiedene Namen eingebürgert: Die Rote heißt »Sardegna« und wurde früher vor allem vor Sardinien »geerntet«. Sie kommt aber auch vor Korsika, Tunesien und Algerien vor. Um Sizilien herum gedeiht die orangefarbene »Sciacca«-Koralle. Die zartrosa Variante heißt »Pelle d'angelo« (Engelshaut).

Italien ist immer noch ein Zentrum der Korallenverarbeitung, auch wenn der Rohstoff heute überwiegend aus Fernost – Japan, Taiwan und dem Midway-Atoll im Südpazifik – kommt. Im italienischen Städtchen »Torre del Greco«, am Fuß des Vesuv, erinnert ein Korallenmuseum an das traditionelle Kunsthandwerk.

Die Rote Koralle ist im Mittelmeer selten geworden, und noch schlimmer steht es um die Schwarze Koralle (*Gerardia savaglia*). Ihre Bestände wurden so sehr geplündert, dass sie inzwischen unter strengem Schutz steht. Für sie gilt ein absolutes Handelsverbot. Da trifft es sich ganz gut, dass Korallenketten und -ohrringe bei uns als »Oma-Schmuck« etwas aus der Mode gekommen sind.

Der Mensch verdankt der äußerst vielgestaltigen Gruppe der Blumentiere aber viel mehr als nur wohlgefällige Dekoration. Die Steinkorallen (Madreporaria) zum Beispiel haben sich in Millionen von Jahren als Riffbaumeister bewährt. So schufen sie nicht nur Meeresökosysteme und Tauchparadiese, sondern auch Lebensraum für den Menschen. Die Kalkgerüste abgestorbener Polypen bilden das Fundament ganzer Inselreiche. Die Völker der Südsee und des Indischen Ozeans konnten sich darauf verlassen, dass der Riffsaum ihre Heimat vor der erodierenden Kraft des Meeres schützt. Jahrtausendelang brachen sich heranstürmende Wellen an Riffen, aber jetzt brauchen die Riffe selbst Schutz. Denn den Korallen geht es schlecht. Sehr schlecht sogar.

Gefährliche »Korallenbleiche«

Seit den 1980er-Jahren geht ein Gespenst namens »Korallenbleiche« um und rafft die tropischen Riffe dahin. Einen vorläufigen Höhepunkt erreichte dieses Phänomen 1998, als anhaltend hohe Meerestemperaturen weltweit zum Absterben der Korallen führten. Bunt blühende Unterwasser-Gärten verwandelten sich plötzlich in Friedhöfe aus weiß-bröseligem Gestein. Die Korallentierchen hatten ihre Untermieter verloren, einzellige Algen, die sie in ihrem Gewebe beherbergen. Die Algen, wissenschaftlich

Zooxanthellen genannt, liefern den Polypen Nährstoffe (Zucker und Eiweißbausteine) und verleihen ihnen die prächtige Farbe. Umgekehrt dienen ihnen die Ausscheidungen der Korallen – Ammonium und Phosphat – als Dünger. Eine Allianz auf Gegenseitigkeit also.

Ohne ihre Partner sind die Korallen aufgrund des gestörten Stoffwechsels nicht lange lebensfähig. In den Tropen hat die Meerestemperatur in den letzten 100 Jahren um fast 1 °C zugenommen. Während des 21. Jahrhunderts wird mit einem weiteren Anstieg von 1–2 °C gerechnet. Aus menschlicher Sicht klingt das harmlos, aber für die filigranen Geschöpfe entschei-

Wie ein blauer Edelstein funkelt das Malediven-Atoll im Ozean. Es ist aus zerbrechlichen Korallenstöcken errichtet.

den ein paar Grad mehr oder weniger über Leben und Tod. »Riffbildende Korallen leben bereits jetzt an der Obergrenze ihres Temperaturlimits«, warnt der australische Professor Ove Hoegh-Guldberg von der University of Queensland. Die Obergrenze liegt bei 30 °C. Nur 1–2 °C mehr stressen die empfindlichen Kreaturen zu Tode.

Zwar sind zumindest Anzeichen von Regeneration zu beobachten: kleine Korallen-Setzlinge, die auf bleichen Flächen neue Kolonien gründen. Aber dabei handelt es sich vor allem um die schnellwüchsigen Pionierarten, zum Beispiel die Geweihkorallen (*Acropora*), Katzenpfötchen- (*Pocillopora*) und Bleistiftkorallen (*Stylophora*). Weil sie pro Jahr um etwa 5 cm im Durchmesser wachsen können, vergleicht der Korallenexperte Götz Reinicke vom Deutschen Meeresmuseum in Stralsund sie mit Brennnesseln an

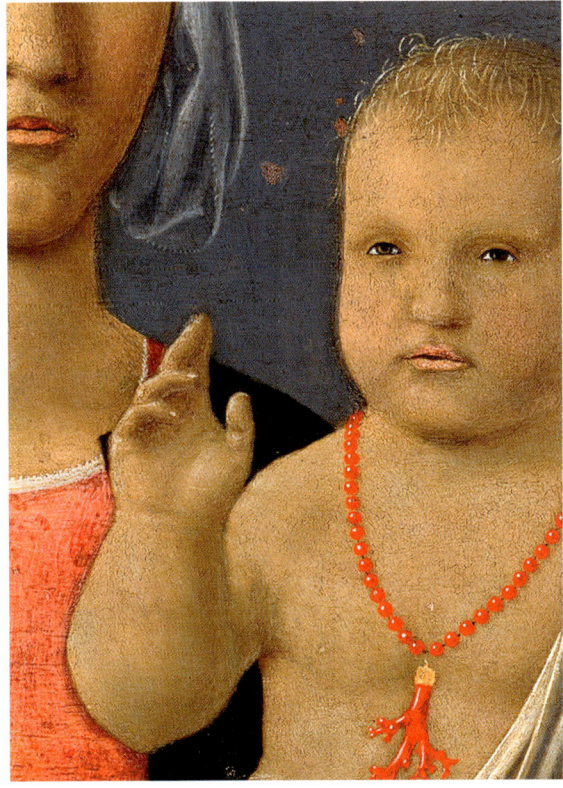

Für sein Kirchengemälde »Madonna di Senigallia« (um 1470) schmückte Piero della Francesca den Jesusknaben mit roter Koralle.

Die Schätze

Land. Die massiven Skelette der Porenkoralle (*Porites*) dagegen legen Jahr für Jahr nur um wenige Millimeter zu.

Der Jungwuchs der »Brennnessel-Korallen« in tropischen Riffen, von der Karibik bis zu den Malediven, dient Tourismus- und Tauchreise-Veranstaltern als Argument zur Entwarnung, so als wäre bald alles wie früher. Biologen sind da skeptischer.

»Bis sich eine intakte Riffgemeinschaft mit natürlicher Altersstruktur regeneriert hat«, erklärt Götz Reinicke, »können 100 Jahre oder mehr vergehen.« Eine bittere Wahrheit, aber wer will die schon hören? Zwar zeigt sich bereits nach 30–40 Jahren wieder eine hohe Artenvielfalt im Riff, aber es ist nicht wie vorher. Es erinnert vielmehr an den Unterschied zwischen einem Urwald und einem Forst. Und wie sich ein Spaziergänger auch in einem Forst am Grün erfreuen kann, so bieten Riffe mit »Brennnessel«-Korallen dem Taucher wegen der dort herumschwimmenden Fische noch eine bunte Welt. Aber in ihrer Funktion als Ökosystem sind diese Riffe um Klassen degradiert. Aus ihrem ehemals fein verwobenen Nahrungsnetz ist ein sehr schlichtes, grobmaschiges geworden.

Sensible Gleichgewichte

Es ist auch nicht selbstverständlich, dass ein geschädigtes Riff »nachwächst«. Riffwachstum – sowohl in die Höhe als auch in die Breite – unterliegt einem Wechselspiel von riffaufbauenden und -abbauenden Prozessen. Während die Kalk bildenden Organismen wie Korallen, Kalkalgen und einige Schwämme die Hartsubstanz eines Riffs aufbauen, untergraben andere Riffbewohner diesen Prozess mit allen Finessen. Seien es Schnecken, Seesterne, Seeigel oder die farbenprächtigen Papageienfische, Bakterien, Algen oder Pilze: Sie alle raspeln, bürsten oder bohren ihre Nahrung aus dem Kalkgerüst und tragen es dadurch ab. Von Wellen und Stürmen ganz zu schweigen. Die Kalk-Produzenten leisten also Sisyphusarbeit.

In intakten Riffen überwiegen meist die aufbauenden Prozesse. Was aber passiert, wenn das Gleichgewicht gestört ist, zeigte sich am Beispiel der Korallen vor Galapagos: Nach dem Korallensterben durch El Niño 1982/83 vermehrten sich dort die Erodierer wie Seeigel und Algen fressende Fische übermäßig. Und die schmirgelten innerhalb der folgenden 15 Jahre so viel an Substanz vom Riff weg, wie die Korallen in 6000 Jahren aufgebaut hatten.

Auch künstliche Riffe helfen da nur bedingt, weil sie natürliche Lebensgemeinschaften kurzfristig nicht ersetzen können. Künstliche Riffe für Taucher und Schnorchler könnten aber helfen, den Massentourismus in natürlichen Riffen zu verringern.

In ihrer Artenvielfalt sind Korallenriffe nur mit den tropischen Regenwäldern vergleichbar. Außer Korallen zählten Forscher in den »Schatzkammern der Meere« noch Zigtausende von Arten: Fische, Muscheln und Schnecken, Schwämme, Seesterne, Seeigel und Seegurken, farbenprächtige Borstenwürmer sowie unzählige Mikroorganismen.

Die seit 200 Millionen Jahren auf unserem Planeten existierenden Lebensräume brachten evolutionäre Anpassungen bei Tieren hervor, die für den Menschen von großem Nutzen sein können. Ob medizinische Wirkstoffe, natürliche »Sunblocker« oder umweltfreundliche Unkrautvernichter – für Forscher und Industrie sind Korallenriffe eine Fundgrube.

Wie es um die Zukunft der marinen Schatzkammern steht, hat Ove Hoegh-Guldberg in einer Studie dargelegt, die 1999 weltweit Aufsehen erregt hat. Eine großflächige

Erst lebende Korallen verleihen einem Riff seine unvergleichliche Farbenpracht. Auf dem Foto die Weichkoralle Tubastrea coccinea.

Korallenbleiche wie die von 1998 könnte schon in 20 Jahren nicht mehr die Ausnahme, sondern die Regel sein. Steigen die Meerestemperaturen aufgrund des Klimawandels weiter an, würde die Korallenbleiche in 30–50 Jahren in tropischen Gewässern zu einem jährlichen Ereignis werden. Das bedeutet das Ende für die Riffgemeinschaften, wie wir sie heute kennen. Und Nationen wie die Malediven müssen ihren Untergang fürchten – sogar im Wortsinne.

Korallen können sich vielleicht in evolutionären Zeiträumen an eine Temperaturveränderung anpassen, aber nicht in so kurzer Zeit. Die Tatsache, dass sie bereits jetzt an der Obergrenze ihres Temperaturlimits von 30 °C leben, zeige, so Hoegh-Guldberg, dass ihre genetische Anpassungsfähigkeit ausgereizt sei. Sonst hätten sie sich an die graduelle Erwärmung der letzten 100 Jahre angepasst. Obendrein leiden die Korallen ja unter weiteren Belastungen wie Dynamitfischen, ungeklärten Abwässern, eingeschwemmten Sedimenten wegen Waldrodung und Massentourismus.

»In den nächsten Jahrzehnten werden wahrscheinlich nur die Allerweltsarten der Korallen überleben«, prognostiziert Götz Reinicke. »Außerdem werden sich durch vermehrte Nährstoffzufuhr vom Festland großblättrige Algen auf den Riffdächern ansiedeln, die durch ihre Verschattung noch den letzten Korallen das Licht rauben.«

Düstere Aussichten also auch für Taucher: Statt in einer spektakulär schönen Korallenwelt zu schweben, müssten sie sich dann durch

Korallenriffe sind sehr empfindliche Ökosysteme. Klimawandel und Verschmutzung machen ihnen zu schaffen, aber auch die Dynamitfischerei (s. Bild unten), die ein Riff buchstäblich platt macht.

ein Dickicht aus grünem Meersalat und braunen Sargassum-Algen kämpfen. Unter den veränderten Bedingungen wären dies durchaus natürliche Lebensgemeinschaften – aber die Pracht und Artenvielfalt der Riffe wäre dahin. Früher glaubte der Mensch, Korallen könnten Unheil abwenden. Heute ist es dringend notwendig, dass der Mensch Unheil von den Korallen abwendet.

Die Schätze

Galapagos
Das Versuchslabor im Ozean

Meerechse

Wegen ihrer Abgeschiedenheit sind Archipele wie Galapagos oder Hawaii ein El Dorado für Wissenschaftler. Die dort gewonnenen Erkenntnisse sind von unschätzbarem Wert für die Evolutionstheorie.

Charles Darwins erster Eindruck von den Galapagos-Inseln war nicht gerade positiv. Als der britische Naturforscher, der an Bord des Dreimasters »Beagle« um die Welt segelte, sich dem Archipel im September 1835 näherte, sah er »ein zerklüftetes Feld schwarzer basaltischer Lava, (…) überall von sonnenverbranntem Buschwerk bedeckt, das nur wenige Zeichen von Leben gibt«. Und Kapitän FitzRoy, dessen Auftrag es war, die südamerikanische Küste für die britische Kriegsmarine zu vermessen, assoziierte Galapagos gleich mit der Hölle. »Scheußliche Leguane liefen in alle Richtungen davon«, erinnerte er sich. Nur wenige Menschen siedelten auf den unwirtlichen Inseln, die früher Piraten als Schlupfwinkel gedient hatten. Selbst aus dem Tierreich waren überwiegend die Hartgesottenen vertreten: Skorpione, Echsen, Panzertiere.

Während sich die Besatzung der »Beagle« auf die Suche nach Schildkröten machte, um ihr Fleisch zu rösten, durchstreifte Darwin bei glühender Hitze die Kraterlandschaft. Kurioserweise interessierte sich der 24-Jährige mehr für die »vorsintflutlichen« Schildkröten und die »hässlichen« Echsen als für die »trübe gefärbten« Vögel, die ihn später so berühmt machen sollten. Über sie berichtet er in seinem Tagebuch während des fünfwöchigen Aufenthalts auf Galapagos eher nebenbei. Und sie wurden auch nicht gerade respektvoll behandelt: »Kleine Vögel, nur etwa 1 m entfernt, hüpften still von einem Busch zum anderen und hatten keine Angst vor den Steinen, die nach ihnen geworfen wurden. Mr. King tötete einen mit seinem Hut …«

Besiedelung neuer Inseln

Heute dürfen die »trübe gefärbten« Vögel in keinem Lehrbuch zur Evolution fehlen. Die berühmten, nach Darwin benannten Finken sind zum Wahrzeichen der Abstammungslehre avanciert. Und sie dienen bis heute als Versuchstiere der Evolution, die in den meerumschlungenen Eilanden am Äquator ihre ideale Experimentierstube gefunden hat.

Die Vulkaninseln hoben sich aus dem Meer empor und hatten nie Landkontakt. Ihre Pflanzen und Tiere müssen alle irgendwann einmal über das Meer gekommen sein. Vielleicht wurden sie durch eine Sturmflut oder Überschwemmung aus ihrer kontinentalen Heimat losgerissen. Entwurzelte Bäume und anderes Treibgut driftete über den Ozean. Auf diesen Schollen konnten sich Tiere über Wasser halten: Insekten, Echsen, Vögel, kleine Säuger. Mit viel Glück strandeten sie auf einer Insel und überlebten dort.

Diese Pioniere begründeten neue Populationen, die sich unter ganz anderen Bedingungen als in ihrer alten Heimat weiterentwickelten. Das Meer isolierte sie und wirkte als Barriere, die nur wenige überwinden konnten. Die Flora und Fauna solcher Inseln besteht daher zu einem Großteil aus Endemiten, Lebewesen, die es nur dort und nirgendwo anders auf der Welt gibt.

UNTERSCHIEDLICHER NAHRUNGSERWERB

Die Finken von Galapagos, schrieb Darwin dann später in seinen Memoiren, seien das »Einzigartigste von allem auf dem Archipel«. Ob sie »gezielt« zu den ozeanischen Vulkanen geflogen sind oder dorthin eher unfreiwillig vom Winde verweht wurden, lässt sich nicht mehr nachvollziehen. Man unterscheidet 13 Arten, die alle von gemeinsamen Vorfahren abstammen und sich äußerlich ähneln. Aber jede Art hat einen anders geformten Schnabel, der sie als Spezialisten für eine bestimmte Ernährungsweise ausweist.

Unscheinbar, aber berühmt: Ein Galapagos-Fink. Man unterscheidet 13 Arten, die alle von gemeinsamen Vorfahren abstammen.

Die einen leben am Boden und fressen Körner, andere leben auf Bäumen und fangen Insekten und einige verhalten sich wie Spechte, die im morschen Holz nach Larven suchen. Ihr Schnabel ist zwar nicht pinzettenförmig wie beim Specht, aber sie behelfen sich mit Werkzeugen: einem Kaktusstachel oder Stöckchen. Wieder andere, die Vampirfinken, ernähren sich so blutrünstig, wie der Name vermuten lässt. Falls sie ihren Hunger nicht anderweitig stillen können, lassen sie sich auf dem Rücken von größeren Seevögeln nieder und piesacken sie mit ihrem Schnabel so lange, bis Blut fließt. Das trinken sie dann.

Wie zu Darwins Zeiten wälzen sich Riesenschildkröten träge durch den Schlamm. Damals wurden sie gegessen, heute stehen sie unter Schutz.

Die Schätze

Die kuriosen Schnabelformen hat ein Wissenschaftler einmal mit Zangen für verschiedenste Aufgaben verglichen: Ein Schnabel erinnert an eine Rohrzange, ein anderer an eine Greifzange, der nächste an eine Rundzange. Außerdem gibt es Schmiedezangen mit schlanken Griffen oder schweres Gerät, wie für die Reparatur von Telefonkabeln.

Die unterschiedlichen Werkzeuge spiegeln tatsächlich die verschiedenen »Berufe« der Vögel wider beziehungsweise ihre ökologischen Nischen. Sie haben Nischen besetzt, die auf dem Festland von nicht so nah verwandten Vogelarten eingenommen werden: in Europa von Specht, Gimpel, Zaunkönig usw.

Erst 20 Jahre nach seiner Rückkehr von Galapagos schrieb Charles Darwin sein berühmtes Werk »Über die Entstehung der Arten«.

Darwin schoss rund 30 Finken aus 9 verschiedenen Arten und brachte sie ausgestopft nach London – außerdem fossile Knochen, Steine, Käfer, Fische, Eidechsen.

Wissenschaftliche Erkenntnisse

Anders als die Legende es will, erkannte der ehemalige Medizin- und Theologiestudent weder auf Anhieb die Besonderheit der Finken, noch merkte er bei all ihren Arten, dass es sich überhaupt um Finken handelte. Einige hielt er für Verwandte von Amseln oder Zaunkönigen. Wie der US-amerikanische Wissenschaftsjournalist Jonathan Weiner in seinem Buch »Der Schnabel des Finken« anhand historischer Quellen nachzeichnet, packte Darwin sogar die Finken von 2 verschiedenen Inseln in einen Sack, ohne sie nach Herkunft zu beschriften. Eine Nachlässigkeit, die er später bei der Auswertung in England sehr bereute.

Gründlicher waren ausgerechnet die Nichtwissenschaftler gewesen, Kapitän FitzRoy und sein Diener, die ebenfalls Tiere gesammelt hatten – fein säuberlich nach Inseln beschriftet. Darwin hätte nicht im Traum daran gedacht, wie er später zugab, dass Inseln, die einander so ähnlich sahen, derart unterschiedliche Bewohner beherbergen würden. Erst nach intensiven Diskussionen mit dem Vogelexperten John Gould in London dämmerte Darwin langsam die Bedeutung der Finken.

Mehr als 20 Jahre brauchte Darwin nach seiner Rückkehr, bis er 1859 sein berühmtes Werk »Über die Entstehung der Arten« veröffentlichte. Und es hätte sogar noch länger gedauert, wenn er nicht befürchtet hätte, dass ihm sein Kollege und Landsmann Alfred Russell Wallace zuvorkommen könnte.

Wie so häufig in der Geschichte bedeutender Theorien und Erfindungen schien die Idee von der Veränderbarkeit der Arten »in der Luft« zu liegen. Da solche Gedanken im 19. Jahrhundert als »ketzerisch« galten, beschäftigten sich damals allerdings nur einige wenige Forscher damit. Als Lehrmeinung galt, dass die Vielfalt der Arten durch göttliche Schöpfung entstanden sei. Jedes Individuum spiegelte demnach den Plan des Schöpfers wider – von der Kralle bis zur Schnabelspitze.

Auf seinen Forschungsreisen durch Südostasien kam Wallace zur gleichen Erkenntnis wie Darwin und veröffentlichte sie 1 Jahr vor ihm als »Theorie der stufenweisen Veränderung« von Lebewesen. Trotzdem räumte Wallace seinem potenziellen Rivalen das Vorrecht auf die Idee ein, wofür Darwin ihm zeitlebens dankbar war.

»Die Vorfahren der Finken«, erklärt der Zoologe Reinmar Grimm von der Universität Hamburg, »fanden bei ihrer Ankunft auf den Inseln quasi ein leeres Gebiet vor, in dem sie sich nach Herzenslust ausbreiten konnten.« Den Prozess, in dem sich 1 Art über einen langen Zeitraum in 13 aufspaltet, kann man sich vereinfacht so vorstellen: Die Neuankömmlinge vermehrten sich so lange weiter, bis sie sich bei der Futtersuche gegenseitig in die

GALAPAGOS

4 von 13 Darwin-Finken, deren Schnäbel schon auf ihre Spezialisierung hinweisen. Während der Große Grundfink noch die härtesten Samen knackt, pickt sein Spitzschnabel-Verwandter nur weiche Samen. Der Waldsängerfink fängt Insekten von Blättern und Zweigen. Der Spechtfink meißelt Larven aus dem Baumstamm.

Quere kamen. Diese innerartliche Konkurrenz begünstigte solche Individuen, deren Schnabelform durch eine Mutation zufällig so verändert war, dass sie sich andere Nahrungsquellen erschließen konnten. Also indem sie sich umstellen, beispielsweise vom Körnerfresser zum Insektenfänger. Sofern die abweichende Schnabelform dem Vogel einen Überlebensvorteil sicherte und er Nachkommen hatte, vererbte er dieses Merkmal mit einiger Wahrscheinlichkeit weiter.

Die neue Schnabelform wurde dann durch »natürliche Auslese« oder Selektion optimiert. Im so genannten Kampf ums Dasein sind nicht die »Stärksten« im Vorteil, auch wenn das fälschlicherweise immer wieder behauptet wird. Es sind diejenigen, die sich am besten an ihre Umwelt anpassen können. Welche Merkmale selektioniert werden, entscheiden allein die Umweltbedingungen (und nicht irgendeine höhere Macht oder gar moralische Instanz).

FLIESSENDE ÜBERGÄNGE

Auf den einsamen Inseln von Galapagos, wo die Finken mit Menschen keine schlechten Erfahrungen gemacht haben, sind sie heute noch so zutraulich wie zu Darwins Zeiten. Dem Wissenschaftler-Ehepaar Peter und Rosemary Grant, das seit mehr als 20 Jahren über die Evolution der prominenten Finken forscht, hüpfen sie auf den Schultern herum. Die Grants erkannten die ungewöhnliche Variabilität dieser Tiere, die sich schon innerhalb einer einzigen Art zeigt. Sie deutet auf die Möglichkeit zur schnellen Anpassung an die Umwelt hin.

Die Darwin-Finken werden heute in 4 Gruppen bzw. Gattungen eingeteilt: die Baumfinken, die sich von Früchten und Käfern ernähren; die Vegetarier-Finken, die auch auf Bäumen leben, aber auf tierisches Protein verzichten, und die Grasmücken-Finken – kleine lebhafte Insektenfresser mit schlanken Schnäbeln.

Die größte Gruppe – mit 6 Arten – bilden die Bodenfinken, die sich von Körnern ernähren. Zu dieser Gattung gehören der Kleine, Mittlere und der Große Bodenfink. Ihre Körpergrößen schwanken jedoch so sehr, dass selbst Spezialisten die Arten nicht immer eindeutig bestimmen können. Die größten Exemplare des Mittleren Bodenfinken sehen den kleinsten Vertretern des Großen Bodenfinken zum Verwechseln ähnlich. Und umgekehrt. Zwischen den Arten verschwimmen die Grenzen. Es scheint, als könnten die Forscher der Evolution bei der Arbeit zusehen. In einem Bestimmungsbuch für Galapagosfinken findet sich darum die Warnung: »Wer glaubt, alle Finken bestimmen zu können, muss entweder ein Weiser oder ein Narr sein.«

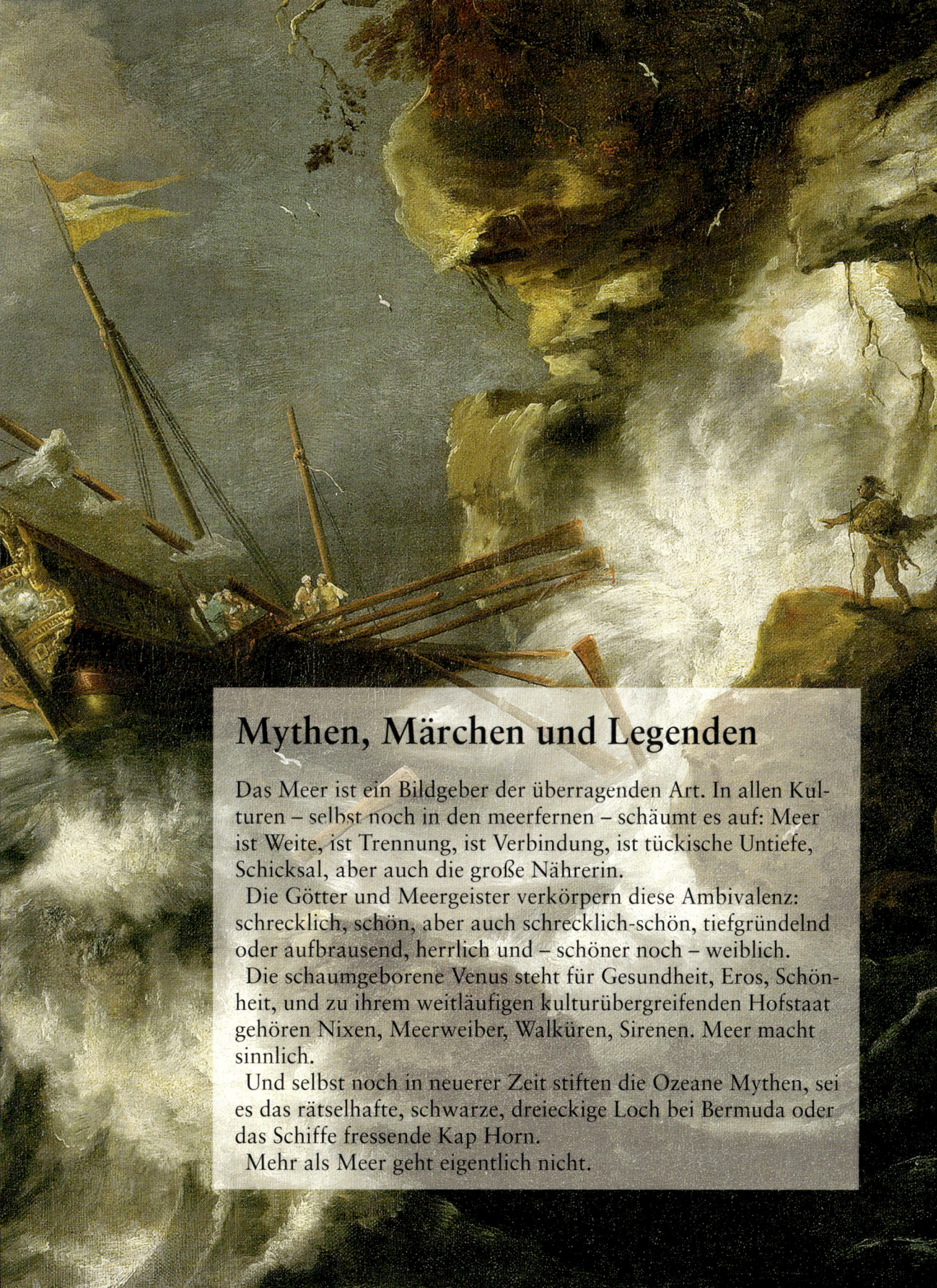

Mythen, Märchen und Legenden

Das Meer ist ein Bildgeber der überragenden Art. In allen Kulturen – selbst noch in den meerfernen – schäumt es auf: Meer ist Weite, ist Trennung, ist Verbindung, ist tückische Untiefe, Schicksal, aber auch die große Nährerin.

Die Götter und Meergeister verkörpern diese Ambivalenz: schrecklich, schön, aber auch schrecklich-schön, tiefgründelnd oder aufbrausend, herrlich und – schöner noch – weiblich.

Die schaumgeborene Venus steht für Gesundheit, Eros, Schönheit, und zu ihrem weitläufigen kulturübergreifenden Hofstaat gehören Nixen, Meerweiber, Walküren, Sirenen. Meer macht sinnlich.

Und selbst noch in neuerer Zeit stiften die Ozeane Mythen, sei es das rätselhafte, schwarze, dreieckige Loch bei Bermuda oder das Schiffe fressende Kap Horn.

Mehr als Meer geht eigentlich nicht.

Mythen, Märchen und Legenden

Klabauter und Meerjungfrau

Die Kopenhagener Meerjungfrau

Kopenhagens berühmte Meerjungfrau aus Metall ist selbst ein Mythos: Sie wurde von modernen Vandalen geköpft und erstand in alter Schönheit auf. In den Sagenkränzen der Welt sind die Meerwesen reichlich vertreten.

Es ist wenig darüber zu finden, ob Klabautermänner dankbar sind. Wenn sie es wären, müsste ihr Dank dafür, dass sie nicht nur an der Küste, sondern auch im Binnenland bekannt sind, zuallererst an Elis Kaut gehen, an die geistige Mutter des Pumuckel. Der beliebte Tunichtgut an der Seite von Meister Eder betont – zumindest in der Fernsehfassung seiner Abenteuer – ja alle naslang mit der kieksigen Kopfstimme von Hans Clarin, er sei ein echter Klabauter.

Das darf man dem kleinen Kerl nicht ohne weiteres glauben; denn echte Klabautermänner sind nichts – und höchst zweifelhaft, ob überhaupt lebensfähig – außerhalb eines Schiffes. Und so ein klabautertaugliches Schiff hat traditionsgemäß ein üppiger Großsegler zu sein, also etwas, das es heute kaum noch gibt.

Klabautermänner sind (oder waren) gute Schiffsgeister. Sie werden, wenn sie sich auf langen Überfahrten langweilen, höchstens einmal lästig – und hier könnte man denn doch eine gewisse Erblinie zum Pumuckel sehen, der sich, wie jedes Kind weiß, nur beim Streichespielen wohl fühlt. Und noch ein Indiz – vielleicht war unser Urteil über Pumuckels Abstammung doch etwas voreilig? – fällt auf: Pumuckel hat sich einen Schreiner zum Adoptivvater gewählt. Und von Beruf sind die echten Seewasser-Klabautermänner ebenfalls Holzfachleute. Sie befassen sich gern und freiwillig mit Schiffbau; ja, gute Klabauter werden beim Bau ihres künftigen Schiffes immer dort Hand anlegen, wo es besonders wichtig ist.

Klabautermann soll von »Kalfatermann« abgeleitet sein: Kalfatern nennen Seeleute das Abdichten von Spalten zwischen Deckplanken und am Klinkerrumpf mit Hanf oder anderen aufquellenden Materialien.

Das Wesen des Klabautermanns

Keinem Geringeren als Heinrich Heine verdanken wir eine knappe Klabautermann-Beschreibung (im Zitat von indirekter in direkte Rede geändert):

Der Klabautermann »ist der gute, unsichtbare Schutzpatron der Schiffe, der da verhütet, den treuen

Pumuckel ist von Geblüt ein Klabauter, wie er nicht müde wird zu versichern. Dass sich Klabautermänner für Schatzinseln interessieren, ist nicht verbürgt.

oder ordentlichen Schiffen Unglück begegnet, der da überall selbst nachsieht, und sowohl für die Ordnung wie für die gute Fahrt sorgt. Den Klabautermann hört man im Schiffsraume, wo er die Waren gern noch besser nachstaut, daher das Knarren der Fässer, wenn das Meer hochgeht, daher bisweilen das Dröhnen der Balken und Bretter, oft hämmert der Klabautermann auch außen am Schiffe, und das gilt dann dem Zimmermann, der dadurch gemahnt wird, eine schadhafte Stelle ungesäumt nachzubessern; am liebsten aber setzt er sich auf das Bramsegel, zum Zeichen, dass guter Wind weht oder sich naht. Den Klabautermann sieht man nicht, auch wünscht keiner ihn zu sehen, da er sich nur dann zeigt, wenn keine Rettung mehr vorhanden ist.«

Was die totale und (fast) immer währende Unsichtbarkeit der Klabauter anbelangt, weichen die Quellen voneinander ab: Es gibt auch die Lesart, dass alle am 22. Februar Geborenen die Gabe haben, Klabautermänner zu sehen. Warum auch immer!

Klabautermänner wissen ihren Rang gut einzuschätzen, jedenfalls halten sie sich, wenn es nichts Wichtiges an Bord zu regeln gibt, gern in der etwas komfortableren Kajüte des Käpt'ns auf. Und ein kluger Käpt'n wird ihnen an der Offizierstafel immer eine Elle Platz neben sich lassen.

Klabautermänner schätzen zuvorkommende Behandlung, und sie können sehr loyal sein: Ein Klabautermann, so sehr er auch Freigeist ist, hört auf den Käpt'n, sofern der sein Handwerk versteht. Davon kündet das Klabautermann-Lied von Paul Gerhard Heims:

Hei, entert er auf!
Sei die See auch groß,
Klabautermann lässt kein Ende los;
er läuft auf den Rahen,
wenn alles zerreißt,
er tut, was der Kapitän ihn heißt.
Und wisst ihr,
wie man ihn rufen kann?
Courage – heißt der
Klabautermann.

Dafür dass man ihn (meistens) nicht sieht, gibt es erstaunlich exakte Beschreibungen: Er soll, obwohl kräftig von Gestalt, das Aussehen eines kleinen, alten Kerls haben, etwas rotgesichtig, so als mache er sich gelegentlich über die Rum-Reserven an Bord her. Zähne seegrün, Stimme auffällig hell – sie muss ja in Extremfällen den Sturm und das Klatschen harter See durchschneiden können.

Die Kleidung ist eher unauffällig: die üblichen Tuchjacken der Mannschaften auf den großen Lastenseglern; bei schwerem Wetter schlüpft er auch mal in Ölzeug und zieht einen Südwester über.

Seine Attribute sind Pfeife (Freizeit) und Hammer (Tätigkeit als Schiffszimmermann).

Am ehesten hat man eine Chance, einen Klabauter zu sehen, wenn es einem am wenigsten recht ist; sinkt ein Schiff, muss der Klabauter seine Unsichtbarkeit aufgeben, um sich zu retten. Unsichtbar kann er sein Reich nicht verlassen.

»Es freit ein wilder Wassermann, auf der Burg, wohl über dem See, die Königstochter wollt' er ha'n, die schöne junge Lilofee ...« Das alte Lied von der Holden und ihrem Unhold.

Mythen, Märchen und Legenden

Der Fliegende Holländer

Während beim Klabauter seine Abstammung hinter allerlei mystischen Seenebeln verborgen liegt, kann man bei einer anderen Erscheinung auf den Sieben Meeren durchaus die biografischen Spanten erkennen: »Der Fliegende Holländer« (beziehungsweise sein Kapitän) hat gelebt und hieß Bernard Fokke.

Zu seiner Zeit, im 17. Jahrhundert, nannte man Fokke anerkennend einen »Teufelsbraten«, weil der holländische Kapitän noch bei extrem Windstärken mit voller Besegelung gegen den Wind anhielt, wenn alle vernünftigen, verantwortungsbewussten Kapitäne reffen ließen.

Sein Geheimnis waren vermutlich eisenverstärkte Masten und ausgesucht gutes, mehrfach spezialvernähtes Segeltuch.

Im Jahre 1678 bewältigte er die Strecke Holland–Batavia (heute Djakarta) in damals absolut unglaublichen 90 Tagen. Die Rekordzeit war so himmelweit von allen realistischen Fristen entfernt, dass es mit dem Teufel zugegangen sein musste. Jedenfalls dichtete man Fokke schon zu Lebzeiten einen Bund mit dem Fürsten der Finsternis an.

Die Legenden hafteten leicht an der Gestalt des Mannes, zumal die unübersehbar war: ein Hüne, laut, polternd, hässlich, außergewöhnlich kräftig. Außerdem soll der Mann ein abgrundtiefer Quell der fürchterlichsten Flüche gewesen sein, die jemals in niederländischer Sprache geflucht wurden.

Als Fokker sein Schiff und seine Mannschaft (vermutlich hatten den Kapitän all die siegreich abgerittenen schweren Seen tollkühn gemacht) schließlich irgendwo vor dem Kap der Guten Hoffnung verschollen ging, war die Sache klar: Der Teufel hatte sich seinen Tribut für allfällige Schutzhilfe geholt: Fokkes Seele und zweckmäßigerweise gleich noch das Schiff dazu.

Seither soll das Schiff geisterhaft leer dahinziehen; manche wollen allerdings auch den Kapitän, den Bootsmann, einen Koch und einen Matrosen – weißhaarig und mit mumifizierten Gesichtern – an Bord gesehen haben! Wie auch immer, auffällig ist, dass das Schiff immer mit perfekter Segelstellung zum Wind durchs Wasser braust – vorzugsweise zwischen Kap Horn und dem Kap der Guten Hoffnung.

Verlassene Geisterschiffe

Der Fluch ist eindeutig und unerbittlich: Der Fliegende Holländer darf nirgends anlanden; Versuche, mit schnellen Schiffen längsseits zu gehen, blieben erfolglos. Das Gespensterschiff entschwand jedes

Finale à la Richard Wagner: Senta stürzt sich singend ins Meer, um den Fluch, der auf dem Fliegenden Holländer (links im Bild) lastet, zu lösen.

Mal, bevor einer den Fuß auf seine Planken setzen konnte.

In vielen Liedern und Gedichten huldigte man dem Grusel-Phänomen. Auf der preußischen Fregatte »Thetis« (1860/62) sang man:

Es eilen die Schiffe aus seinem Bereich;
denn sein Anblick bringt Tod und Verderben.
Der mutigste Seemann wird starr und bleich
Und betet, um selig zu sterben.

Von Tod und seiner romantischen Gegenspielerin, der Liebe, handelt auch Richard Wagners 1843 in Dresden uraufgeführte Oper »Der Fliegende Holländer«.

Hier ist der Holländer (Bariton) ein Verfluchter, der ruhelos über die Meere fliehen muss, aber alle sieben Jahre einmal an Land darf, um – unter schrecklichem Zeitdruck, wie man sich vorstellen kann – eine Frau zu finden, die den Fluch mit ihrer Liebe lösen kann. Daland (Bass), ein norwegischer Seefahrer, weiß, dass der Holländer unermessliche Schätze an Bord hat, und versucht, einen Deal mit seiner Tochter Senta (Sopran) einzufädeln, die den Holländer auch tatsächlich liebt.

Aber Senta ist dem Jäger Erik versprochen; die Sache geht schrecklich schief und gerade deshalb kommt es zu einer Art tödlichem Happy End. Senta stürzt sich im Liebesopfertod – singend versteht sich – von der Klippe ins Meer, ihr Tod erlöst den Holländer, der endlich sterben kann; sein Schiff versinkt gewissermaßen synchron mit

... IM KIELWASSER SCHWIMMT UNS EIN MEERWEIB NACH

Es gibt ein Lied (»Piratenpack«), in dem alle bekannten Schreck- und Spukgestalten zur See vereinigt sind. Wort und Weise stammen von Walter Gättke. Das 1924 entstandene Lied wurde erstmals von der Hanseatischen Jungenschaft gesungen. Die ersten beiden Strophen lauten:

Der Störtebecker ist unser Herr,
von Gödecke Michel beraten.
Wir fliegen pfeilschnell über das Meer,
des Fliegenden Holländers Paten.
Gevatter ist der Klabautermann,
Schiffsvolk, pack an!
Leben ist Tand.
Wir sind die Hölle von Helgoland.

Blutrot knallt unsre Flagge am Mast,
am Boden, da huschen die Ratten.
Ein Totengerippe ist unser Gast.
Im Segel stehn seltsame Schatten.
Im Kielwasser schwimmt uns ein Meerweib nach.
Schiffsvolk, so lach!
Leben ist Tand.
Noch herrscht die Hölle von Helgoland.

Senta. Der Holländer muss fürderhin nicht mehr ruhelos übers Meer irren.

Wie bei vielen Mythen gibt es auch bei dem vom holländischen Geisterschiff ein paar reale Haltetaue, die in die Wirklichkeit hinüberreichen: Es hat immer mal wieder führerlose Schiffe gegeben, die – im Gegensatz zu ihren Mannschaften – ein Unwetter überlebten und dann noch eine Weile wie von Geisterhand bewegt dahindrifteten. Und diese leeren Särge ließen sich natürlich ideal mit Geschichten aller Art auffüllen.

SCHIMÄRE MEERJUNGFRAU

Klabautermänner, Kapitäne von Geisterschiffen... Natürlich war auch der Spuk so männlich besetzt wie die gesamte Seefahrt. Frauen dagegen lagen hinter allen Sehnsuchtshorizonten. Sie waren auf See nur mittelbar vorhanden, in den Nacht- und Tagträumen der Seemänner.

Und weil die Abwesenheit von Frauen bisweilen so schwer zu ertragen war wie die von Süßwasser, lag es nahe, die entsprechenden

Mythen, Märchen und Legenden

Sehnsuchtsqualen weiblich einzukleiden. Die Meerjungfrau zum Beispiel ist das Geschöpf von Männerfantasien. Eine halbe Frau, die in der unteren Hälfte kalter Fisch ist … Das ist schon, genau betrachtet und zu Ende gedacht, eine subtile Gemeinheit und eine schlimme Vorstellung für einen Seemann, der nach monatelanger Fahrt zum Spielball seines wild schwappenden Testosteronspiegels geworden ist. Meerjungfrau symbolisiert sexuelle Sehnsucht, die mit ihrer Unerfüllbarkeit kokettiert.

In der Odyssee ist der Wasserfrauen-Mythos ganz in diese Richtung gewendet: Der gefesselte, also hilflose Mann (Odysseus) wird, an den Mast seines Schiffes gebunden, von Sirenen umschwirrt – von flugtauglichen, aufreizenden Frauengestalten. Der berühmte Seefahrer weiß aber aus dem Mund der Zauberin Circe, dass man(n) einen Aufenthalt bei den Sirenen schlechterdings nicht überleben kann, so wenig wie die christlichen Seefahrer späterer Jahrhunderte eine Liaison mit einem Meerweib hätten überstehen können, sie hätten unweigerlich ertrinken müssen. Die Annäherung des Mannes an die weibliche, meerbewohnende Schimäre (Mischwesen) musste also scheitern.

Die Grenze wird auch spürbar, wenn man versucht, sie aus anderer Richtung kommend zu überwinden. Zart, poetisch und bleibend schön hat Hans Christian Andersen in seinem Märchen »Die kleine Meerjungfrau« die »amour fou« zwischen der maritimen Halbfrau und ihrem Menschenprinz gestaltet. Hier versucht die Fischfrau den Landgang, der Liebe wegen; sie opfert sogar ihre Zunge, um so – magisch – das Unmögliche zu ermöglichen, und muss doch am Ende tragisch entsagen.

Der Mythos Meerjungfrau sitzt als Bronzeplastik am äußeren Hafen von Kopenhagen auf einem Stein und dürfte eine der meist fotografierten Frauengestalten der Erde sein. Verschiedentlich haben sich üble Spaßvögel an ihr vergriffen, indem sie Edvard Eriksens Plastik ein Bikini-Oberteil oder gleich eine Ganzkörperfärbung verpassten. Auch enthauptet wurde sie schon mal, eine Untat, deren Folge 1964 in spontaner Reaktion der Stadtkämmerei mit 21 000 Kronen geheilt wurde.

Der Reiz der Nixen

Eine Spielart der Meerjungfrau ist die Nixe, zu der es auch einen männlichen Part, den Nix, gibt. Nixen können ihre Gestalt wandeln, mal schäumendes Wellenross, mal liebliches Fisch/Mensch-Mischwesen.

Nixen in ihrer Normalgestalt sind in aller Regel schön, erotisch, neckisch oder auch geheimnisvoll. Bisweilen bedrohen sie aber auch den Mann schlechthin, der sich so ziemlich gegen alles, nicht aber gegen weibliche Reize verteidigen kann. Unübersehbar viele Geschichten kreisen um Nixen, Meerweiber und Co., die einen Fischer, einen Königssohn oder wen auch immer unter Wasser (ins Verderben) ziehen, häufig der Liebe wegen. Psychologisch inspirierte Mythenfor-

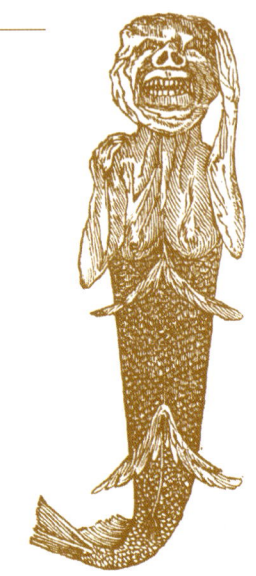

Ein »fake« der um 1830 ganz London erschütterte: Ein geschickter Bastler hatte aus einem Schrumpfkopf und einem Fischleib ein »original Meerweib« erschaffen.

scher werden darin leicht ein märchenhaftes Bild für das Ozeanische des Eros, für das »In-Liebe-und-Lust-Versinken« finden.

Wie dem auch sei: Nixen sind durchaus literaturfähig und plätschern munter durch allerlei Sagenkränze. Richard Wagner war besonders nixenanfällig, er nahm die »Glamourfrauen« gern als szenisches Beiwerk in seine Opern. Die Mutter von Wieland dem Schmied war eine Nixe; den Meerweibern Sigelind und Hadburg stahl Hagen, der Siegfried-Töter, die Schwanenkleider; Melusine tauschte ihre Gestalt als Luftgeist gegen die einer Wasserfrau; und im Tannhäuser setzt sich der Hofstaat der Frau Venus aus Nixen zusammen.

Und falls Nixen einmal lästig werden sollten, dann (so unter www.sungaya.de nachzulesen) hilft das gute alte Hausmittel gegen Vampire: Knoblauch.

Kap Horn
Wo der Teufel mit den Ketten rasselt

Kap Horn war die ultimative Prüfung zur See, und für ungezählte Seeleute wurden die Monsterseen vor der Südspitze Amerikas zum feuchten Grab. Geblieben ist der Mythos vom gnadenlosen Meer.

Am 16. Mai 1615 verließen zwei hochseegängige Schiffe einen kleinen, westfriesischen Hafen. Das war nichts Besonderes; die Holländer waren, nachdem sie das spanische Besatzungsjoch abgeschüttelt hatten, unübersehbar auf dem Sprung, sich ihren Teil am damaligen Welthandel zu sichern.

Ungewöhnlich war nur, dass – bis auf die beiden Schiffsführer, den Kaufmann Isaac Le Maire und den Kapitän Willem Cornelisz Schouten – keiner an Bord der Schiffe wusste, wohin die Reise ging, nicht einmal die Offiziere.

Die beiden Segler, die 360 Tonnen große »Eendracht« (Eintracht) und die 110 Tonnen kleine »Hoorn« – benannt nach ihrem westfriesischen Heimathafen – waren in höchst geheimer Mission unterwegs. Es galt, einen gerüchteweise existierenden westlichen Seeweg nach China auszukundschaften. Und weil man praktisch und optimistisch dachte, hatte man auch gleich Ladung für den holländischen Stützpunkt Batavia (heute Djakarta) an Bord; eine ferne Destination, die bis dato nur auf der Südafrika-Passage zu erreichen war.

Sicher sollte der Weg sein, sicher vor allem vor der spanischen Konkurrenz: Die Iberer beherrschten noch immer die Magellanstraße, den einzigen bekannten Durchlass für die Seeschiffahrt nach China und Indien. Aber seit 1578 der Pirat seiner Majestät Königin Elisabeth I., Francis Drake, – mehr oder minder versehentlich – die Südspitze des Kontinents umrundet hatte, glaubten immer weniger an die Riesen-Landmasse im tiefen Süden, die auf spanischen Weltkarten groß und klotzig verzeichnet war – sei es, in kalkuliert irreführender Absicht oder aus Unwissenheit.

Das Kalkül der Holländer war gleichermaßen kühn wie rational: Gelänge es, das Monopol der Spanier über die Westroute nach Indien zu brechen, lockten unschätzbare Gewinne. Die beiden Pioniere verloren ein Schiff; die »Hoorn« ging in Flammen auf; aber von Bord der »Eendracht« sahen und benannten Schouten und Le Maire tatsächlich am 26. Januar 1616 den bis dato nur vom Hörensagen bekannten Südpunkt: Kap Hoorn – zur Ehre des Heimathafens so getauft.

Le Maire überlebte seine Ruhmestat nur um wenige Wochen, er starb in Batavia. Schouten musste sich dort gegen den Vorwurf des Schwarzhandels zur Wehr setzen, kam die »Eendracht« mit holländi-

Mythen, Märchen und Legenden

Sir Francis Drake, das Bild zeigt ihm beim Empfang des Ritterschlags, war (wahrscheinlich) der erste Europäer, der Kap Horn von Ost nach West umrundete.

auf 55 Grad, 59 Minuten Süd und 67 Grad, 14 Minuten West der Riesen-Landmasse Amerika vorgelagert ist.

Wer den Doppelkontinent zur See umrunden wollte (die Magellanstraße konnte, von spanischen Schikanen einmal abgesehen, nur mühsam und nur teilweise unter Segeln durchfahren werden), der musste die tückische Südspitze Amerikas bezwingen, das gefürchtete Kap Horn. Gefürchtet vor allem wegen seiner Orkane und Monsterseen, die Schiffe zerschlugen und Mannschaften ertränkten.

Kap Horn, das war die Hölle zur See; vor allem, weil für die großen Rahsegler hier etliche ungünstige Faktoren zusammentrafen. So bauen sich im Randbereich der gigantischen antarktischen Eisplatte permanent heftige Tiefdruckwirbel auf; Stürme aus West schieben die relativ warmen Wassermassen des Atlantiks über die kälteren des Südpazifik. Und da sich dieses Gegeneinander im flachen Wasser, auf dem Festlandsockel austobt, können sich Wellen – die so genannten »Kaventsmänner« – bis zu 18 m hoch aufsteilen. Nasse Totschläger zur See.

Doch auch wenn es nicht zum Äußersten kam, war Kap Horn für die Klipper- und Windjammer-Kapitäne und ihre Mannschaften eine harte Probe. Man musste in aller Regel gegen starken Westwind aufkreuzen, und das, wenn man Pech hatte, mit wenig Raumgewinn; wenn man noch mehr Pech hatte, wurde man von den 2,5 Knoten östlicher Grundströmung bei nachlassendem Wind die Strecke zurückgetragen, die man gerade mühsam gutgemacht hatte.

Unscheinbar sieht er aus, der mythenbeladene Felsen, der den Namen eines kleinen holländischen Hafens trägt.

scher Ladung doch ganz offensichtlich aus der falschen Richtung. Schließlich durfte er, nach zähen Verhandlungen, die Erdumrundung in Richtung Holland fortsetzen.

Der Name Kap Hoorn blieb haften am sturmumtosten Stein, verlor im Laufe der Jahre zwar ein »o«, aber nichts von seiner Magie.

Ruinöse Törns für Mensch und Schiff

Vermutlich gibt es weltweit kein Inselchen, das gleichermaßen klein, unwirtlich und berühmt ist wie jener Felskrümel namens Horn, der

KAP HORN

Auf diese harte Weise konnten Kap-Horn-Umrundungen Wochen oder Monate dauern – Törns, die ruinös für Mensch und Material waren. Mit offenen Schürfwunden, die in salzwassergetränkter Kleidung nicht heilten, mit Teilerfrierungen an Zehen und Fingern, geplagt von Halluzinationen, der Folge ständigen Schlafentzugs, und manchmal sogar von Skorbut geschwächt, taumelten die Männer am Rande des Zusammenbruchs über die Planken, fielen entkräftet aus den Rahen, blieben zerschmettert auf den Planken liegen oder verschwanden in der kochenden See.

GOLDRAUSCH

Und trotzdem: Der Mythos Kap Horn entstand an Land, belegt Eigel Wiese in seinem Buch »Männer und Schiffe vor Kap Horn«.

An Land? Das klingt nur dann befremdlich, wenn man eine schlichte Tatsache ignoriert: Heldensagen werden ja nicht an schwankenden Tischen und auf salzwasserfeuchten Planken aufgeschrieben. Für die »Akteure«, die alle Hände voll zu tun hatten, um ihren Alltag zu bewältigen, war die Ausnahmesituation Kap Horn nur das übertriebene Normale. Und so abenteuerlich und todesmutig die Kap-Passagen auch immer gewesen sein mögen, sie waren Kommerz-Unternehmungen, kühl kalkuliert, durchgerechnet. Auch für das mythenumtoste Horn galt eine universelle Grundregel menschlicher Vernunft: Nur die Chance auf guten Gewinn rechtfertigt ein hohes Risiko.

Die Monsterwellen vor Kap Horn hießen im deutschen maritimen Sprachgebrauch »Kaventsmänner«; wenn sie in ungünstigem Winkel den Rumpf trafen, konnten sie ihn zerbrechen.

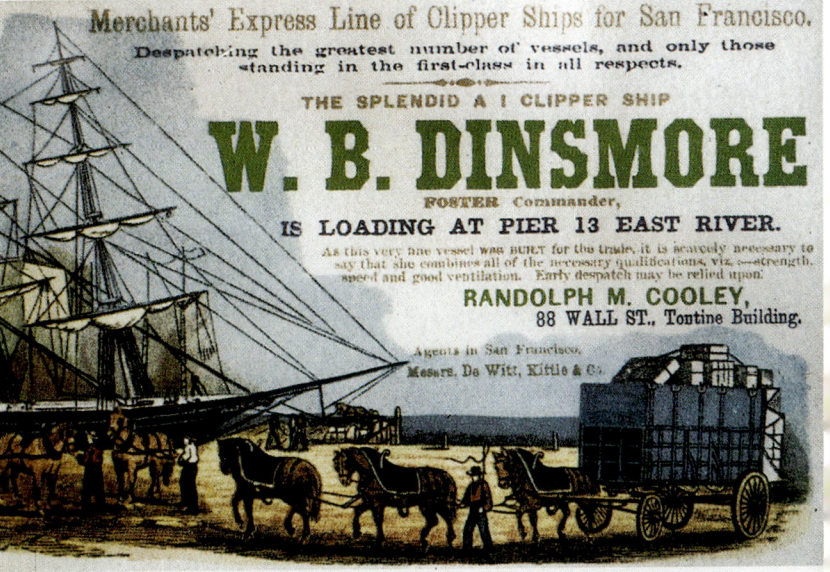

Als der »goldene« Wilde Westen für den Ost-West-Verkehr noch zu wild war, kam die große Stunde der Kap-Horn-Passagierschifffahrt: Der gigantische Umweg um die Südspitze Amerikas konnte lebensrettend sein.

Mythen, Märchen und Legenden

Als die Kap-Horn-Route um die Mitte des 19. Jahrhunderts profitabel wurde, zogen die US-Reeder ihre sturmerprobten Klipper aus dem China-Teegeschäft ab und investierten in den Personenverkehr.

Und diese Chance blinkte plötzlich goldfarben auf, als um die Mitte des 19. Jahrhunderts in der Sierra Nevada das begehrte Edelmetall gefunden wurde. In den schon damals dicht bevölkerten Metropolen des Ostens, in Boston, New York und Baltimore, machte die Kunde wie ein Lauffeuer die Runde: Im Westen schlägt man nur eine Hacke in den Boden und ist reich! Schon das Gerücht war Grund genug, alles auf eine Karte zu setzen, und sei es erst einmal eine Fahrkarte.

Die 13 200 Seemeilen ums Kap Horn nach Kalifornien waren in jenen Tagen schneller und (meistens, nicht immer!) gefahrloser zu bewältigen als die 5000 km per Planwagen durchs rechtsfreie Niemandsland, in dem, bekanntermaßen, Indianer etwas dagegen hatten, vertrieben und abgeschlachtet zu werden.

Hohe Zeit der amerikanischen Klipper

Mit dem Zug nach Westen schlug die historische Stunde der amerikanischen Klipper, schnittiger Lastensegler, deren Kapitäne viel Kap-Horn-Erfahrung aus dem Teegeschäft mit China mitbrachten.

Gleich 1848, zu Beginn des Goldrauschs, stellte der damals schnellste Klipper, die »Memnon«, einen Rekord auf: 120 Tage von der West- zur Ostküste, statt der üblichen 200.

Eine geglückte Demonstration von Zuverlässigkeit und Geschwindigkeit.

Die Ostküsten-Reeder erkannten die gewaltigen Chancen, die sich mit der neuen Route boten, und zogen möglichst viel Kapazitäten aus dem China-Geschäft ab. Je lauter der Ruf »Westward ho!« erschallte, desto mehr Menschen und Waren nahmen den gigantischen Umweg ums Horn, der sich gleichwohl als Abkürzung entpuppte. Von Risiko mochten die Reeder – angesichts der neu dimensionierten Verdienstspannen – kaum reden: Eine Schiffsladung, die in New York mit 84 262 Dollar zu Buche stand, brachte in San Francisco 272 000. In den Werften New Yorks nutzten rund 10 000 Männer jede Minute Tageslicht, um Klipper im Akkord auf Kiel zu legen.

Die US-Rennmaschinen zur See wurden Teil des amerikanischen Traums. Schiffsingenieure, denen es gelang, die Anforderungen an Seetüchtigkeit, Robustheit und Ladekapazität zu erfüllen, ohne dabei Eleganz und Schönheit hintanzustellen, wurden amerikanische Helden – wie wenig später die Architekten von Hochhäusern und riesigen Brücken. Einer der berühmtesten und innovativsten war der gebürtige Schotte Donald McKay, der 1850/51 in Boston mit

69,55 m Länge, 12,50 m Breite, 61 m Masthöhe und 6,55 m Tiefgang das größte Frachtschiff seiner Zeit baute.

DIE MAURY-SEEKARTEN

Am Kap-Horn-Wetter ließ sich natürlich nichts ändern; aber dennoch wuchs mit dem Verkehrsaufkommen der Wunsch, das Risiko zu minimieren. Ein gewisser Matthew Fontaine Maury, dem ein schwerer Postkutschen-Unfall die erträumte Karriere zur See buchstäblich zerschlagen hatte, fand in den archivierten Logbuch-Aufzeichnungen von Klipper-Kapitänen so etwas wie den Schlüssel für günstige(re) Passagen. Ihm war aufgefallen, dass Kapitäne, die der Südspitze Amerikas versehentlich – und wie sie befürchteten: bedrohlich! – nahe gekommen waren, besonders günstige Passagen hatten. Dank Maurys statistischer Arbeit (seine Seekarten wurden Meilensteine auf dem Weg zur Kartografierung der Weltmeere) setzten sich die Kap-Horn-Umrundungen knapp unter Land durch – eine Route, die Generationen von Segelschiff-Kapitänen tunlichst gemieden hatten, aus Furcht, widrige Winde oder Strömungen würden sie gegen die Klippen werfen.

Die neuen Routen waren allerdings alles andere als Selbstläufer. Eigel Wiese berichtet, dass es Maury, dem tragisch verhinderten Seefahrer, erst einmal so ging wie den meisten Pionieren: Als er, der Stubenhocker, die lahme Landratte, mit Korrekturvorschlägen für traditionsreiche Routen an die Öffentlichkeit trat, zählte Spott noch zu den vornehmeren Reaktionen der Praktiker. Nur ein Kapitän namens Jackson wollte es auf einen Versuch ankommen lassen. Er wählte für seine Reise »Baltimore–Rio–Baltimore« eine Routen-Variante, die Maury vorschlug, und unterbot prompt die übliche Reisedauer um 37 Tage. Und weil bekanntlich nichts erfolgreicher ist als der Erfolg, setzte sich das Prinzip archivierten und ausgewerteten Erfahrungswissens schließlich durch. Auf der Kap-Horn-Route erlaubten die ständig ergänzten und verfeinerten Maury-Karten schließlich sogar Einsparungen von gut 40 Tagen.

Es waren die großen Tage der Klipper. Die »Flying Cloud« unter Kapitän Creesy legte 1851 auf der Kap-Route 325 Seemeilen mit einer Durchschnittsgeschwindigkeit von 15,5 Knoten zurück; kein Segelschiff zuvor war in diese Bereiche vorgestoßen, und, so schreibt Eigel Wiese, »es sollte noch mehr als ein Vierteljahrhundert dauern, bis ein Dampfschiff genauso schnell sein würde«.

Solche Fabelrekorde stachelten zeitgenössische Männerfantasien auf, und wer schon nicht teilhaben konnte an den Großtaten zur See, der wollte wenigstens am Erfolg beteiligt sein. Man wettete auf die Klipper, die seinerzeit bekannter waren als berühmte Rennpferde oder Windhunde.

Zu einer legendär gewordenen Wettfahrt entwickelte sich 1852 das Rennen der Kap-Klipper »Wild

Mit Blick auf den größten Unterwasserfriedhof der Erde steht man am Mahnmal für die Kap-Horn-Opfer, ein paar Dutzend Meter über dem Schauplatz so vieler Katastrophen.

Mythen, Märchen und Legenden

Pigeon« (57,60 m lang), »Flying Fish« (63,10 m) und »John Gilpin« (62,50 m). Die »Flying Fish«, von den meisten auf Platz eins gewettet, versiebte ihre Siegeschancen vor Kap São Roque – bezeichnenderweise, weil sich Kapitän Nickels nicht an Maurys Navigationsblätter hielt. Man darf sagen: Vor São Roque unterlag exemplarisch, spektakulär und vor den Augen einer interessierten Öffentlichkeit die bewährte seemännische Intuition gegen nüchterne Statistik, wie sie sich in Maurys Blättern zur praktischen Wissenschaft verdichtet hatte.

Die »John Gilpin« unter Kapitän Justin Doane erreichte nach 93 Tagen und 20 Stunden als erstes der 3 Schiffe die Ziellinie vor San Francisco, 1 Tag vor der »Flying Fish«, die vor Kap Horn noch in Führung gelegen hatte. Die Werbezettel der »Gilpin«, ein Reiter, der im gestreckten Galopp übers Meer fliegt, hatten also nicht zu viel versprochen.

Das Challenger-Drama

Besonderen Nachrichtenwert – und insofern hat sich seit der Zeit der Klipper-Rekordfahrten bis zum heutigen Formel-1-Zirkus nichts geändert – hatte natürlich allemal das Katastrophische. Die Reise der »Challenger«, 1 Jahr vor dem Spitzenrennen der schnellsten drei, war aus dem Stoff, aus dem Joseph Conrad und andere See-Schriftsteller gern Novellen und Romane webten.

Das Challenger-Drama (man ist geneigt, an böse Omen zu glauben, schließlich ereignete sich unter diesem Namen auch rund 150 Jahre später eine Katastrophe der bemannten Raumfahrt) hatte eine banale, aber prekäre Voraussetzung: In dem Maße nämlich, wie Klipper in Rekordzeit auf Kiel gelegt wurden – Schiffe, die bekanntlich nicht nur auf Wind, sondern auch auf Muskelkraft angewiesen waren –, kam es zur Verknappung von »man power«; es gab einfach nicht mehr genügend qualifizierte »Deckshände« (Mannschaft) in den großen Ostküstenhäfen.

Kapitän Robert Waterman sah sich im Herbst 1851 in New York genau vor dieses Dilemma gestellt; die Passage war gut gebucht, die Termine knapp kalkuliert; aber die Deckshände, die noch verfügbar waren, hielten vorzugsweise Flaschen mit Fusel und nicht Winden und Tauwerk umschlossen.

Robert Waterman ahnte wohl das Fiasko, erlag aber gleichwohl dem kommerziellen Druck, der auf ihm lastete; er heuerte, was nur irgendwie nach Seemann aussah beziehungsweise roch.

Die Crew erwies sich schnell als überfordert. Die Offiziere reagierten mit übergroßer Härte auf die Unzulänglichkeit der Mannschaft; die rächte sich mit 18 Messerstichen an einem »Bucko« (Menschenschinder zur See, Schleifer); die entnervten Offiziere zerstritten sich untereinander; als 3 Matrosen bei einem missglückten Segelmanöver über Bord gingen, wurden keinerlei Rettungsmanöver gefahren; erneute Proteste der Mannschaft; Krank-

meldungen; der Kapitän ließ Simulanten und wahrhaft Kranke an Bord prügeln; 4 überlebten die Tortur nicht; die Offiziere, nun vollends der nackten Wut der Mannschaft ausgeliefert, verbarrikadierten sich unter Deck; das Schiff taumelte mehr dem rettenden Hafen San Francisco entgegen, als dass es gesteuert wurde.

Es kam zur Verhandlung vorm Bezirksgericht, die ähnlich chaotisch verlief wie die gegenständlichen Ereignisse. Die Anschuldigungen hielten sich die Waage, und wohl auch deshalb neigte sich Justitias Waage zu keiner Seite: Weder wurde der Kapitän wegen Grausamkeit belangt, noch die Mannschaft wegen Meuterei.

Die Wettlust übernahmen die USA von den Briten. Zur Hochzeit der schneidigen Klipper wettete man auf die schnellste Kap-Horn-Umrundung.

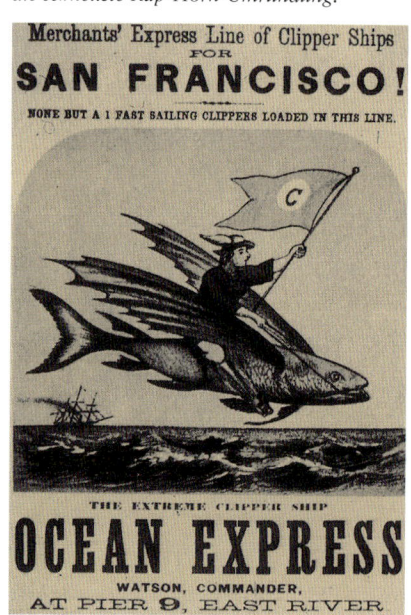

Aber die Challenger konnte ihren »schlechten Ruf« nie wieder abschütteln. Auf ihren Planken wurde noch zweimal gemeutert, 1876 sank sie vor der französischen Küste.

ZEITALTER DES WANDELS

Das war zu einem Zeitpunkt, als die große Zeit der Klipper schon zu Ende gegangen war. Der Goldrausch im Westen, der riesige Magnet für Passagiere und Güter, war eine relativ kurzlebige Angelegenheit gewesen; zudem rutschte die junge Nation 1857 in eine schwere Wirtschaftskrise. Und schließlich gewann die Landwirtschaft im (immer noch) »Goldenen Westen« buchstäblich an Boden. In ihrem Gefolge erstarkte die lokale Industrie; die Frachtraten für Klipper auf der berühmten Kap-Route halbierten sich Anfang der 1860er gegenüber den fetten Fünfzigern.

Und noch vor Inbetriebnahme des Panamakanals, Anfang des 20. Jahrhunderts (einer Wasserstraße, die die Seereise von der US-Ost- zur -Westküste um 8000 Seemeilen verkürzte), machte eine Bahnverbindung über den 80 km schmalen Isthmus dem Kap-Horn-Güterverkehr Konkurrenz. Was immer einigermaßen leicht zu verladen war (Passagiere sowieso!) wurde bis Cólon verschifft, dem Karibikhafen am Atlantik-Endpunkt des (heutigen) Kanals, reiste die wenigen Bahnkilometer bis zur Pazifikküste Panamas auf Schienen, um dann, Kurs Norden, die Seereise zur US-Westküste fortzusetzen.

Als erste Dschungel-Eisenbahn der Welt durchquerten Dampfrösser den Isthmus von Panama in wenigen Stunden. Wer im südlichsten Mittelamerika ausstieg, um nach kurzer Bahnfahrt auf der pazifischen Seite wieder nordwärts zu segeln, konnte sich damit 8000 Seemeilen ersparen.

Den guten Wind aus den Segeln nahm den schnellen Lastseglern ab 1861 auch der amerikanische Bürgerkrieg; schnelle, dampfgetriebene Kreuzer machten Jagd auf die jeweils feindlichen Handelsschiffe. Und obwohl die »Abschussrate« mit insgesamt 14 Klippern eher bescheiden war, reichte der Schrecken aus, um die Investoren und Spediteure nachhaltig zu verprellen.

Ein paar historische Pulsschläge lang schien es so, als hätten die Dampfer schon die Siegesfahne aufgezogen – Konkurrenten, für die es keine Flauten gab und die auch in schwerer See manövrierfähig blieben, wenn Segelschiffe naturgemäß ohne Tuch und damit fast ohne Steuermöglichkeit in der See liegen.

DIE GROSSEN WINDJAMMER

Aber die ganz große Zeit der Lastensegelei sollte erst noch anbrechen. In englischen Werften ging man dazu über – anfangs noch nach den bewährten Baumustern der be-

# Mythen, Märchen und Legenden

rühmten Klipper –, Rümpfe aus Stahl zu fertigen. Es gelang auf Anhieb, 90–100 m lange Schiffe auf Kiel zu legen; das war immerhin die doppelte Länge durchschnittlicher Holz-Klipper. Und aus Stahl ließen sich auch Masten, Wanten und Trosse fertigen, die belastbarer waren als Holz und Hanf.

Segelschiff-Ästheten bespöttelten schon damals die, in ihren Augen, klobigen Pötte; aber die neuen Riesen zur See machten ihren Weg. Die deutsche Sprache hatte sogar eine liebevoll-romantische Sammelbezeichnung für sie parat: Windjammer – nach dem typischen, klageliedartigen Jammerton, den der Wind auf den gespannten Stahl-»Saiten« (Stags, Wanten) spielte.

Der Nachteil der Stahlkolosse: Man brauchte verhältnismäßig viel Muskelkraft an Bord, allein schon, um die riesige Segelfläche in Stellung zu bringen. Doch dank der Erfindung von Winden und so genannten konischen Trommeln durch den schottischen Kapitän J. B. C. Jarvis (wenig später wurden Dampf- und Dieselwinden üblich) blieben die Großsegler konkurrenzfähig, ja lange Zeit überlegen.

Wem die Renaissance der Großsegelei nach dem Ende der traditionsreichen Klipper-Ära gleichwohl rätselhaft erscheint – immerhin stand die technologisch junge Konkurrenz schon kräftig unter Dampf –, dem helfen vielleicht ein paar Vergleichszahlen: Die Klipper trugen in ihren Holzrümpfen rund 1500 Tonnen Last und brauchten fürs »handling« um die 50–60 Mann starke Crews an Bord. Windjammer dagegen faßten leicht 2500 Tonnen, und knapp 30 Mann an Deck waren in aller Regel ausreichend.

Und noch etwas, das beim historischen Rückblick auf die Dampf/Wind-Konkurrenz leicht übersehen wird: Die Durchschnittsgeschwindigkeiten der Lastensegler mit ihrem scharf geschnittenen Bug und der technisch optimierten Takelage war lange Zeit konkurrenzlos. Zudem lag um 1870 der Tages-Kohleverbrauch eines veritablen Dampfers bei 65 Tonnen. Keine leichte Hypothek: Die riesigen Treibstoffmengen, die für lange Strecken mitgeführt werden mussten, gingen natürlich zu Lasten der Zuladekapazität.

Und auch das bekannte Standardhandicap aller Segelschiffe – direkt gegen den Wind geht nichts! – bekam man tendenziell in den Griff: Modernste Takelage erlaubte es, autemberaubend hoch an den Wind zu gehen: Man konnte sich an den Wind anpressen (englisch: »to jam« – ein englischer »Windjammer« »jammert« also nicht, er presst sich in den Wind). Die technisch ausgereiftesten Rahschiffe konnten bis zu 23 Grad an den Wind gehen, eine nachgerade unwahrscheinliche Leistung, wenn man bedenkt, dass jahrhundertelang schwerer Gütertransport zur See nur mit Rücken- und bestenfalls achterlichem Seitenwind (raumen Wind) möglich war.

Rechnet man Vorteile wie Ladekapazität (wie gesagt: Stauraum, ohne Abzüge für Antriebsmaschinen und Treibstoff), Geschwindigkeit und stetig verbesserte Segeleigenschaften zusammen, wird plausibel, weshalb Segelgiganten wie die deutsche Fünfmastbark »Potosi« mit 6150 Tonnen Ladekapazität und 16,5 Knoten Durchschnittsgeschwindigkeit bis weit ins 20. Jahrhundert konkurrenzfähig bleiben konnten.

Dass gerade die Kap-Schifffahrt so lange eine Segelschiff-Domäne bleiben konnte, hatte nicht zuletzt auch geo-ökonomische Gründe. Die riesigen Guano-(Vogelkot-)Lager auf den Inseln vor der chilenischen Küste boten den Stoff, den die Landwirtschaft Europas brauchte. Dünger war eines der Zauberworte am Ende des 19. Jahrhunderts, als die Landwirtschaft immer größere Industrie-Ballungsgebiete ernähren musste. Für die Rückfahrten von Chile nach Europa boten sich außerdem Kupfererze und Salpeter an. Letzteres eine äußerst gefährliche, entzündliche Ladung, die entsprechend die Versicherungsprämien hochtrieb, aber als Dünger geschätzt war. Deshalb blieb der Transport profitabel.

Die Herrlichkeit unter weißen Segeln dauerte bis ins dritte Jahrzehnt des 20. Jahrhunderts; erst dann gelang es dem motorisierten Gütertransport zur See, die Windjammer endgültig aus den Fahrwassern der Weltmeere zu verdrängen.

Geblieben ist ein wenig vom alten Zauber – zu besichtigen, wenn sich die letzen Windjammer zu spektakulären Paraden versammeln, etwa zu Beginn der jährlichen Kieler Woche. Geblieben sind Geschichten von übermenschlichen Anstrengungen im Kampf mit Naturgewalten, wie sie nicht nur am Kap auftreten – hier aber gehäuft und zu wahren Schreckens-Symphonien orchestriert.

Die Schiffe sind untergegangen oder abgewrackt. Der Mythos lebt.

Der magische Buchstabe »P« und die »Königin der Meere«

Die Hamburger Reederei Laeisz und ihre »P«-Liner schrieben deutsche Seefahrts-Geschichte. Eigel Wieses faktenreiche Chronik »Männer und Schiffe vor Kap Horn« schreibt vom großen »P«, das ein paar Jahrzehnte lang die seefahrtsbegeisterte deutsche Öffentlichkeit faszinierte:

»Carl Laeisz hatte einen alten Traum: Pro Schiff sollten zwei Kap-Horn-Reisen im Jahr unternommen werden. Mit der ›Potosi‹ wurde dieser Traum wahr. Sie lief 1895 vom Stapel, war als Fünfmastbark getakelt, 111,6 m lang, der Großmast hatte eine Höhe von 65 m, insgesamt konnten rund 5000 Quadratmeter Segel gesetzt werden. Das Schiff fasste 5000 Tonnen Ladung.

Schon auf ihrer Jungfernfahrt unter Kapitän Hilgendorf machte die ›Potosi‹ von sich reden. Mit 66 Tagen unterbot sie den bisherigen Rekord von 74 Tagen für die Chilereise. Eine durchschnittliche Reise dauerte damals 80 Tage.

Die Offiziere hatten Geschwindigkeiten bis zu 16,5 Knoten geloggt (…). Die Rekordfahrt vollbrachte die Potosi 1900 mit 55 Tagen nach Valparaiso (…). Ermutigt durch diese Erfolge, gab Laeisz eine weitere Fünfmastbark in Auftrag. 1902 lief bei Tecklenborg in Geestmünde das größte Segelschiff vom Stapel, das jemals gebaut wurde – das Fünfmast-Vollschiff ›Preußen‹. Der Segler erhielt an der Küste schnell den Beinamen ›Königin der Meere‹.

Die ›Preußen‹ war 132 m lang, 16,4 m breit, wurde mit 38 Mann Besatzung gefahren und konnte 8000 Tonnen laden. (…) Die Segelfläche betrug 5560 Quadratmeter und ließ das Schiff bis zu 17 Knoten laufen.«

Fast symbolisch das Ende der »Preußen«: Sie wurde 1910 im Ärmelkanal von einem Dampfer gerammt; dessen Kapitän war ein typischer Fehler in jenen Spättagen der Segel-Frachtschifffahrt unterlaufen: Er hatte die Geschwindigkeit des Großseglers unterschätzt. Die »Preußen« zerschellte, manövrierunfähig geschlagen, auf den Klippen vor Dover.

Sie war und blieb das einzige Fünfmast-Vollschiff, das jemals die Meere kreuzte. Nicht dass der Schock Männer wie Carl Laeisz traumatisiert hätte – Verluste selbst dieser Größenordnung waren einkalkuliert –, es erwies sich, dass die erhöhte Tonnage die verlängerten Be- und Entladezeiten nicht aufwog. Oder anders ausgedrückt: Die Technologie des Be- und Entladens konnte zeitweilig mit dem Zuwachs an Ladekapazität nicht Schritt halten.

Laeisz setzte den Wettlauf mit den Dampfern fort, sogar noch über den Ersten Weltkrieg hinaus; erst die Weltwirtschaftskrise 1931 und das Aus für die Salpeter-Segelei (mittlerweile konnte man Kunstdünger herstellen) schickten die letzten »P«-Liner in die Abwrackwerften.

Nur einige überlebten als Marine-Schulschiffe, Repräsentationsobjekte und Museumsschiffe bis in unsere Tage.

Der Alptraum zur See: Dampfschiffkapitäne unterschätzten regelmäßig die Geschwindigkeit der Großsegler.

MYTHEN, MÄRCHEN UND LEGENDEN

Bermudadreieck
Endet ein Mythos in Gestank?

Die Bahamas liegen innerhalb des Bermudadreiecks

Der moderne Mythos par excellence: Ein Geschwader und der nachfolgende Suchtrupp verschwinden spurlos. Im Sog der spannenden Geschichte folgten weitere. Alles nur kalkulierte Hysterie?

Das Ungeheuer von Loch Ness, Yeti und das Bermudadreieck haben etwas gemeinsam: Man kann die Fragwürdigkeiten, die sich wie wilder Wein an ihnen festranken, beliebig oft zurückschneiden und auslichten. Sie überleben jedwede Attacke des gesunden Menschenverstandes leicht und locker.

Vermutlich ist das so, weil der Mensch in bestimmter Hinsicht gar nicht aufgeklärt (sprich: desillusioniert) werden will, weil er Grusel und das Abseitige liebt.

Nicht die vernünftigste Erklärung findet das Interesse der Massen und entsprechende Auflagen; es ist eher die waghalsigste, die unheimlichste und nicht selten die unwahrscheinlichste »Lösung«.

Und doch ist es mit dem Bermudadreieck ein wenig anders als mit anderen Grusel-Trägern. Es gibt Dinge, die hier (in einem Dreieck, dessen nördliche Spitze bei den Bermuda-Inseln, dessen Basis zwischen Miami und Puerto Rico verläuft) passiert sind und die man nicht oder nur unbefriedigend erklären kann.

DER RÄTSELHAFTE »FLUG 19«

Der Urknall der Theorie vom Schiffe und Flugzeuge schluckenden Nirwana erfolgte ein halbes Jahr nach Ende des Zweiten Weltkrieges, am 5. Dezember 1945 am frühen Nachmittag. Eine US-Flugstaffel, 5 Bomber vom Typ Grumman TBM Avenger auf Schulungsflug, hob an diesem Tag vom Marineflugplatz Fort Lauderdale ab. Ihr Auftrag war denkbar einfach: In zirka 2 Stunden sollte sie einen vorgegebenen Dreieckskurs abfliegen. So etwas gehörte zum Flugschüler-Alltag, keine besondere Herausforderung.

Alles verlief planmäßig, man war schon wieder auf Heimatkurs, keine halbe Stunde von Floridas Küste entfernt, als dem Geschwaderführer Charles C. Taylor auffiel, dass etwas mit seinen Navigationsinstrumenten nicht stimmte. Was sie zeigten, widersprach seinem gut trainierten Richtungsgefühl: Keine Landsicht aus einer Position, die bereits gute Landsicht hätte bieten müssen.

Um 15.45 Uhr funkt Flugleiter Leutnant Charles C. Taylor: »Rufe den Tower. Dies ist ein Notruf. Wir scheinen vom Kurs abgekommen zu sein. Können kein Land mehr sehen, wiederhole, sehen kein Land.«

Daraufhin werden die Piloten vom Tower angewiesen, auf Westkurs zu gehen. Taylors Antwort:

»Können nicht feststellen, wo Westen ist. Hier stimmt nichts mehr, seltsam. Erkennen die Richtung nicht mehr, nicht mal das Meer sieht aus wie immer.«

Die Piloten versuchen sich untereinander zu verständigen. Später werden die Männer im Tower bestätigen, dass die Diskussion alarmierend hektisch verlief, selbst der altgediente Fluglehrer Taylor soll Panik in der Stimme gehabt haben. Die fünf versuchen, sich an der Sonne zu orientieren, was offenbar misslingt.

Der Geschwaderführer Taylor handelt – den Umständen entsprechend – vernünftig. Er vermutet erst einmal die Ursache aller Wirren in seinem Kopf und übergibt das Kommando an einen (wenngleich unerfahrenen) Kollegen. In weiteren Funksprüchen, die schließlich in Wortfetzen enden, ist von »weißem Wasser und Sonne« die Rede. Kurz bevor der Funkverkehr definitiv abbricht, hört man im Tower noch einmal Taylors Stimme. Und er sagt jene Worte, die so klassisch wurden wie »Beam me up, Scotty« oder »Möge die Macht mit Euch sein«! Taylors »famous last words« lauten: »Folgen Sie mir nicht!«

Dieser Hinweis galt wahrscheinlich Leutnant Robert Cox, dem leitenden Flugausbilder in Fort Lauderdale, der gerade im Begriff war zu landen und die verworrenen Meldungen seiner Kameraden mithörte. Er glaubte zu ahnen, wo sich das herumirrende Geschwader 19 befand und fragte über Funk: »Flug 19, wie hoch fliegen Sie? Ich fliege nach Süden und treffe Sie…«

Nach Taylors' Rätselworten (»Don't follow me!«) war absolute Funkstille.

Vom Marinestützpunkt Banana River startet wenig später ein Suchflugzeug, an Bord 13 Mann und Geräte, um in Seenot geratene Piloten retten zu können. Doch jetzt geschieht das Ungeheuerliche, das dem Bermuda-Mythos erst den eigentlichen Schub verleiht: Das Such- und Rettungsflugzeug verschwindet etwa an der Stelle spurlos von den Radarschirmen, von der die letzte Meldung der verlorenen Staffel stammte: 29 Grad, 13 Minuten Nord und 79 Grad, 00 Minuten West.

Sofort startet eine ganze Flotte von Schiffen, militärische und zivile, darunter viele Fischkutter, auch Flugzeuge werden erneut eingesetzt. Aber die 27 Piloten, 5 Bomber und 1 Flugrettungsboot werden nie wieder gesehen. Kein Wrackteil, nichts.

Der erste Name für den Ort des Schreckens erinnert ein wenig an mittelalterliche Traditionen. In Zeiten, als Logik und Wissenschaft noch keine mehrheitsfähigen Künste waren, bemühte man gern den Fürst der Finsternis, wenn Unerklärliches passierte: »Teufels-Dreieck« taufte man den Ort, an dem »Flug 19« verschwunden war. Und wie ein Magnet zog »devil's triangle« neue Meldungen an von Schiffen, die ebenfalls hier mit Mann und Maus verschwanden oder verschwunden sein sollen.

In diesem Dreieck soll es nicht mit rechten Dingen zugehen, sagen die Dreiecks-Gläubigen. Hier passierte nicht mehr als in vergleichbaren küstennahen Meeren, sagen die Skeptiker.

Mythen, Märchen und Legenden

Der Dreiecks-Knacker

Larry Kusche ist vielleicht nicht der spannendste Bermudadreieck-Autor, aber vielleicht der wichtigste. Ihn hatten die cleveren Bücher und spekulativen Artikel über das feuchte Gruselgebiet vor der Südostküste der USA in besonderer Weise provoziert. Und ihn ärgerten die Leichtgläubigkeit seiner Zeitgenossen sowie ihre Hingabe an Verschwörungstheorien und Obskuritäten.

Kusche nahm sich 1975 die bis dahin erschienenen Bücher und Berichte vor und ließ sich wenig von den Tatsachenberichten und beglaubigten Beobachtungen beeindrucken. Er recherchierte ihnen vielmehr hinterher – mit dem Fleiß und der Systematik eines ausgebildeten Bibliothekars.

Und siehe da, vieles entpuppte sich als nicht gar so geheimnisvoll, wie es den Anschein haben sollte. Die häufigste Schlamperei war meteorologischer Natur. Viele »bei bestem Wetter« verschwundene Schiffe oder Flugzeuge waren in Wirklichkeit bei extremem Wetter von der Bildfläche abgetaucht. (Selbst bei dem berühmtesten Fall, dem alles auslösenden »Flug 19«, erwies sich der viel beschworene »blaue Himmel«, unter dem sich das Mysterium ereignet haben soll, nach entsprechenden Recherchen als einigermaßen unwetterhaft.)

Von etlichen »spurlos verschwundenen« Schiffen gab es Überbleibsel und Wracks, die Aufschlüsse über zwar dramatische, aber nicht unübliche Unglücksursachen geben konnten.

Als das mit Abstand ergiebigste Argumente-Reservoir gegen faulen Dreiecks-Zauber erwies sich das Londoner Lloyd's Schiffsregister der Unfälle zur See. Vor der US-Südostküste hatte es demnach nicht mehr und nicht signifikantere Unfälle gegeben als an anderen Küstenabschitten – was sich auch mit den Angaben der US Coast Guard deckte.

Hat Kusche damit dem Dreieck die Basislinie wegradiert? Schwer zu sagen … wie immer bei Glaubensfragen.

Weitere mysteriöse Vorfälle

Aber auch unterhalb der Todesschwelle tat sich Gänsehaut Erregendes: Von einem bestimmten Zeitpunkt an häuften sich die Meldungen über Zeitsprünge im Dreieck: Maschinen, die das Gebiet passierten, kamen angeblich unerklärlich schnell oder langsam ans Ziel. Also, so folgerte man, müsse dort der normale Zeitfluss zumindest zeitweilig gestört sein. Vom Gefühl, einen Tunnel durchflogen zu haben, war die Rede, von Schlitzen, die sich beidseits der Flugzeugfenster im Dunst geöffnet hätten, oder von Begleitflugzeugen, die auf keinem Radarschirm auftauchten … Und alles ließe sich immer durch Protokolle belegen.

Aber es gab auch Protokolle, die erst einmal unverdächtig erscheinen mussten: Am 28.12.1948 verschwand im fraglichen Gebiet 50 Meilen vor Florida eine Passagiermaschine vom Typ DC-3 spurlos, nachdem der Pilot kurz zuvor dem Tower in Miami meldete, er sähe bereits die Lichter von Florida.

Es folgten 2 englische Passagiermaschinen, eine Tudor IV Star Tiger und eine Star Ariel. Der letzte Funkspruch der Star Ariel lautete: »Wetter und Flugbedingungen ausgezeichnet. Erwarte planmäßige Landung.«

Am 1.1.1958 funkte Regattasegler Harvey Conover aus einer Position zwischen Key West und Florida an seinen Jachtklub: »Ich bin in 45 Minuten bei euch, haltet mir einen Platz an der Bar frei.« Der Platz blieb frei. Und so weiter, die Listen sind lang … und einwandfrei … oder etwa doch nicht? (Siehe Kaste links)

Spekulationen

Kern der Bermuda-Literatur blieb der 5. Dezember 1945 und der Flug 19. Eine Reihe von Rätsel(löse)-Büchern schwemmte auf den Weltmarkt, eines der erfolgreichsten sogar aus deutscher Feder. »Das Bermuda-Rätsel gelöst«, titelte der Kölner Ex-Sporthochschul-Assistent Michael Preisinger 1997. Und seine Erklärung überragt die des notorischen Freundes außerirdischer Wesen, Erich von Däniken, noch um einige intergalaktische Bogenminuten. Exakt im »Bermudadreieck« (Vincent H. Gaddis prägte diesen Begriff erst 1964 in einem Artikel für das Argosy Magazine) befindet sich der Aus- oder Eingang eines so genannten Wurmloches. Diese Gebilde haben die Meister der theoretischen Physik, Stephen Hawkings und John Wheeler, der Menschheit als Denk-Kraftsportaufgabe geschenkt: Wurmlöcher sind – sträflich vereinfacht ausgedrückt – so etwas wie Abflusslöcher von Materie in die Unendlichkeit des Alls.

»Flugzeuge und Schiffe«, so resümieren Wolfgang Michael und Thorina Rose mit einer Prise Ironie die Preisinger-Theorie, »die so mir nichts, dir nichts verschwinden, werden in Wurmlöcher geschlürft – entweder zufällig oder von Außerirdischen eskortiert. Die Kompassabweichungen entstehen, so Preisinger, durch die Materialisierung der außerirdischen Raumtransporter, die von der Rückseite der Wurmlöcher, die man sich als Tunnel vorstellen muss, in unsere Welt gekommen waren.«

DIE »GROSSE FURZ-THEORIE«

So einfach! Aber vielleicht doch nicht einfach genug? Eine Theorie, die ohne Außerirdische und ohne Löcher in der Einstein'schen Physik auskommt – und die im Gegensatz zu allen vorherigen auch in wissenschaftlichen Kreisen ernsthaft erwogen wird –, stammt von einem Geochemiker namens Richard McIver. Man hat die 1981 erstmals veröffentlichte Theorie – durchaus mit Sinn für Ironie – die »Große Furz-Theorie« genannt. Auf den Kontinentalschelfen haben Ozeanforscher Riesenmengen von Methan gefunden, in Eiskristallen gefangen. Beigemengt ist auch eine Art »Super-Stinkstoff« auf Schwefelbasis – daher die Furz-Assoziation.

Wenn das Eis schnell schmilzt – etwa weil Erdwärme an die äußere Erdkruste vordringt –, blubbert es gewaltig. Die See scheint zu kochen; für derartige Methanausbrüche gibt es sogar Augenzeugen. Ein Teil des Wassers verdampft durch die Prozesshitze der untermeerischen Explosionen, das von unzähligen Blasen durchschossene Wasser gleicht mehr einem Sprühregen als einer Wassersäule. Schiffe stürzen ins nasse Nichts. Und Flugzeugmotoren verrecken spontan an Sauerstoffmangel. Dieser Mangel würde im Übrigen auch die halluzinativen Äußerungen der Flug-19-Piloten erklären.

Und noch etwas könnte die McIver-Hypothese plausibel machen: die Plötzlichkeit, mit der die Funkverbindung zu den Unglücksflugzeugen abbrach. Die aufsteigenden Blasen sind von Elektroteilchen umwirbelt, die eine Art Magnetfeld aufbauen. Funk erstirbt, Kompassnadeln spielen verrückt, alles fügt sich.

Die McIver-Hypothese, obwohl nicht ganz so sexy wie die Wurmlöcher und die Zeitschluck-Monster, fand ebenfalls ihren weltweiten Freundeskreis. Herr Hans Peter Olschewski bietet im Internet Fotos an, die er aus einer Propellermaschine beim Überfliegen des Bermudadreiecks gemacht hat, und er schreibt dazu: »Das weiße Wasser ist ein häufiges Phänomen im Gebiet der Bahamabänke. (...) Ein Pilot namens Jim Richardson landete einmal mitten in dem weißen Wasser, um Proben davon zu nehmen.

Die Analyse ergab besondere chemische Eigenschaften und eine hohe Konzentration von Schwefel. Auch Spuren von Strontium und Lithium waren darin enthalten. Es besteht daher die Möglichkeit, dass es aus Spalten im Meeresboden strömt und könnte auf vulkanische Tätigkeit zurückzuführen sein.«

Ob es wirklich so war, ob diverse Schiffe und Flugzeuge jeweils in einem blubbernden Inferno von heißen Gasen und Gestank verschwanden oder Opfer von Untermeeres-Vulkanismus wurden, wird wohl noch länger umrätselt, umschrieben, umdeutet werden. Denn das Allerallerschlimmste, was einem Mythos passieren kann, ist seine bündige Erklärung. Da sei Neptun vor.

Ein Beweis – oder eher ein optischer Irrtum? Ein Amateur fotografierte aus dem Flugzeug Weißwasser-Turbulenzen im Bermudadreieck nördlich der Insel Andros.

Mythen, Märchen und Legenden

Terra
Meer- oder landgeboren?

Glutflüssige junge Erde

Es war »die« großen Wissenschaftsdebatte des späten 18. Jahrhunderts: Ist die Erde aus Feuer oder aus Wasser hervorgegangen? Wenn man auf den Anbeginn schaut, war am Anfang das Feuer.

Für gläubige Christen stand die Entstehungsgeschichte der Erde lange gültig in der Bibel aufgeschrieben. Das erste Buch Mose, die Genesis (Schöpfungsgeschichte) beginnt mit den Worten: »Am Anfang schuf Gott Himmel und Erde. Und die Erde war wüst und leer, und es war finster auf der Tiefe; und der Geist Gottes schwebte auf dem Wasser… Und Gott sprach: Es werde eine Feste zwischen den Wassern, die da scheide zwischen den Wassern.« Laut Bibel war also erst Wasser und dann Erde/Land vorhanden.

In dem Maße, wie sich die Menschheit die Freiheit nahm, das Leben aus seinen eigenen Spuren heraus zu verstehen, wuchs die Ahnung zur Gewissheit, dass unser Heimatplanet erst ein glühender Gasball war, der – über Jahrmillionen erkaltend – schließlich zu Stein erstarrte. Und Wasser in Flüssigform war erst möglich, als sich (künftiges) Land auf moderate Temperaturen abgekühlt und verfestigt hatte (s. auch Ozean-Kapitel).

Kontroverse Diskussionen

Die Auseinandersetzung darüber, was die Erde *entscheidend* geformt hat, vulkanisches Feuer oder ein urgewaltiges Meer, wurde im späten 18. Jahrhundert mit großer Heftigkeit geführt. Die Diskussion, zu der damals jedes Mitglied des gebildeten Standes seine Meinung haben musste – so wie vielleicht heute zur Gentechnologie –, wühlte die Gemüter auf wie ein paar Generationen zuvor das alles umstürzende heliozentrische kopernikanische Weltbild (die Erde kreist um die Sonne und nicht umgekehrt) und drei, vier Generationen später die Darwin'schen Erklärungen der Artenentstehung.

Die beiden Lager, »Neptunisten« und »Plutonisten«, Letztere auch »Vulkanisten« genannt, waren jeweils bemüht, ihre Theorie von der Weltentstehung über die konkurrierende obsiegen zu lassen. Die Neptunisten sahen die Erde und ihre Steine, Sedimente und Sande als Hervorbringungen der Meere. Besonders der Basalt war ihr steinerner Kronzeuge: Es schien ihnen unvorstellbar und damit unsinnig, dass die geometrisch geformten Basaltkegel aus vulkanischem Chaos entstanden sein könnten. Chaos kann ja nur Chaos hervorbringen; die hochmoderne Chaos-Theorie unserer Tage, die ungefähr das Gegenteil besagt, gab es noch nicht. Die Neptunisten hatten im besagten Streit aber auch einen traditionellen, einen geistesgeschichtlichen Standortvorteil: Es fiel ihnen alles in allem leicht, sich auf die Vorgaben der Bibel zu berufen, die bekanntlich das Wasser weit an den Anfang aller Schöpfungen setzt. Und war nicht auch Feuer *das* teuflische Element? Teufelszeugs ... als Schöpfungskraft?

Erstaunlich lange (im »bible belt« der USA bis auf den heutigen Tag) hielt sich die Auffassung des »Vaters der Neptunisten«, Thomas Burnett. Für den Gelehrten, dessen Hauptwerk »Vom Ziel der Heiligen Theorie« im Jahre 1681 veröffentlicht wurde, schuf Gott die Erde aus einer »kosmischen Flüssigkeit«, in der er Erdpartikel entstehen ließ – und zwar langsam, nicht schlagartig.

Langsam! In genau diesem Punkt war Burnett schon weiter als die fundamentalistischen Christen unserer Tage: Bei ihm entsprechen die Schöpfungstage des Alten Testamentes nicht Wochentagen, sondern Schöpfungs-Epochen. Und Gebirge waren für Burnett nicht direkt vom Schöpfer modelliert, sondern Auftürmungen, von Sintfluten geformt.

Genau das wurde schon etliche Jahrzehnte *vor* dem Neptunisten/

Abraham Gottlob Werner, einer der führenden Mineralogen des späten 18. Jahrhunderts, hielt, was die Entstehung des Festlandes angelangt, strikt an der Mutterschaft des Meeres fest.

Plutonisten-Streit, zu Beginn des 18. Jahrhunderts, bezweifelt. Robert Hooke – ein verfrühter Pionier moderner Geologie – erklärte bereits 1705 in seinem »Diskurs über das Erdbeben«, Erdauffaltungen könnten schlechterdings nicht von Sintfluten bewirkt werden; schließlich könne es keinem, der einem anschwellenden Fluss oder dem aufgepeitschen Meer zuschaue, verborgen bleiben, dass bewegte Wassermassen eher abtragen und einebnen als aufrichten. Frappant schlicht und richtig auch Hookes Erklärung der verschiedenen Erdschichten, die er als Ablagerungen über sehr, sehr lange Zeiträume hinweg deutete.

Gottlob Werners drei Epochen

Aber einflussreicher als Hookes bewundernswerter »common sense« war das Wirken des deutschen

Das Naturphänomen Basaltorgel (das Bild zeigt das isländische Prachtexemplar Svartifoss) diente den Neptunisten als steinerner Beleg für ihre Überzeugung: Am Anfang war das Wasser. Das Gegenteil ist richtig: Basalt ist eine Hervorbringung vulkanischer Kräfte.

MYTHEN, MÄRCHEN UND LEGENDEN

OKEANOS, POSEIDON, NEPTUN UND DIE WASSERGÖTTINNEN

Neptun soll sich von lateinisch »nubo«, »ich bedecke«, herleiten, was Sinn macht, schließlich ist der Planet zu rund 3 Vierteln von Meeren bedeckt. Der römische Gott war in erster Linie für Quellen, Flüsse und Seen zuständig und dann erst fürs Meer – und seltsamerweise auch noch für Rennbahnen. Ihm zu Ehren wurden jeweils am 23. Juli die Neptunialia gefeiert: keinesfalls Wasserspiele, sondern Kampfspiele zu Land.

Eigentlich heißt Neptun »Poseidon« – »Neptunus« ist nur sein latinisierter Name. Und der ursprüngliche, der griechische Gott, scheint auch die interessantere Persönlichkeit gewesen zu sein. Das fängt schon mit seinem Aufgabenbereich an: Er war für Gewässer schlechthin zuständig, aber auch für Stürme und Erdbeben.

Meer und (!) Erdbeben? Mythologisch gesehen war Poseidon demnach Neptunist und Plutonist in einem. Außerdem amtete er als Schutzgott der Fischer. Poseidon brauste gewöhnlich mit einem zweispännigen Spezialfahrzeug durch die Wellen, dabei gern einen Dreizack schwingend. Er gehört zu den 12 Olympioi und ist einer der Söhne des Titanenpaares Kronos und Rhea. Seine Geschwister sind keinesfalls weniger prominent als er selbst: Demeter (Göttin des Landbaus), Hades (Herr der Unterwelt), Zeus (durch Vatermord an Kronos später selbst zum Göttervater avanciert).

Poseidons Gattin Amphitrite gebar ihrem Göttergatten die Söhne Triton, Antaios, Polyphemos und Orion. Letztgenannter ist wegen seiner Verewigung als Sternbild (das Schwert unter den Gürtelsternen zeigt ungefähr nach Süden!) eine feste Größe für die alten Seefahrer gewesen.

Aber wie es griechische Götterart war, begattete man nicht nur zu Hause: In Gestalt eines Rosses zeugte Poseidon den Pegasus mit der schlangenhäuptigen Medusa, die ihren Sohn noch im enthaupteten Zustand gebar.

Im griechischen Pantheon war offenbar keine strenge Ämterteilung üblich; und so findet sich neben Poseidon auch der Titan Okeanos, Namensgeber des Ozeans. Okeanos ist ein Sohn des Äthers, der sich mit dem Chaos vermengte und dabei ein Ur-Ei zeugte, das dann von der Nacht ausgebrütet wurde.

Okeanos ist ein personifizierter Anfangs-Mythos; als Meer (manchmal auch als mächtiger Fluss) fließt er aus der Unterwelt und umschließt die Menschenwelt, die auf diese Weise vor dem Hades, dem Reich der Toten, einigermaßen geschützt ist.

Okeanos – das Blutschande-Tabu galt offenbar nicht für Götter – ehelichte seine Schwester Tethys, die ihm eine Anzahl von Meeres- und Quellnymphen gebar, die Okeaniden. Sie wiederum schufen sämtliche Quellen, Flüsse und Seen.

Aber weil Okeanos und Tethys erst heftige und schließlich ihre finalen Ehekrisen durchlebten, hörten sie auch auf, Okeaniden zu zeugen und zu gebären, was eigentlich nicht schlecht war, denn sonst hätte sich die Welt in einen einzigen Sumpf verwandelt.

»Neptunisten« Abraham Gottlob Werner (1749–1817), der strikt an der alleinigen Schöpferkraft des Ozeans festhielt, diese Grundthese aber zu einem stringenten »Drei-Epochen-Modell« ausdifferenzierte – hier stark verkürzt zitiert nach Helge Martens:

1. Im »Urozean« sind bereits Stoffe in gelöster Form enthalten, aus denen sich »kristallines Urgestein« bildet – in chemischen Prozessen durch Ausfällung. Basalt und Gneis sollen auf diese Weise entstanden sein.

2. Verdunstung senkt den Wasserspiegel, Verwitterung und »Belebung des Urozeans« führten zu Sedimentbildung. Die verfestigten, fossilreichen Sedimente ließen die so genannten »Flözgebirge« aus Grauwacke, Sandstein, Kalk und Basalt entstehen.

3. Weitere Verdunstung senkt den Meeresspiegel so weit ab, dass »aufgeschwemmte« Gebirgsarten entstehen.

Den Einfluss vulkanischer Tätigkeit lehnte der in Freiburg lehrende Werner kategorisch ab; für ihn war

Die abendländischen »Wassermänner« Okeanos, Poseidon und Neptun haben ihre Entsprechung in der altiranischen »Aredivi Sura Anahita«, was so viel wie »unbefleckte feuchte Heldin« heißt. Sie ist eine Salz- und Süßwasser bewohnende Fruchtbarkeitsgöttin, die für Milch in weiblichen Brüsten und männliche Samenflüssigkeit sorgt. Religionsforscher nehmen an, dass die syrophönizische Anath und die armenische Anahit mit Aredivi wesensgleich sind.

Etwas, das so ähnlich auch für den griechischen Poseidon und den römischen Neptun gilt, kann man übergreifend auch von Meeresgöttinnen feststellen: Es wurde nicht trennscharf nach Salz- und Süßwasser-Biotop unterschieden. Muttergöttinnen und mythische Trägerinnen der Fruchtbarkeit waren zwar oft »maritimae« – also: »zum Meere gehörig« –, was sie aber nicht daran hinderte, Quellen, Flüssen und Seen zu entsteigen. Alles Fließende strebt ja schließlich dem Meer zu. Und dass Mond- und Meergöttinnen oft dieselbe Person waren, lässt vermuten, dass vergangene Kulturen schon eine Ahnung von der Mondwirkung auf die Bewegung der Meere hatten.

Auch dezidierte Landgöttinnen wie die Aphrodite (römisch: Venus) sind, religionsgeschichtlich gesehen, dem Meer entstiegen. Einer der Beinamen der Aphrodite lautet Anadyomene: »die aus dem Meer Aufsteigende«. Wie es dazu kam, erzählt einer der wildesten Zeugungsmythen der Welt-Religionsgeschichte.

Als der Himmelsgott Uranus von Kronos mit einer Sichel entmannt wurde, ließ seine letzte Ejakulation das Meer

Meeresgott Neptun auf seinem Wagen mit Fischpferden. Römischer Mosaik in Hadrumetum (Sousse)/Tunesien.

aufschäumen, und aus diesem Schaum trat Aphrodite/Venus, die Göttin der Schönheit, der Gärten, der Fruchtbarkeit und der körperlichen Liebe, hervor. Windgötter trugen sie auf die Insel Zypern, wo sie »schaumgeboren« an Land stieg und bald in hohem Ansehen stand. »Schließlich wurde sie von den Griechen in den hellenischen Götterreigen aufgenommen, doch blieb sie ungestüm wie ihr Ursprung, der Meeresschoß. Möglicherweise wurde sie aufgrund der metaphorischen Beziehung zwischen Meer und Verlangen zur Gottheit der geschlechtlichen Liebe.« (S. Husain)

das unterirdische Feuer – das sich ja nicht gänzlich leugnen ließ – nichts als die Selbstentzündung von Kohlelagern.

Und gab es nicht solide Beweise für das neptunische Modell? Fand man doch noch auf Alpengipfeln, im Kaukasus und im südwestarabischen Randgebirge Muschelschalen im Gestein.

BASALT ALS ZEUGE

Carl Wilhelm Voigt, ein Schüler des großen Freiburger Präzeptors der Geologie, brach schließlich einen wesentlichen Stein aus der Theorie seines Lehrers: den Basalt. An diesem Stein hatte sich der Streit entzündet, an ihm zerschellten die Neptunisten.

Basalt erkannte Voigt 1780 nämlich zutreffend als eine »vulkanische Hervorbringung«. Und auch Alexander von Humboldt, ein Werner-Student wie Voigt, weist sich 1790 mit seiner Schrift »Mineralogische Beobachtung über einige Basalte am Rhein« als Plutonist aus. »Den Nachweis für die nicht-marine Entstehung der Ergussgesteine«, so le-

Goethe zwischen Pluto und Neptun

Meist geht es um Goethe-Rezeption, wenn der zu Gunsten der Plutonisten entschiedene Streit um die Entstehung der Erde noch einmal beleuchtet wird. Denn Johann Wolfgang von Goethe hatte sich kräftig eingemischt, ohne dabei allerdings klar Position zu beziehen. (Seine Sympathie für die Neptunisten versuchte er allerdings nie zu kaschieren.)

Der Geheimrat, der in Weimar auch so etwas wie Bergbau-Minister war und eine für damalige Zeit herausragende Mineraliensammlung besaß, veröffentlichte 1779/80 »Vergleichsvorschläge die Vulkanier und Neptunier über die Entstehung des Basalts zu vereinigen«. Die Goethe-Forschung betont die Mittlerrolle des Dichterfürsten, der sich durchaus auch als Naturwissenschaftler verstand. Wäre er mehr Natur- als Geisteswissenschaftler gewesen (was zum Glück für das Weltliteratur-Erbe nicht der Fall war!), hätte ihn das Vulkangestein von Vesuv und Ätna, das er auf seiner Italienreise betrachten und befühlen konnte, eindeutig zum Plutonismus bekehren müssen.

Aber die chaotischen »revolutionären« Kräfte aus der Tiefe, die vernichtenden Naturgewalten waren ihm wesenstief unsympathisch, widersprachen sie doch seinen evolutionären Vorstellungen von Wachsen und Werden. Urpflanze? – ja! Aber eine plutonische, schöpferische Urgewalt? Da war ihm die neptunistische, sanftere Variante durchaus lieber – gefühlsmäßig näher.

Erst mit 81 Jahren empfand Goethe die Beweislast zu Gunsten der Plutonisten als erdrückend: Einem thüringischen Porphyr attestierte er vulkanischen Ursprung, nachdem er sich erkundigt hatte, ob denn »in der Nähe auch kein Hochofen sey«.

Sein Herz schlug für die Neptunisten; aber Goethe (hier vor dem »plutonischen« Vesuv) musste am Ende seines Lebens widerstrebend den Plutonisten Recht geben.

Der Galapagos-Archipel ist das Kind einer Feuergeburt im Meer

sen wir bei Helge Martens, »konnte er schießlich nach Besteigung des Pico Teide auf Teneriffa (1799) erbringen.«

Für uns Heutige, die fließendes Magma beinahe täglich auf irgendeinem Fernsehkanal sehen können, ist schwer vorstellbar, wie sich die neptunische Theorie so lange als die vorherrschende halten konnte. Die nahe liegende Erklärung für ihre Langlebigkeit: Es gab einfach über viele Wissenschaftler-Generationen hinweg keinen, der Flüssiggestein mit eigenen, das heißt mit Forscheraugen gesehen hatte.

Der erste Plutonist hohen Ranges, Georges-Louis Leclerc, Comte de Buffon (1707–1788), arbeitete sich lebenslang über verschiedene Veröffentlichungen zu der Überzeugung vor, dass am Anfang das Feuer und nicht das Wasser stand. Noch zu seiner Zeit bekam jeder den harschen Gegenwind der Kirche zu spüren, der für die Erdentstehung mehr als die angeblich aus der Bibel ablesbaren 6000 Jahre veranschlagte.

Buffon riskierte noch mehr: Er war es, dessen Gedanken gefährlich nahe an Darwins Lehre von der Entstehung der Arten aus ihren jeweiligen Vorläufer-Modellen heranführte. Und bei Buffon findet sich auch – wohl erstmals in dieser Deutlichkeit – die Ungeheuerlichkeit, dass es für die Ähnlichkeit von Menschenaffen und Menschen eigentlich nur eine einzige vernünftige Erklärung geben könne: gleiche Vorfahren.

Und gleicher erdgeschichtlicher Abstammung ist auch, keiner zweifelt heute mehr daran, der Meeres- und der Landboden. Beide sind die

Die Hawaii-Insel Big Island wuchs durch die feurigen Ergießungen des Kilauea innerhalb von 6 Jahren um 120 Hektar.

erkalteten Schalen einer Glutkugel; nur dass sich die jeweiligen Bedeckungen – sei es Wasser, Eis oder nur Luft – im Laufe der Äonen mehrfach geändert und gegeneinander verschoben haben.

Es gibt allerdings ein großes Aber, groß genug, um auch den Neptunisten ein wenig Recht zu geben bzw. ihren Irrtum plausibel erscheinen zu lassen. Wer in Rügen am Strand von Jasmund unterhalb der legendären Kreideklippen steht oder in den Kalkalpen in 2000 m Höhe versteinerte Schalentiere findet, begreift oder ahnt das fast nicht Begreifbare:

Myriaden von marinen Lebewesen, die ihre Körper in Kalkschalen versteckten oder sich sonstwie mit aus dem Wasser gefiltertem Kalzium deckelten oder umgaben, haben gigantische Deckschichten produziert. Auf den Gesteinsböden warmer Meere (die natürlich nicht von Tieren oder vom Meer geschaffen wurden) haben sich teils kilometerdicke weiße Auflagen gebildet, gewebt aus den Behausungen urtümlicher Schnecken, Muscheln, Schwämme, Korallenpolypen und anderer Lebewesen (s. auch das Riff-Kapitel).

MYTHEN, MÄRCHEN UND LEGENDEN

Sündflut
Atlantis und andere Untergänge

Sintflutdarstellung um 1490

In den großen Mythen der Menschheit taucht – verblüffend ähnlich und kulturübergreifend – »die große Flut« auf. In der Bibel ist sie ein göttliches Strafgericht, dem nur Noahs Familie und etliche Tiere entgehen.

Ich hatte als Kind zwei große Leidenschaften: Tiere und Bootfahren. Die Schnittmenge aus beidem war die Arche Noah.

Mein Gott, habe ich Noah beneidet, der mit einem ganzen Kahn voller Tiere in See stechen durfte – darunter mein Lieblingstier: der Braunbär.

Dass beim großen Strafgericht mehr als 99,99999999 % allen Lebens vernichtet wurden und dass Noahs Kahn, betrachtet man die Sache nur halbwegs realistisch, tagelang durch aufgedunsene Leiber gedümpelt sein muss, all das fiel für mich irgendwie nicht so recht ins Gewicht. Und auch das »Ertrinken an sich« war für mich damals nicht wirklich Teil der Geschichte. Obwohl ich beim Schwimmenlernen schon mal kräftig Wasser geschluckt und dabei zwei-, dreimal richtige Todesangst gehabt hatte.

Nein, der Gedanke an Noah und seinen prallbunten Tiertransport war für mich frei von allen Trübnissen.

Viel später, in einem Lebensalter, in dem man alles, auch die Religion, hinterfragt, kamen mir Zweifel, ob denn ein Weltersäufnis – und sei es eines auf göttliches Geheiß – eine angemessene Strafe sein kann.

Ein befreundeter Theologe, den ich mit meinem Problem konfrontierte, verdünnte mir die Sintflut zu einem Gleichnis: Gott kann Tabula rasa machen und vom Nullpunkt aus neu beginnen, wenn er es denn will. Und der Regenbogen am Ende der Sündflut, so sagte mir der befreundete Theologe, gilt als der große, der alte Bund des Herrn mit seinen ungezogenen Ebenbildern; er ist aber auch zugleich Vorschein auf den neuen Bund, der mit Jesu Leben, Sterben und Auferstehung in die Welt kam.

NEUE FLUTEN – ALTE WURZELN

Irgendwann jenseits der Lebensmitte holte mich die Sintflut als Umwelt-Schreckensszenario wieder ein: Müsste, wenn das polare Eis tatsächlich schmelzen sollte (»Tagesspiegel« vom 25.10.2003: »Jetzt warnen auch die Wissenschafter der Nasa. Alle 10 Jahre nimmt die Polkappe des arktischen Meeres um 10 % ab«) nicht wieder in etwa das geschehen, was, laut Bibel, nicht wieder geschehen sollte und darf: ein globales Ersäufnis, das alle großen und kleinen Öko-Sünder gleichermaßen träfe.

202

SÜNDFLUT

Nein, nicht alle! Vor allem diejenigen, die zu arm sind, sich in Sicherheit zu bringen, wird es treffen. Vor allem diejenigen, die in der Dritten Welt im küstennahen, übervölkerten Flachland leben; also die Menschen, die am Teibhauseffekt vergleichsweise unschuldig sind. Und es ist kein Hammerschlag auf Holz zu hören weit und breit, kein Noah, der an einem Rettungsfahrzeug zimmert?

Wer der Sintflut oder Sündflut an die sprachliche Wurzel geht, erlebt eine Überraschung: Das althochdeutsche »sinvluot« muss so viel wie »Flut rundum… Flut überall… Flut, so weit das Auge reicht« bedeutet haben, also eine sehr naturalistische Beschreibung dessen, was eine Totalüberflutung ausmacht. Der früheste Beleg stammt aus dem 10. Jahrhundert, eine lateinisch/deutsche Doppelung: »cataclysmus sinnluoth«. Noch nichts von »Sünd(e)«.

Aber die Umdeutung in diese Richtung bot sich an. Im Grimm'schen Wörterbuch ist das nachzulesen: »Seit die Bedeutung von sin (im Sinne von überall) nicht mehr verstanden wurde, lag eine formal durch »sint« vorbereitete Umdeutung in »sünd« umso näher, als die Auffassung der biblischen Sintflut als ein Sündengericht schon früh in Wortspielen … zum Ausdruck kam.«

In neuhochdeutscher Zeit, schon beginnend mit Luther, der gern von »sündflutartigen Übeln« sprach, wurde das Wort inflationiert und zur allfälligen Übertreibung eingesetzt. Peter Rosegger beklagte schon im 19. Jahrhundert »die grenzenlos anschwellende Sündflut

Ein seltener Aspekt der Noah-Geschichte: Die zurückweichende Flut gibt den Blick frei auf Leichenberge. In den meisten Darstellungen wird die Rettung der Wenigen thematisiert. »Die Aussendung der Taube«, nach Gustave Doré (1832–1883).

bedruckten Papiers« und wusste doch noch nichts von der diesbezüglichen Mega-Sintflut unserer Tage. Sindflutartig ist heute im Jargon der Fernseh-Wetterfrösche jeder bessere Starkregen, der mehr als drei Keller füllt; heillos kommt die »Nachrichtenflut« über uns oder die »Bilderfluten«, in denen Wichtiges und Unwichtiges gleichermaßen ertrinken.

WELTWEITE SINTFLUT-MYTHEN

Aber lassen wir die umgangssprachliche Verseichtung von Flut und Sintflut einmal auf sich beruhen: Die Große Flut als Mythos ist tatsächlich erdumspannend wie die Ozeane selbst. Es muss so etwas wie eine mythen-gebärfreudige mensch-

203

MYTHEN, MÄRCHEN UND LEGENDEN

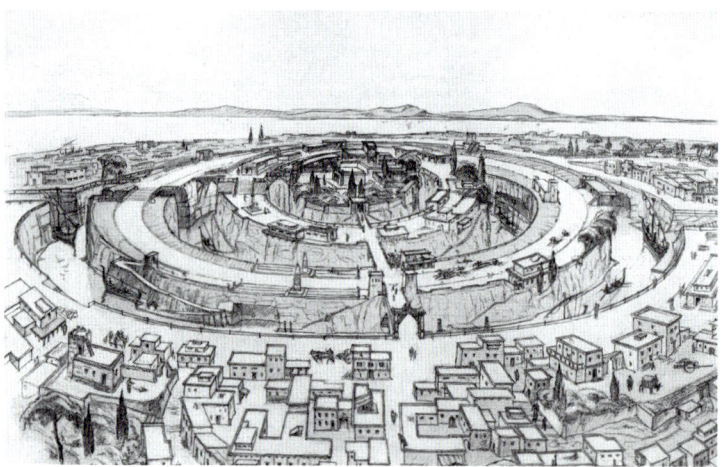

Walter Heiland versuchte – inspiriert von Platos Angaben und Ausgrabungen auf Kreta – eine Vorstellung der Inselmetropole des untergegangenen Atlatis zu entwerfen.

liche Urangst geben, die besagt, das Meer könne sich das Land aneignen und dadurch alles Leben ertränken. Forscher haben die Sintflut-Legenden der Völker durchaus ernst genommen, und man schließt nicht aus, dass sie alle – mehr oder minder – auf ein einziges global-katastrophales Weltereignis zurückgehen.

Im Alten Ägypten fürchtete man die Wasser des Chaos: Das Gottwesen Nun – verantwortlich für Chaos – könnte die irdische Welt hinwegschwemmen und alles Leben tilgen. Einfach nur so, ist man versucht zu sagen, jedenfalls ist von Bestrafungsabsichten hochstehender Götter gegen die Träger der Hochkultur am Nil nichts verbürgt.

Die finden sich dafür ausgeprägt in der sumerischen Sintflut-Legende. Die Muttergöttin Inanna versuchte zwar für die ihr sympathische Menschheit Schutz zu erwirken, aber Sturmgott Enlil setzte sich mit seiner Absicht durch, die gottlose Weltbevölkerung zu ertränken. Das wäre auch vollständig geschehen, wenn nicht der Wassergott Enki dem gerechten König Ziusudra eine Arche ausgeliehen hätte, mit der er sich und die Seinen retten konnte.

Im Gilgamensch-Epos findet sich, so schreibt Veronica Ions, eine bemerkenswerte Variante zur Bestrafungs-Flut: Die Götter »finden die Menschen einfach nur langweilig«. Und Götter zu langweilen schien in hohem Maße strafwürdig zu sein.

In der Bibel tritt das Bestrafungsmoment unverstellter in den Vordergrund; Gottvater bereut angesichts der Verderbtheit der Menschen sogar, welche gemacht zu haben. Allerdings war sein Zorn dann doch nicht alles vernichtend. Der Auftrag an Noah, sich selbst und seine Familie zu retten und darüber hinaus die Schöpfung in einer Arche zu konservieren, wurde zum Lieblingsmythos der Umwelt- und Naturschutzbewegung des späten 20. Jahrhunderts.

Im präkolumbianischen Südamerika finden sich verblüffende Ähnlichkeiten mit der altweltlichen, biblischen Sintflutgeschichte. Auch in der Neuen Welt flüchten sich laut einer verbreiteten Erzählung die Menschen, als die Flut steigt, zunächst in die Berge. Und auch hier gibt es den einen Gerechten, der auf göttlichen Rat hin auf den richtigen Berg steigt, auf einen, der mit der Flut wächst.

Weit unversöhnlicher ein anderes Bild aus Südamerika: Der Sonnengott der Inka ertränkt die Anhänger einer konkurrierenden alten Religion; erst nach deren Untergang – im Wortsinne – ist der Boden aufnahmebereit für das Neue, für die überlegene Religion.

Auch die Aborigines in Australien kennen die Sünd-Flut, die Flut, die Sünde straft: Sie steht auf Inzest und Brunnenvergiftung am Wasserloch, das die Regenbogenschlange bewacht.

Und – um schließlich den Bogen zurück in deutsche Gefilde zu schlagen – die klassischen Mannstränken (s. S. 33) die vernichtenden Großfluten an der Nordseeküste, wurden von den Überlebenden als göttliches Strafgericht verstanden. Für was auch immer: strafbare Handlungen lagen ja immer und überall vor.

ATLANTIS

Die Mutter aller Untergangsmythen – zumindest in der europäischen Kulturtradition – hat einen Namen: Atlantis.

SÜNDFLUT

Der Vulkanausbruch, der halb Santorin zerfetzte (der Blick geht vom noch heute glutwarmen zentralen Vulkankegel zum Calderarand), könnte auch per Flutwelle Atlantis vernichtet haben – so lautet eine von zigdutzend Antlantis-Theorien.

Eine Insel im Irgendwo oder Nirgendwo des Atlantiks (oder doch eher des Mittelmeeres?) soll eine Hochkultur getragen haben, die alle anderen weit überragte. Eine Katastrophe, eine Riesenwelle oder ein Meerbeben unvorstellbaren Ausmaßes hat das Mythenland verschluckt, das nach seinem ersten König, Atlan, Sohn des Poseidon und der Kleito, benannt ist.

Seit seinem Verschwinden lebt es im kollektiven Unterbewusstsein der Menschheit fort, inspirierte Dichter, Pop-Song-Writer (Donovans »Atlantis« wurde zu einem Welthit), Maler, Musiker, Filmschaffende – und leider auch Nazi-Himmler, der für seine Arier Atlantis als Urheimat reklamierte. Der zweitgrößte Ozean ist nach Atlantis benannt, und wer sich dessen Ausmaße vorstellen will, bedient sich eines Atlanten.

Der Philosoph Platon gilt entweder als Erfinder oder als Chronist von Atlantis – je nachdem, wie zwingend einem seine diesbezüglichen Schriften erscheinen. Platons Beschreibung zufolge lag Atlantis jenseits der Säulen des Heraklit, was von der Mehrheit der Atlantis-Forscher als westlich der Meerenge von Gibraltar gedeutet wird. Das hieße tatsächlich: *im* Atlantik.

Das Reich der Atlanter soll seine Hochblüte vor 9000 Jahren gehabt haben, also zu einer Zeit, da Resteuropa noch ein paar Jahrtausende davon entfernt war, Hochkulturen auszubilden.

Dieser frühe Zeitpunkt lässt nüchterne Wissenschaftler denn auch zweifeln: Ist Atlantis nicht doch eher eine dichterisch/philosphische Hervorbringung eines antiken Geistesheroen, der einen idealen Staat entwerfen wollte? Gegen diese Deutung sprächen die detaillierten Angaben, die sich bei Platon finden; das jedenfalls meinen all diejenigen, die Atlantis für eine ehemalige Realität halten.

WO LAG DIE MYTHENINSEL?

Die Atlantis-Theorien – vor allem entlang der Frage: Wo lag die Mytheninsel? – schossen in den vergangenen Jahrzehnten wild ins Kraut. Zu den klassischen Theorien zählt eine, die sich an Homers Odyssee anlehnt: Die Insel der Phäaken soll der Urgrund der Geschichte gewesen sein. Lange wurde das östliche Mittelmeer favorisiert. Um 1220 vor Christus zerstörte ein Vulkanausbruch die Insel Santorin weitgehend. Die gewaltige Meereswelle, die dabei entstand, soll Kreta/Atlantis so brutal

Vineta – Atlantis des Nordens

Auch die Ostsee hat ihre versunkene Stadt. Eine Volkssage kündet von einer alten, überaus reichen Stadt, die irgendwo bei Rügen (einige meinen auch auf einer see-exponierten, abgebrochenen Landmasse von Usedom) gestanden haben soll und im Meer versank. Auch hier lagen gotteslästerliche Verfehlungen der Bewohner vor, die mit einem exemplarischen Ersäufnis bestraft wurden. Wilhelm Müller (1794–1827), noch heute berühmt als Schubert-Liederdichter, hat dem Vineta-Tiefenmythos ein längeres Ständchen gebracht. Die genreüblichen, romantischen Topoi (Topoi sind verbale Gemeinplätze, abgegriffene Bilder) finden sich auch bei Müller – sie sind offenbar unvermeidlich, wenn es um versunkene Reiche oder Städte geht: Glockengeläut und Licht vom Meeresgrund. Müller schließt sein Gedicht mit dem Wunsch, tauchend zum Wunderland vorzudringen. Dies wird allgemein als romantische Chiffre für Todessehnsucht gedeutet.

Vineta

Aus des Meeres tiefem, tiefem Grunde
Klingen Abendglocken dumpf und matt,
Uns zu geben wunderbare Kunde
Von der schönen alten Wunderstadt.

In der Fluten Schoß hinabgesunken,
Blieben unten ihre Trümmer stehn.
Ihre Zinnen lassen goldne Funken
Widerscheinend auf dem Spiegel stehn.

Und der Schiffer, der den Zauberschimmer
Einmal sah im hellen Abendrot,
Nach derselben Stelle schifft er immer,
Ob auch ringsherum die Klippe droht.

Aus des Herzens tiefem, tiefem Grunde
Klingt es mir, wie Glocken, dumpf und matt.
Auch sie geben wunderbare Kunde
Von der Liebe, die geliebt es hat.

Eine schöne Welt ist da versunken,
Ihre Trümmer blieben unten stehen,
Lassen sich als goldne Himmelsfunken
Oft im Spiegel meiner Träume sehn.

Und dann möcht ich tauchen in die Tiefen,
Mit versinken in den Widerschein,
Und mir ist, als ob mich Engel riefen
In die alte Wunderstadt hinein.

---

heimgesucht haben, dass die dortige Hochkultur, die der Minoer, ausgelöscht wurde. (Die meisten Kreta-Experten halten nichts von dieser Theorie eines Endes mit Schrecken. Sie vermuten, dass sich die kunstsinnige Zivilisation durch Übervölkerung und Ressourcen-Übernutzung selbst zerstört hat.)

Für ein Atlantis mitten im Atlantik finden sich außer den Azoren keine geologische Indizien – und auch die Azoren sind vulkanische Neuschöpfungen und nicht Überbleibsel einer größeren Landmasse. Ein Leo Frobenius verlegt Atlantis vor die Küste Nigerias, ein C. Berlitz bringt das Verschwinden der Rätselinsel mit dem Bermudadreieck in Verbindung.

Eine Theorie, die das nordische Selbstwertgefühl streichelt, stammt von Jürgen Spanuth. Die Atlanter entwickelten ihm zufolge im heutigen Ostseeraum eine bronzezeitliche Hochkultur – und das schon im zweiten vorchristlichen Jahrtausend. Das hieße zu einer Zeit, zu der es nach gängiger Geschichtsauffassung in diesem Raum so gerade mal eben ein wenig Töpferkunst gegeben haben mag. Klimatische Veränderungen zwangen die vermeintlichen oder tatsächlichen Atlanter zur Abwanderung nach Süden. Sie sollen identisch sein mit den Völkern der Edda, deren Herrschergeschlecht die Asen waren. Und die wiederum lebten in der Götterburg Asgard, die Spanuth für die atlantische Königsinsel Basileia hält. Das Eiland soll irgendwo zwischen dem heutigen Helgoland und der Halbinsel Eiderstedt gelegen haben

Na ja!

Wikinger

Der Kompass vor dem Kompass

Die Theorie ist umstritten, aber bestechend: Ein auf Grönland gefundener Holzsektor könnte das Bruchstück eines Kompass-Vorläufers gewesen sein. Oder wie anders sol man sich die Navigationskünste der Wikinger erklären?

Fast genauso spannend wie die Entstehungsgeschichte und Verbreitung des Magnet-Kompasses scheint uns die Frage zu sein: Wie – genau ! – orientierten sich die frühen Seefahrer bei langen Törns – ohne Küstensicht, ohne Kenntnis der Strömungen, der typischen Meeresfärbung oder sonstiger Merkmale, die ein hochsensibler Fachmann möglicherweise lesen, deuten oder (wieder)erkennen könnte.

Es ist schwer vorstellbar, dass die Lang-Törns der Wikinger über den Atlantik nur das Ergebnis von todesverachtender Abenteuerlust gewesen sein sollen. Gerade von den Nordmännern weiß man, dass sie zuallererst Kauffahrer und Händler waren – also Menschen, die ihre Einsätze professionell kalkulieren. Erst in zweiter (allerdings *nicht* zu vernachlässigender) Hinsicht waren sie das, wofür sie berühmt und berüchtigt wurden: Plünderer, Seeräuber, Brandschatzer, Klösterschänder und Totschläger.

Was die Orientierungsfähigkeit der Wikinger auf hoher See anbelangt, gibt es eine Theorie, die – wenn sie nicht doch zu kühn ist, um wahr zu sein – zumindest verblüffend plausibel klingt. Uns erscheint sie plausibel genug, um ihre Genesis nachzuerzählen; auch auf die Gefahr hin, dass ihre Nichtigkeit bewiesen werden könnte.

Stürmische Fahrt nach Grünland

Die Benediktinermönche an Bord des Drachenbootes hatten ihre Stimmen verloren: Seit vor 2 Tagen westlich der Färöer die See zu kochen begann, hatten sie Gebete gegen den Sturm geschrien, hatten in Latein und Fränkisch den Heiland beschworen, ihr Leben zu schonen, da sie ihm zu Ehren doch auf Grünland ein Kloster zu errichten gedächten, und es könne doch nicht in seinem hochwohllöblichen göttlichen Interesse liegen, sich selbst einer Bleibe zu berauben.

Der Kapitän, ein eisbärtiger Wikinger aus Kaupang, hatte nur ab und an verächtlich auf die zitternden und stammelnden Gottesmänner geblickt.

Und nur einmal hatte er sie einer kurzen Antwort gewürdigt. Das war, als Bruder Sebaldus sich zwischen Gallegespucke und Gebetslitanei zu einer halbwegs seemännischen Frage aufgerafft hatte: »Und wenn der Sturm fort ist, wie finden

MYTHEN, MÄRCHEN UND LEGENDEN

Das Klischee ist grob wie die Wikinger selbst. Aber in Wahrheit waren sie nicht nur See- und Strandräuber. Wikinger waren auch Pioniere der Handelsseefahrt.

wir auf den rechten Kurs zurück in dieser Wasserhölle?«

Der Eisbärtige reckte den Unterkiefer vor, fluchte sehr heidnisch und brüllte: »Seht euch das hier an: Solange wir das Gnomon haben und das Schiff nicht voll Wasser schlägt, gibt es keinen Grund für euer Gewinsel!«

Die Mönche aber sahen nichts als eine flache Holzscheibe, an ihrer Unterseite einen senkrechten Handgriff und mitten auf ihrer Oberseite einen Dorn, um den sich eingeritzte Kurvenlinien wellten: ein seltsames Götzenbild, das ganz sicher nichts gegen tosende Elemente vermochte, so dachten sie. Und irrten. Zu ihrer aller Glück. Denn sonst wäre das westlichste Benediktinerkloster der Alten Welt wohl nie gebaut worden.

DER SONNENKOMPASS

Dass die wikingischen Seefahrer auch über weite Distanzen navigieren konnten, steht außer Frage, nachzulesen in einer der Island-Sagas:

Von Hernam in Norwegen [bei Bergen] steure genau West nach Hvarf in Grönland [nahe dem heutigen Kap Fervel]. Du wirst dann Hjatland [die Shetlands] so nahe passieren, dass du sie bei klarem Wetter gerade noch sichten kannst, und die Färöer-Inseln so nahe, dass eine Hälfte des Berges unter Wasser liegt, und Island so nahe, dass Vögel und Wale von dort anzutreffen sind.

Wer eine Lineallinie vom heutigen Bergen zur Südspitze Grönlands zieht, erkennt, dass hier jemand vor rund 600 Jahren (die Island-Sagas entstanden fast alle im 13. Jahrhundert, rund 200 Jahre nach Ende der eigentlichen Wikingerzeit) die Ideallinie beschrieben hat.

Man ist sich heute sicher, dass die Wikinger etwa seit der ersten Jahrtausendwende diese Route gesegelt sind, sich also keinesfalls per Insel-Hopping (Norwegen – Shetlands – Färöer – Island) nach Grönland vorgetastet haben. Lange nahm man an, ihnen hätten wie den frühen Navigatoren der Südsee allein nächtliche Gestirne und ein heute kaum noch vorstellbarer Schatz an Erfahrungswissen (Winde, Wellenbewegung, Wetterphänomene) den Weg gewiesen. Aber unbefriedigend blieb diese Erklärung allemal, liegt doch gefährlich viel offenes, häufig von Stürmen aufgewühltes Meer zwischen den Nord-Schottland vorgelagerten Inseln und dem ehemaligen Grünland.

Im Jahre 1948 stieß der dänische Archäologe und Historiker C.L. Vebæk auf eine Spur, und zwar ohne danach gesucht zu haben und anfangs auch ohne sie zu bemerken. Dem Wissenschaftler und seinem Team ging es eigentlich darum, in der Nähe des Uunartoq-Fjordes an Grönlands Südwestspitze die Ruinen eines Benediktinerklosters zu untersuchen.

Als das kleine Grabungsteam den Bodenhorizont des Klerikalbaus freilegte, fiel auf, dass die Mönche ihre Bleibe offenbar auf die Reste eines verschütteten Hauses gestellt hatten, dessen Errichtung man

Siedlungsreste auf Grönland zeugen von wärmeren Zeiten (»Grün«land). In einer solchen Ruine fanden Wissenschaftler 1948 ein Holzscheiben-Segment, das man als Sonnenkompass deutet.

heute um das Jahr 1000 datiert. Vebæk beschloss, in den vorchristlichen Bodenhorizont vorzudringen, und wurde mit einigen Fundstücken belohnt. Darunter das Segment einer Holzscheibe, die ein wenig wie ein grob skizziertes Kreissägeblatt aussieht. Man fotografierte die alles in allem rätselhaften Gegenstände und widmete sich wieder dem eigentlichen Forschungsziel, baulichen Spuren der Grönlandmissionierung.

War schon der Fund der Rätselscheibe zufällig, so bedurfte es zweier weiterer Zufälle, bevor daraus der Grundbalken einer grandiosen nautischen Theorie werden konnte. Zum einen tauchte das Foto der Holzteile – ohne erkennbare Verbindung und Notwendigkeit – in einer wissenschaftlichen Publikation auf, die Vebæk 1952 in »The Illustrated London News« über seine Kloster-Ausgrabung veröffentlichte.

Das Foto betrachtete sich zufällig auch ein Mann – witzigerweise ein Fast-Nachbar von Vebæk! –, der eigentlich kein Erkenntnisinteresse an klerikalen Ruinen hatte: Kapitän Carl V. Sølver, damals Direktor einer dänischen Firma für nautische Geräte.

Er rief Vebæk an und fragte, ob er ihn wegen des seltsamen Beifundes nicht mal kurz aufsuchen dürfe. Er durfte, und mehr als das, Vebæk zeigte sich hocherfreut, dass sich da offenbar jemand einen Reim auf Dinge machen wollte, die seit ein paar Jahren unbeschrieben und unerklärt in irgendeiner musealen Abseite lagen.

Sølver ließ sich den gezackten Scheibensektor aushändigen, trat ans Fenster und bewegte das Holz bedeutsam waagerecht gegen die Sonne. Und dann sagte er etwas, das es wohl wert ist, in die nautischen Annalen einzugehen: »Es gibt überhaupt keinen Zweifel, dies ist ein Sonnenkompass, eine Peilscheibe!«

Der erste zweifelnde Einwand, der hier dem gebildeten Laien kommt, bezieht sich auf etwas, das man schon als Kind begriffen hat: Eine Sonnenuhr braucht einen festen Standort. Würde man Schattenstab und Skala von einem venezianischen Glockenturm abmontieren und an einem Lübecker Kirchturm befestigen, erhielte man unbrauchbare Angaben: Der Gang der Sonne über der venezianischen Lagune ist ein ganz anderer als der über der Lübecker Bucht.

Muss dann also nicht erst recht ein Sonnenkompass, den man auch noch lose in der Hand hält, vor Gibraltar etwas anderes sagen als vor Skagen? Ja! Und genau das machten sich die frühen Seefahrer zunutze.

Sonnenkompasse waren immer nur für die geografische Breite tauglich, für die sie eingeritzte Linien hatten – in diesen Korridoren aber war ihre Aussagekraft hoch.

Der Begriff »geografische Breite« war den analphabetischen Wikinger-Seefahrern natürlich nicht bekannt; und was für eine Vorstellung sie von der Gestalt der Erde hatten,

Mythen, Märchen und Legenden

haben sie uns auch nicht hinterlassen. Sie wussten aber zum Beispiel genau, an welcher Stelle man die norwegische Küste in Richtung Sonnenuntergang verlassen musste, um geradewegs auf die Südspitze Grönlands zuzulaufen. Und an Bord hatten sie eine Scheibe, deren geritzte Kurven exakt die Tagesgänge der Sonne – in unserem Fall auf 61 Grad nördlicher Breite – widerspiegelte.

Das Prinzip ist das von Land her bekannte: Ein Docht, das Gnomon in der Mitte der Scheibe, wirft Schatten unterschiedlicher Länge – je nachdem, wie hoch die Sonne steht – auf den polierten inneren Kreis mit den Ritzungen. Zur Zeit der Tag-und-Nacht-Gleiche war solch eine Linie (also die Verbindung aller Schattenlängen des Tages) eine Gerade; zu anderen Zeiten ergaben sich parabolische Kurven, mit den stärksten Krümmungen zu den Sonnenwenden.

Wie also werden die grönlandreisenden Vorfahren von Kapitän Sølver, sofern glückliche Besitzer eines Sonnenkompasses, vorgegangen sein? Zu Beginn einer Reise mussten sie die für die jeweilige Jahreszeit gültige Schattenlinie auswählen. An Deck wurde dann bei Sonnenschein wahrscheinlich so gut wie ständig gemessen. Dabei wird man versucht haben, das Gnomon so perfekt wie möglich lotrecht zu halten. Heute kann man das leicht mit einer so genannten kardanischen Aufhängung bewerkstelligen – einer Vorrichtung, die auch bei Seegang eine Platte, einen Tisch oder ein Gerät immer waagerecht hält, unabhängig davon, wie sehr

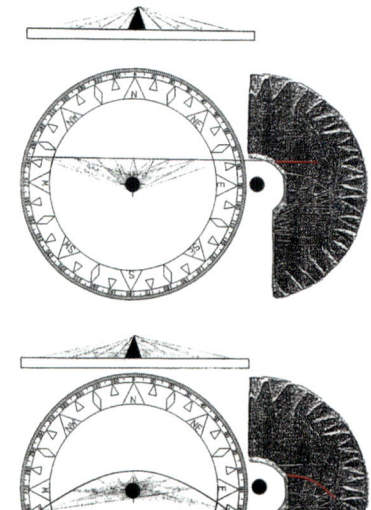

Die geritzten Kurven, dem Schattenfall eines mittig eingestöpselten Pfählchens (Docht) entsprechend, sind auf 61 Grad nördliche Breite berechnet: die Idealroute vom Stammland der Norweger-Wikinger zur Südspitze Grönlands.

das Schiff krängt. Damals wird man etwas Entsprechendes improvisiert haben, etwa indem man den Handgriff unter der Gnomonscheibe mit einem Gewicht nach unten verlängerte und die Kompassscheibe auf 2 Fingern auspendeln ließ. Wenn man sie nun drehte, sodass die Schattenspitze genau die gewählte Kurve berührte, dann war der Kompass genordet und seine Windrose (die äußeren Zacken) konnte genauso verwendet werden wie bei den magnetischen Schiffskompassen späterer Jahrhunderte.

Wollte man wissen, ob man überhaupt noch auf dem richtigen Kurs segelte, brachte eine Mittagsmessung Aufschluss: Hier, am Kulminationspunkt der Kurve, ließ sich am einfachsten ablesen, wie weit man abgekommen war und wohin man gegensteuern musste.

Kapitän Søren Thirslund, an dessen Buch »Wikinger-Navigation« sich diese Darstellung orientiert, hat eine modern adaptierte Version des Sonnenkompasses – genauer: vieler regionaler Sonnenkompasse! – von Hunderten moderner Hobby- und Sportsegler ausprobieren lassen. Mit frappanten Ergebnissen, die eigentlich nur einen Schluss zulassen: Wikinger-Navigationsrätsel gelöst!

Sonnige Gewissheiten

Als sich am Morgen des dritten Tages der Sturm legte (der Sturm in unserer einleitenden, nachempfundenen Nordatlantikfahrt Ende des 10. Jahrhunderts), begehrte Bruder Sebaldus einen Blick zu werfen auf das seltsame Holzstück, das der Kapitän nun unentwegt mittschiffs auf Zeige- und Mittelfinger balancierte und dabei eingehend betrachtete, so als wäre es ein Kunstwerk oder ein Idol.

»Du betest es an, … ja?«

»Die Sonne antwortet mir immer, da muss ich nicht beten. Es reicht, wenn ich schaue. Hier, Mönch, siehst du diese eingeritzte Linie und siehst du den Dorn in der Mitte?«

Aber Sebaldus, der spätere Gründer des grönländischen Uunartoq-Klosters, lehnte dankend ab. Ihm genügte göttliche Gewissheit.

Inseln
Zwischen Paradies und Verdammung

Trauminsel der Malediven

Inseln haben viele Gesichter: Dem einen sind sie tropisches Paradies, anderen Verdammnis und Hölle. Sie wurden missbraucht als Bombenziele und sind Ferienträume gestresster Großstädter.

säumten. Wie Seerosen im Meer sahen sie aus der Luft aus, und das rosa Plastik stach leuchtend aus dem grünlichen Wasser hervor.

Nicht nur Inselwitze

Imaginäre Inselparadiese liegen eher in tropischen als gemäßigten Gefilden. Auf dieses Klischee bauen Hollywood-Schnulzen wie »Die blaue Lagune«. Oder Karikaturen, deren Schöpfer mit wenigen Strichen ein Eiland samt Palme skizziert haben – drum herum nichts als Meer. Unter der Palme hockt ein Schiffbrüchiger, neben sich eine Fischgräte, vor dem Strand kreuzen schon die Haie. Letzte Hoffnung ist eine Flaschenpost, die er ins Wasser wirft.

Die exotischen Frauen, die Paul Gauguin auf seinen Gemälden verewigt hat, prägen bis heute unser Bild von der Südsee.

„Reif für die Insel" zu sein, ist ein gängiger Begriff, um sein Bedürfnis nach Ruhe und Erholung auszudrücken. Sich abzuschotten vom Rest der Welt, auch wenn es nur für eine Weile ist. Die Vorstellung von einer »Insel« ist meist positiv besetzt und ruft leuchtend bunte Bilder hervor, wie die in Öl auf Leinwand gebannten Südseeträume des französischen Malers Paul Gauguin (1848–1903). Wer kennt sie nicht, »Die Frauen von Tahiti« – sinnliche Schönheiten mit langem schwarzen Haar und einer Blume hinter dem Ohr?

Auch gegen Ende des 20. Jahrhundert, inspirierten Inseln noch zu Kunst, einer Kunst, die jedoch umstritten war: »Surrounded Islands« (Umrandete Inseln) nannten Christo und Jean-Claude ihr Werk von 1983, als sie in der Biscayne Bay vor Miami/Florida 11 Inseln pinkfarben

Mythen, Märchen und Legenden

Das rührt an einen Aspekt des Insel-Daseins, der im ersten Moment romantisch klingt, in Wirklichkeit aber ziemlich hart sein kann: Stranden und ganz auf sich allein gestellt sein. Wie Robinson Crusoe. Daniel Defoes Abenteuerroman »Das Leben und die fremdartigen, wunderbaren Schicksale Robinson Crusoes, eines Matrosen aus York« erschien 1719. Er handelt von einem abenteuerlustigen Jungen, der seine Eltern verlässt, auf einem Schiff anheuert und als Schiffbrüchiger auf einer menschenleeren Insel vor der Küste Venezuelas landet. Ihm liegt die Geschichte des schottischen Matrosen Alexander Selkirk zugrunde, der von seinem Schiff desertiert war und mehr als 4 Jahre einsam auf der chilenischen Insel Juan Fernandez lebte. 1709 fand ihn dort der englische Kapitän Rogers und brachte ihn in seine Heimat zurück. 3 Jahre später veröffentlichte Rogers die Erlebnisse des Matrosen.

Daniel Defoe verlegte den Ort an die Orinoko-Mündung und verlängerte den unfreiwilligen Aufenthalt seines Helden auf 28 Jahre. In der Entwicklung von Robinsons kleinem Reich spiegelt sich der Aufstieg und die Entwicklung der Menschheit. Der Roman des britischen Schriftstellers war von Anfang an ein Bestseller: 4 Auflagen waren bereits im Erscheinungsjahr vergriffen. 1 Jahr später erschien das Buch auf Deutsch, Französisch und Holländisch und musste auch gleich wieder nachgedruckt werden. Die »Robinsonaden« bilden seitdem eine eigene Literaturgattung. Selbst Johann Wolfgang von Goethe gab wohlwollend zu: »Robinson Crusoe hat den Kindern unglaubliche Dienste geleistet; es ist ihr Entzücken und ihr Evangelium.«

Robinson Crusoe hat sich als so echt und authentisch in den Köpfen mancher Venezolaner eingenistet, dass sie heute schwören, seine Nachfahren zu sein.

Tropische Inseln, zumal in der Karibik, aber auch in Südostasien, umweht noch heute der Nimbus, als Piratenversteck gedient zu haben. Das ruft bei Schatzsuchern jenes unwiderstehliche Kribbeln hervor, mit Glück und der richtigen Technik vielleicht doch auf eine alte Kiste voller Goldmünzen zu stoßen. Mit der »Schatzinsel«, einem Klassiker der Piratenliteratur, schaffte der schottische Schriftsteller Robert Louis Stevensons 1883 seinen großen Durchbruch. Das Buch war aus einer Ferienlaune entstanden, nachdem Stevenson mit seinem Stiefsohn eine fiktive Schatzsucher-Karte gezeichnet hatte.

Seine persönliche »Schatzinsel« fand der Schriftsteller übrigens schon ein paar Jahre später in der Südsee. Gegen Ende der 1880er-Jahre ließ er sich mit seiner Familie auf Samoa nieder. Die Insel veränderte sein ganzes Leben. Ursprünglich nur als vorübergehender Aufenthalt zum Schreiben gedacht, faszinierte ihn die polynesische Kultur dermaßen, dass er sich zum Bleiben entschloss. Er wurde zu einem Kritiker der europäischen Kolonialpolitik; eine Haltung, die sich deutlich in seinen letzten beiden Romanen widerspiegelt. Er starb 1894 auf Samoa, wo er auch begraben ist und von den Einheimischen bis heute verehrt wird.

Inseln der Ausgestossenen

Außenseiter oder Aussteiger suchen sich mit Vorliebe Inseln, um ihre Träume von einem anderen Leben zu verwirklichen. Inseln sind aber immer auch Orte der Ausgestoßenen gewesen, der von der Gesellschaft Geächteten: Als Gefängnis für Häftlinge oder Orte der Verbannung. So wie Elba und St. Helena für Napoléon Bonaparte. Nachdem der Korse als französischer Kaiser Europa mit Krieg überzogen hatte, wurde er 1814 nach Elba verbannt.

Robinson Crusoe, der berühmteste Gestrandete. Hier das Titelbild zur Erstausgabe (1719) des Werks von Daniel Defoe.

Illustration aus »Die Schatzinsel« von Robert Louis Stevenson, einem Klassiker der Piratenliteratur.

1815 kehrte er für einen kurzen Triumph nach Paris zurück, wurde aber bei Waterloo vernichtend geschlagen und musste noch im selben Jahr wieder in die Verbannung. Diesmal nach St. Helena, wo er 1821 starb.

Die Namen Alcatraz und Teufelsinsel stehen für legendäre, berüchtigte Gefangeneninseln der Vergangenheit. Die mit diesen Namen verbundenen Bücher und Filme sind aber bis heute präsent. Die Teufelsinsel vor Französisch-Guayana diente schon unter Napoleon als Strafkolonie (wie 2 benachbarte Eilande auch).

Zu den bekanntesten Häftlingen gehört Alfred Dreyfus, ein französischer Jude, der aufgrund einer antisemitischen Intrige in den Verdacht geriet, ein deutscher Spion zu sein. Seine Verbannung auf die Teufelsinsel führte zu großen Protesten im In- und Ausland und veranlasste den Schriftsteller Emile Zola zu seinem berühmten »J' accuse« (Ich klage an). Alfred Dreyfus wurde schließlich freigelassen und rehabilitiert.

Nicht minder prominent war Henry Charrière, genannt »Papillon«. Dem wegen Mordes zu lebenslanger Haft auf der Teufelsinsel Verurteilten gelang eine spektakuläre Flucht, über die er später einen Roman schrieb. Ein Bestseller, der ihn zum Millionär machte. Der gleichnamige Film mit Dustin Hoffmann und Steve McQueen ist ebenfalls ein Klassiker.

Vom Mythos der Schwerverbrecher zehrt bis heute die Gefängnisinsel Alcatraz, 2 km vor San Francisco gelegen. Die im 18. Jahrhundert von den Spaniern entdeckte »Isla de los Alcatraces« (Insel der Pelikane) ging im 19. Jahrhundert in den Besitz der USA über. Die errichteten dort eine Festung für Kriegsgefangene und später den Hochsicherheitstrakt für als besonders gewalttätig geltende Kriminelle oder zu lebenslanger Haft Verurteilte. Zum Beispiel »Al Capone« und »Machine Gun Kelly«. Heute lockt die Insel mehr als 1 Million Touristen im Jahr, die mit der Fähre von Fisherman's Wharf aus übersetzen.

Selbst ein Kontinent wie Australien war in seiner Geschichte einmal Gefangeneninsel: Zu den ersten europäischen Siedlern gehörten Häftlinge aus Großbritannien.

Aber wer hätte gedacht, dass Gefangeneninseln ausgerechnet im 21. Jahrhundert wieder aktuell werden? Auf der kubanischen Insel »Guantanamo« haben die USA mehr als 600 mutmaßliche Attentäter und Terroristen in Käfige gesperrt. Und vor den Türen Europas, im asiatischen Teil der Türkei, sitzt Kurdenführer Abdullah Öcalan auf der Insel Imrali im Marmarameer zu lebenslanger Haft ein.

Verlorene Inseln

Bei dem Wort »Bikini« denkt man lieber an neckische Bademoden als an das Schreckensbild eines Atompilzes. Es war die düstere Zeit des Kalten Krieges, als der Zweck

Mythen, Märchen und Legenden

Hütte am Ende der Welt, jenseits der Datumsgrenze: »Wir sind die letzten, die das Licht ausschalten,« heißt es auf Samoa.

scheinbar alle Mittel heiligte – selbst Verbrechen gegen die Menschlichkeit. Der radioaktive Fallout überirdisch gezündeter Nuklearbomben verstrahlte Menschen, die aus westlicher Sicht am Ende der Welt lebten und keine Lobby hatten. Heute, 50 Jahre nach den ersten Versuchen im Südpazifik, sind die Kokosnüsse und andere Nahrungsmittel der Region immer noch radioaktiv belastet. 1995 ließ Frankreich diese Zeit mit den unterirdischen Atombombenversuchen auf Mururoa wieder aufleben. Natürlich bestritt die französische Regierung jegliche Gefahr für die Gesundheit der Bevölkerung.

Ein weiteres Schreckensszenario verbindet sich mit Tuvalu, einer kleinen Inselgruppe zwischen Hawaii und Neuseeland: das des Untergangs – im Wortsinne. Nur 4 m ragen die Inseln aus der Südsee. Ihre 11 000 Bewohner werden die ersten Opfer des Treibhauseffektes sein, der den Meeresspiegel ansteigen lässt. Innerhalb von 50 Jahren, so rechnen Experten, wird der Ozean die Heimat der Inselnation verschlungen haben. Schon jetzt leiden die Tuvalesen unter den Folgen, weil das Grundwasser nach und nach versalzt. Außerdem befürchten sie, dass bald auch die fruchtbare Bodenschicht abgetragen wird. Der Exodus nach Neuseeland ist beschlossene Sache.

Moderner Inselmythos

Allen Negativbildern zum Trotz überwiegt das positive Image von Inseln. Die Menschen träumen nicht mehr nur vom Urlaub auf einer Insel, sondern wollen sie am liebsten gleich ganz besitzen. Die reiche Erbengeneration des Wirtschaftswunders macht es möglich; das Geschäft mit Inseln boomt. Und ein beliebtes Gesellschaftsspiel ist bis heute die Frage: »Wenn Sie auf einer einsamen Insel leben würden, welche 3 Dinge/Bücher dürften auf keinen Fall fehlen?«

Die Isolation ist also die Essenz des Inselwesens – im positiven wie im negativen Sinne. Das macht sie bis heute für Wissenschaftler spannend. Und weckt Begehrlichkeiten der Pharmaindustrie. Island zum Beispiel ist für sie ein »ideales Laboratorium«, um neue Medikamente zu entwickeln. Dort wurde – trotz ethischer Bedenken und Proteste – eine Gesundheitsdatenbank aufgebaut, die alle verfügbaren medizinischen und genetischen Informationen der Isländer speichert. Dafür ist ein privates Biotech-Unternehmen zuständig, das die Daten kommerziell verwerten darf. Aufgrund der geografischen Abgeschiedenheit gilt das Erbgut der Inselbevölkerung als besonders homogen, bis auf ein paar Schiffbrüchige gab es keine Einwanderung. Auch auf anderen Inseln werden oder wurden Krankheiten untersucht, wie Asthma auf der Atlantikinsel Tristan de Cunha oder Farbenblindheit im Pazifik. In seinem Bestseller »Die Insel der Farbenblinden« erzählt der berühmte Neuropsychologe Oliver Sacks von der Erforschung des Phänomens auf einer Südseeinsel.

Und auf Galapagos können Wissenschaftler bis heute der Evolution bei der Arbeit zusehen. Eine der bedeutendsten Theorien der Naturwissenschaft, Charles Darwins Erkenntnis »Über die Entstehung der Arten«, wäre ohne Inseln nicht möglich gewesen (s. Galapagos-Kapitel).

Weiterführende und verwendete Literatur

BELLINGER, GERHARD (1989): Lexikon der Mythologie. Bechtermünz Verlag, München

BENCHLEY, PETER (2003): Haie. marebuchverlag, Hamburg

BILDER CONVERSATIONS LEXIKON (Brockhaus), Leipzig 1837

BREIER, RALF, UND REITER, JÖRG (1992): Delphingeschichten. Kiepenheuer & Witsch, Köln

CARWARDINE, MARK (2001): Guiness Buch der Tierrekorde. Komet MA-Service und Verlagsgesellschaft, Köln

CULIK, BORIS (2002): Pinguine. Spezialisten fürs Kalte. BLV, München

CULIK/WILSON (1993): Die Welt der Pinguine. BLV, München

EICHLER, DIETER (1998): Gefährliche Meerestiere erkennen. BLV, München

EICHLER, DIETER (2001): Tropische Meerestiere. BLV, München

EICHLER, HORST (1984): Geographisches Hand- und Lesebuch. Touristbuch Hannover

ELLIS, RICHARD (1993): Mensch und Wal. Droemer und Knaur, München

FRENZ, LOTHAR (2000): Riesenkraken und Tigerwölfe. Rowohlt, Berlin

HEEGER, THOMAS (2002): Quallen. Gefährliche Schönheiten. Wissenschaftliche Verlagsgesellschaft, Stuttgart

HUTTER, CLAUS-PETER, UND HAU, GERALD (o.J.): Ägäis: Nördliche Sporaden. Weilbrecht, o. Ortsangabe (Stiftung Europäisches Naturerbe)

IONS, VERONIKA (2001): Die Welt der Mythologien. Tosa Verlag, Wien

KLINKHARDT, MANFRED (1986): Der Hering. Westarp Wissenschaften, Magdeburg (Die Neue Brehm-Bücherei, Bd. 199)

MCINTYRE, JOAN (1982): Der Geist in den Wassern. Zweitausendeins Versanddienst, Frankfurt a. M.

MELVILLE, HERMAN: Taipi, Abenteuer in der Südsee. (Antiquarisch)

MOHR, ERNA (1954): Fliegende Fische. Ziemsen, Wittenberg Lutherstadt (Vergriffen)

MOLLAT DU JOURDIN, MICHEL (1993): Europa und das Meer. C.H. Beck, München

MUUS/DAHLSTRÖM (1991): Meeresfische. BLV, München

NORMAN, MARK (2000): Tintenfischführer. Jahr Verlag, Hamburg

RITTER, ERICH (2002): Über die Körpersprache von Haien. Verlag Dr. W. Steinert, Witten

SCHULZE, GERHARD (1996): Die Schweinswale. Westarp Wissenschaften, Magdeburg

SEEFAHRT, NAUTISCHES LEXIKON, (Erstveröffentlichung: Göteborg/Schweden 1963), Delius, Klasing & Co, Bielefeld

VILCINSKAS, ANDREAS (2000): Fische. BLV, München

WEINBERG, STEVEN (1998): Rotes Meer, Indischer Ozean. Delius Klasing, Bielefeld

WEINER, JONATHAN (1994): Der Schnabel des Finken. Droemer und Knaur, München

WIESE, EIGEL (1997): Männer und Schiffe vor Kap Horn. Koehlers, Hamburg

WÜRTZ, MAURIZIO, UND REPETTO, NADJA (1998): Wale und Delphine. Jahr Verlag, Hamburg

Internet

Haie: Deutsche Elasmobranchier Gesellschaft e. V. (www.elasmo.de)

Mönchsrobben: Stiftung europäisches Naturerbe (www.euronatur.org)

Seepferdchen: Project Seahorse (www.projectseahorse.de)

Zeitschriften

Mare (Nr. 25): Abgesang der Sirenen, von Ute Schmidt

Spektrum der Wissenschaft (November 2002): Fischer in der Wüste, von Klaus-Dieter Linsmeier

Stichwortverzeichnis

Aal 66 ff.
Aallarven 66
Aalmutter 67
Aborigines 204
Abysal 132
Albatrosangeln 139, 140
Alcatraz 213
Alexander der Große 46
Alfred-Wegener-Institut 53
Amber (Bernstein) 151
Amundsen 51
Andersen, Hans Christian 182
Anglerfische 130
Antarktis 137
Antoniusflut 35
Anziehungskraft (Mond) 31
Aquakultur 158
Aquatische Lebensphase 44
Arche Noah 202
Architeuthis 124 ff.
Arion 86 f
Aristoteles 66
Arndt, Ernst Moritz 21
Astrolabium 148
Atavismen (evolutionäre Rückschläge) 44
Atlantis 27, 204 ff.
Atlantischer Ozean 11
Aufwind (am Wellenhang) 139
Auslassventil (Tauchen) 48
Azorenstrom 67

Babyschwimmen 43
Bakterien (als Riffbildner) 22
Basalt (Forschungsgeschichte) 199
Basaltorgel 197
Beifang 156
Belt (Meerenge) 145
Bergmann, Carl 137

Bergungsunternehmen 148
Beringung 144
Bermudadreieck 192 ff.
Bernstein 151 ff.
Bernsteinzimmer 152
Bersteinstraßen 152
Bert, Paul 49
Bibel 196
Bikini 213 f.
Biogenetische Grundregeln 44
Biolachs 158
Biolumineszenz 129
Blanke(r) Hans 33
Blaugrün-Stichigkeit 130
Blauhai 41
Bleischuhe 48
Boticelli 122
Brechen (Wellen) 24
Brendan (Irischer Heiliger) 19
Bug 18
Burnett, Thomas 197
Butzkopf 105

Chamisso, Adalbert von 70
Charly Pinguin 136
Cheskapeake Bay 28
Christo & Jean-Claude 211
Churchill, »Welthauptstadt der Eisbären« 135
Conrad, Joseph 16
Cook, James 21, 50
Cooktown 21

Dampfwinden 17
Darwin, Charles 172, 214
Darwinfinken 172 ff.
Defoe, Daniel 212

Deiche 36
Dekompression 48
Delfin 85 ff.
Delfinus (Sternbild) 87
Delphi 87
Diekmann, Gerhard 53
Dornhai 60
Drachenfisch 130
Drake, Francis 183
Dreyfus, Alfred 213
Dünung 24

Echobank 67
Edda 206
Eendracht 183
Eichler, Horst 11
Einhorn der Meere 102
Einschlüsse (Bernstein) 154
Eisabbrüche 23
Eisbär 133 ff.
Eismeer 50 ff.
El Niño 170
Elisabeth I. 183
Embryo 44
Enki 204
Enlil 204
Epizentrum 27
Erdalter 10
Erdatmosphäre 10
Erdbeben von Lissabon 27
Erdkruste 12
Erdmann, Arnaz 68
Erdmann, Mark 68
Erdstoß (untermeerisch) 26
Eridanos 153
Erikens, Edvard 182
Escher, Reinhold 136

Fächerfisch 41
Falsterbo 145
Fasten 138
Fehmarnbelt 145

Stichwortverzeichnis

Feinschmecker 123
Feldnetz der Erde 67
Felsenpinguin 137
Fetzenfisch 74
Filtrierer 121
Flachmeer 22
Flaute 18
Fliegende Fische 70ff.
Fliehkraft 31
Flutwelle 31
Fock 16
Fokke, Bernard 180
Forelle 38
Forster, Georg 50
Fränkische Alb 22
Fregattvogel 72
Freya 151
Fricke, Hans 67, 68
Friesenlied 24
Friesenhäuptlinge 34
Frostschutz 52
Fünfmast-Vollschiff 191

Gaia 87
Galapagospinguin 136
Gama, Vasco da 15
Gammelfischerei 114
Ganzkörper-Antrieb 41
Gättke, Walter 181
Gauguin, Paul 211
Gebirge (erdgeschichtlich) 11
Geisterschiff(e) 180
Genesis 94
Genua 16
Geographische Breite 209
Gezeiten 33
Gilgamesch-Epos 204
Glasaale 67
Gleichgewicht (physikalisches) 23
Gleitflug (Fliegende Fische) 72
Gliederwürmer 120
Glykose 52
Gnomon 210

Gogh-Insel 140
Gold 148ff.
Goldrausch 186, 189
Golfstrom 66
Goethe, Johann Wolfgang von 200
Grohden 34
Groß, Michael 138
Große Flut 202
Große-Furz-Theorie 193
Großsegler 190
Grundströmung 184
Guano 190
Guter Wind 15

Haeckel, Ernst 44, 119
Hagenbecks Tierpark 106, 134
Haie 56ff.
Haiknorpel 61
Halley, Edmond 47
Hämoglobin 52
Hapelius 71
Hawkes, Graham 148
Heims, Paul Gerhard 179
Heine, Heinrich 25, 35, 178
Helbig, Andreas 144
Heliaden 151
Hering 159ff.
Hero und Leander 40
Hesselius, Petrus 71
Heyerdahl, Thor 72
Hiddensee 144
Hissmann, Karen 69
Hooke, Robert 197
Hoorn 183
Hornhecht 71
Hudson Bay 135
Hudson-Tunnel 49
Humboldt, Alexander von 199
Hummer 164

Indischer Ozean 11
Inkas 204

Innana 204
Island 214

Jadebusen 33, 36
Jakobsmuschel 42, 122
Jarvis, J. B. C. 190
Jezerkas, Leonas 143
Jona u. d. Wal 94f
Jörmungand 81
Jupiter 153

Kaiserpinguin 138
Kalifornien 186
Kalk 120
Kalkalpen 201
Kalkschale 120
Kampfschwimmer 46
Kap der guten Hoffnung 15
Kap Horn 183ff.
Kapverdische Inseln 148
Kardanische Aufhängung 210
Karibik (Schatzsuche) 150
Katamaran 17
Kaut, Elis 178
Kaventsmänner 184
Kieler Woche 190
Kiemenspalten 44
Kieselalgen 30, 53
Killerqualle, Philippinische 117
Killerwal 99f.
Klabautermann 178f.
Kleines Herings-Einmaleins 157
Klimawandel und Vogelzugverhalten 145
Klippen 19 ff.
Klipper 186
Knochenfische 41
Knorpelfische 41
Kommandos 18
Komoren 68
Kompass (Vorläufer) 207

Stichwortverzeichnis

Kondensation 10
Koop, Bernd 145
Kopffüßer 126f., 132
Korngröße 29
Korsett 95
Krabben 36
Krabbenkutter 36
Krakatau 27
Krake 124ff.
Kranich 144
Krannig, Simon 24
Kreuzen 184
Krill 53
Kurische Nehrung 143
Kurkow, Andrej 136
Kurzwellenlicht 130

Laeisz-Reederei 191
Laichplatz (Aal) 67
Landbrücke 137
Langstreckenzieher 143
Lateinersegel 16
Lauerjäger 130
Laufendes Gut 17
Le Maire, Isaac 183
Lebendes Fossil 68
Lebensschiff 21
Leck 21

Leclerce, Georges-Louis 199
Lee 18
Leitlinien-Wirkung 142
Lethbridge, John 47
Leuchtbakterien 129
Lichtsignale (Tiefsee) 129
Linné, Carl von 121
Luciferin 129
Luv 18

Magellanstraße 183
Magma 13
Magnetometer 148
Makrelenhecht 71
Mannstränken 33
Marianengraben 129
Mast 17
Maury, Matthew Fontaine 187
McKay, Donald 186
Meereis 51
Meeresalgen 53
Meeresboden 12
Meeresentstehung 10
Meeresspiegel (erdgeschichtlich) 22
Meerjungfrau 182
Meerschwein 89f.
Meiners, Wolfgang 35
Melusine 182

Melville, Hermann 43, 70
Meteorit 28
Mineralien 13
Minoer 206
Moby Dick 96, 97f.
Mönchsrobbe 110f.,
Mond 31
Mondeinfluss 37
Monsterseen 184
Monsterwellen 25
Moor 33f.
Müller, Wilhelm 206
Müller-Gähler, Martha 24
Mururoa 214
Muschelgeld 121
Muschelhaufen (prähistorische) 123
Muscheln 120ff.

Napoléon Bonaparte 212f
Narwal 103
Nautik 148
Nautilus 42
Neptun 74, 198 ff.
Neptunist 196 ff.
Niedere Lebewesen 166
Niedrig-Energie-Jäger 69
Nippflut 31
Nix(e) / Nixen 182

Octopus giganteus 128
Odyssee 111f, 182
Off-shore-Windpark 145
Okeanos 198
Orca 99f
Ornithologie 142ff.
Osmotischer Schock 51
Ostsee 142, 151
Ostseegold (Bernstein) 154
Ovid 153
Ozeane 10ff.

Stichwortverzeichnis

Packeis 51
Panamakanal 189
Pangäa 22
Papillon 213
Paulus 20
Pazifischer Feuerring 26
Pazifischer Ozean 11
Pelikanaal 130
Phäaken 205
Phaeton 151, 153
Phönizier 15f.
Physiologus 110
Pilgermuschel 122
Pinguine 136ff.
P-Liner 191
Plinius d. Ältere 151
Plutonist 196 ff.
Pökeln 160
Polarmeer 52
Polarnacht 52
Polarstern (Forschungsschiff) 53
Portugiesische Galeere 118
Poseidon 73, 81, 198
Pottwal 97
Priele 33
Project Seahorse 79
Pumuckel 178f.

Quastenflosser 68f.

Rahsegel 14ff.
Reeper 17
Regen (erdgeschichtlich) 10
Reuse 166
Riemenfisch 83
Riesenhai 61f.
Riesenkalmar 124ff.
Riesenmaulhai 64f.
Rilke, Rainer Maria 25
Roaring forties 139
Robbensterben 113

Robinson Crusoe 212
Röhrennasen 141
Römer 120
Rosegger, Peter 203
Rossitten 143f.
Rote Koralle 168
Rubens, Peter Paul 40
Rückstoß-Prinzip 41, 42
Rügen 201
Rügen-Schwärmerei 25
Rungholt 32

Sachs, Hans 38
Salpeter 190
Salz 12
Salzfalle 12
Salzgehalt 12
Salzgewinnung 12
Salzlauge 51
Salztorf 34
Salzwiesen 34, 36
Samoa 212, 214
Sandwatt 29
Santorin 27, 205
Sargassomeer/Sargassosee 66f.
Satellitenüberwachung (Vogelzug) 144
Schallüberreichweiten 37
Schatzinsel 212
Schatzsuche 148ff.
Schauer, Jürgen 69
Schelf 22
Schiffsgeister 178
Schiffshalter 43
Schiller, Friedrich 45
Schillerlocken 61
Schimäre 182
Schlick 29
Schlickwatt 30
Schlüter, Andreas 152
Schmidt, Johannes 66
Schöpfungsgeschichte 196
Schouten, Willem Cornelisz 183

Schratsegel 15f.
Schreckens-Szenario 28
Schuppenhöcker 69
Schwäbische Alb 22
Schwämme (als Riffbildner) 22
Schwanzflosse 41
Schwarze Koralle 168
Schwarzer Raucher 13
Schwefelsäure 13
Schweinswal 89f.
Schwertfisch 41
Schwertwal 99f.
Schwimmblase 39
Schwimmen 38ff.
Schwimmstoß 42
Schwingungsdauer (Wellen) 23
Scott, Robert F. 51
Sedimentgestein 10
Seehexe 25
Seehundstaupe-Virus (pdv) 113
Seeleopard 137
Seenebel 37
Seewespe 117
Segel 14ff.
Segelflug 139
Seiler (Seilmacher) 17
Sextant (Vorläufer des) 14
Sexualität (Symbolik) 122
Shackleton, Ernest 51
Side-Scan-Sonargeräte 148
Siebe, August 48
Sintflut 202ff.
Sintflutmythen 203
Sirenen 110
Skorbut 19, 185
Sølver, Carl V. 209
Sonnenkompass 208
Sonnensystem 10
Spanische Armada 149
Spannungsbrüche 28
Springflut 31
Spurenelemente 13
Staatsquallen 42
Stahlrumpf 190
Stepping stones (Trittsteine) 69

Stichwortverzeichnis

Stevenson, Robert Louis 212
Stör 163f
Strand 123
Sturmfluten 31, 33
Sündflut 202ff.
Surfen (Wellenreiten) 26
Surrounded Islands 211

Tag-und-Nacht-Gleiche 210
Takelage 17
Taljen 17
Tarpun 39
Tauchen 45ff.
Taucheranzüge 48
Taucherkrankheit 49
Tauchfass 47
Tauchglocke 47
Taylor, Charles C. 192
Teufelsbraten 180
Teufelsinsel 213
Thienemann, Johannes 144
Thor 81
Tidenkalender 37
Tiefdruckwirbel 184
Tiefe 129
Tiefsee 129ff.
Tiefsee-Bewohner 129ff.
Tierquälerei (Hummer) 165
Torf 34
Treibhauseffekt 22
Trillerpfeife (Signalpfeife) 18
Trimaran 17
Trimmen 15
Tristan de Cunha 214
Trommeln (konische) 190
Tsunami 25f.
Tuchmacher 17
Tuvalu 214

Unterwasserflug 137
Unterwasser-Flusstäler 12

Unterwasser-Geysire 13
Unterwasser-Schlote 13
Untiefe 19
Urkontinent 22
Uunartoq-Fjord 208

Vebæk, C. L. 208
Verne, Jules 132
Vincent, Amanda 75f.
Vineta 49, 206
Vitaminmangel 19
Vogelzug 142ff.
Vogt, Burkhard 123
Voigt, Carl Wilhelm 199
Vorsegel 16

Wackenrode, Wilhelm Heinrich 25
Wagner, Joachim 129
Wagner, Richard 181
Wale 94 ff.
Walhai 63
Wallace, Alfred Russell 174
Walross 109f.
Walstrandungen (historische) 104f.

Wanderalbatros 139ff.
Wanten 17
Wasser des Chaos 204
Wasserdruck 131
Wassergöttinen 198
Wasserkreislauf 10
Wasserstrahltriebwerk 42
Wattenmeer 29
Weichstrahlenfische 130
Weiße Muskeln 41
Weißer Hai 57
Wellen 23ff.
Wellenkamm 28
Wellenreiten 26
Werner, Abraham Gottlob 198
Wetterstein 22
Wiese, Eigel 185
Wikinger 15, 207ff.
Winde 17, 190
Windhose 17
Windjammer 190
Wir lagen vor Madagaskar 19
Wolken 10

Zoo Berlin 133f.

Quellenverzeichnis

Die Zeichnungen und Grafiken wurden (sofern nicht im Bildnachweis aufgeführt) folgenden Werken entnommen:

BILDER-CONVERSATIONS-LEXIKON für das deutsche Volk (1837-1841): In vier Bänden. F.A. Brockhaus, Leipzig. Seite 17, 47, 127, 182

BREHMS TIERLEBEN (1915). Seite 92

BREHMS TIERLEBEN (1898). Seite 114

DAS NEUE UNIVERSUM (o.J.). Ein Jahrbuch für Haus und Familie, besonders für die reifere Jugend. Verlag von W. Spemann, Berlin und Stuttgart. Seite 14u, 24, 43, 48u, 189

DEUTSCHER BALLADENBORN (o.J.). Emil Herrmann senior, Leipzig. Seite 21, 35ol, 39o, 179u

HAPPELIUS, E.G. (1683/85): Größte Denkwürdigkeiten der Welt oder so genannte Relationes curiosae. Hamburg. Seite 71

HESSELIUS, P. (1675): Hertzfließende Betrachtungen von dem Elbe-Strom. Hamburg. Seite 105

HARPER'S BAZAAR. 21. Oktober 1882. Seite 95u

LIECKFELD, CLAUS-PETER (2002): Der Sonnenkompass. In: mare No. 30, Februar/März 2002, S. 34–35, Dreiviertel Verlag, Hamburg. Seite 210

VERNE, JULES (1968): 20000 Meilen unter den Meeren. Fischer Taschenbuch Verlag, Frankfurt am Main. Seite 57, 121r, 125, 132

Autoren und Verlag danken den Inhabern der Rechte für die Genehmigung zum Abdruck der Abbildungen und Texte. Trotz aller Bemühungen waren für einige Abbildungen die Rechteinhaber nicht zu ermitteln. Sie werden gebeten, sich an den Verlag zu wenden.

Autorenporträt

Claus-Peter Lieckfeld, Jahrgang 1948, geriet als Redakteur für Horst Sterns natur auf die Tier- und Pflanzenschiene. Seither schreibt er für GEO, mare, Merian, DIE ZEIT und andere über die belebte Umwelt. Von ihm erschienen diverse Bücher; im BLV-Verlag: »Mythos Pferd« und »Mythos Vogel« (beide in Zusammenarbeit mit Veronika Straaß). Lieckfeld verfasste die historischen Romane (Wikingerzeit): »Das Buch Haithabu« und »Das Buch Glendalough«. Seine Porträts »Rinaldo ist ein Esel« loten aus, wie weit man Tiere von innen schildern kann.

Monika Rößiger, Biologin und Wissenschaftsjournalistin in Hamburg, entdeckte die Anziehungskraft des Meeres schon in ihrer Kindheit an Nord- und Ostsee. Zum Tauchen bevorzugt sie allerdings die farbenprächtigen Korallenriffe der Tropen. Sie schrieb das Jugendsachbuch »Das Gehirn« (in der Reihe WAS IST WAS), ist Mitautorin beim »Weltatlas der Ozeane« sowie bei »Expeditionen ins Tierreich« und übersetzte das Buch »Sanfte Riesen – Über das rätselhafte Sterben der Meeresschildkröten«. Zwei Jahre arbeitete sie als Wissenschaftsredakteurin bei mare.

Bildnachweis

Adam: 79o
AKG: 11, 14o, 15, 20, 27, 40, 45, 46, 81, 82u, 86, 95o, 96, 103, 111, 117o, 122, 124, 152, 153, 161, 169u, 174, 176/177, 178, 180, 183, 184o, 197o, 199, 200o, 202, 203, 204, 207, 208, 209, 193, 211u, 212, 213, Nachs.,
Anders: 48ol, 48or
Archiv »Der einsame Schütze«: 82o
Arqueonautas/Mensun Bound: 148
Arqueonautas: 149o
Arqueonautas/CRM-Praia: 149u
Arqueonautas/Alejandro Mirabal Jorge: 150
Artothek: 25
Astrofoto: 8/9, 10, 28, 196
Bittmann: 72, 173u
Dehnhardt: 108
Dienstleistungsgesellschaft für Schifffahrts- und Marinegeschichte: 186, 185o
Edition Utkiek: 18u
Edmaier: 192, 201
Eichler: 64, 84, 167, 171o, 171u
Ernst Haeckel Haus Jena: 119
Haegele: 73o
Hartmann/Diaverleih Sachs: 151
R. Haymon (UCSB) and Alvin photo archives (Woods Hole Oceanographic Inst.): 13
Hebbinghaus: 76, 116, 170
Hecker: 35or, 66, 143, 159, 162
Heeger: 117u
Höck: 22u
Innerspace Visions/Doc White: 70
IPTS-Landesbildstelle Schleswig-Holstein: 32
Kämmerer: 44
Kiefner/Maywald: 61o
Kögel: 38, 87, 205
König: 2/3, 61u, 74u, 146/147, 165, 168

Lieckfeld: 74o
Justin Marshall/ Image Quest Marine: 129, 130
Maywald: 1, 6/7, 52, 54/55, 88, 90, 97, 107, 109u, 115, 142, 200u
MM Merchand.*: 179o
Olschewski: 195
D. Parer & E. Parer-Cook/ardea.com: 102
Peters: 53
Pott: Vors., 12, 19, 22o, 85o, 98, 109o, 135, 145, 172, 187, 197u
Privatbesitz: 166
Quedens: 23, 31u, 34o
Reinhard: 39u, 50, 85u, 94, 106, 120, 123, 133, 138, 139, 140u, 141, 155, 184u
Rößiger: 18o, 42, 59, 80, 89, 156, 157, 158, 169o, 211o, 214
Sauer/Hecker: 30o, 30u, 31o, 41, 75o, 100, 118, 121l, 154, 173o
Schauer: 68, 69
Sharkproject/Franz Hajek: 56
Sharkproject/Harald Bänsch: 57o
Soury: 99
Stiftung Rickmer Rickmers: 140o
The Rolex Awards for Enterprise/ Tomas Bertelsen: 73u
The Rolex Awards for Enterprise/M. Pitts: 75u
The Rolex Awards for Enterprise/ T. Bertelsen: 77, 79u
Vilcinskas: 60, 67
Watterson: 65
Wernicke: 29, 34u, 35u, 37
Wiese: 185u, 188 , 191
Wothe: 113, 136

* Mit freundlicher Genehmigung der MM MerchandisingMedia GmbH
www.merchandisingmedia.com
Pumuckl-Figur: Brian Bagnall, Barbara von Johnson (Originalentwurf), MM MerchandisingMedia GmbH

Grafik Seite 126: Marlene Passet
Grafiken Seite 175: Barbara von Damnitz
Karte Seite 193: Computergrafik Jörg Mair

Vorsatz (vorn): Rippelmarken im Wattenmeer
Nachsatz (hinten): Weltkarte aus: P. Apian und G. Frisius, Cosmographia sive Descripto Universi Orbis, Antwerpen 1584
Foto S. 1: Großer Tümmler
Foto S. 2/3: Bucht von Fort Dauphin auf Madagaskar
Foto S. 6/7: Pazifikküste bei Monterey/Kalifornien
Foto S. 8/9: Erde vor Milchstraße (Montage)
Foto S. 54/55: Galapagos-Seelöwen
Foto S. 147/148: Krabbenkutter im Wattenmeer
Gemälde S. 176/177: »Schiffe in Seenot an der Küste« von Jan Peeters (1624-1677)

Der Verlag bedankt sich für die Bereitstellung der Fotos im Kapitel »Gold«, Seite 148–150, bei

Arqueonautas Worldwide – Arqueologia Subaquatica S.A.,
Website: ww.arq.de,
E-Mail: info@arq.de,
Tel.: +351.21.4663040 und
Fax: +351.21.4662769

IMPRESSUM

Bibliographische Information
Der Deutschen Bibliothek

Die Deutsche Bibliothek verzeichnet diese Publikation in der Deutschen Nationalbibliografie; detaillierte bibliografische Daten sind im Internet über http://dnb.ddb.de abrufbar.

BLV Verlagsgesellschaft mbH
München Wien Zürich
80797 München

© 2004 BLV Verlagsgesellschaft mbH, München

Das Werk einschließlich aller seiner Teile ist urheberrechtlich geschützt. Jede Verwertung außerhalb der engen Grenzen des Urheberrechtsgesetzes ist ohne Zustimmung des Verlags unzulässig und strafbar. Das gilt insbesondere für Vervielfältigungen, Übersetzungen, Mikroverfilmungen und die Einspeicherung und Verarbeitung in elektronischen Systemen.

Umschlaggestaltung: Anja Masuch, Puchheim bei München

Umschlagfotos: Natural History Museum Picture Library, London (vorne: Walfang), Eckart Pott (vorn: Brandung, Seepferdchen), AKG, Berlin (hinten: Meeresungeheuer), Dienstleistungsgesellschaft für Schifffahrts- und Marinegeschichte, Hamburg (hinten: Klipper), Hans Reinhard (hinten: Großer Tümmler)

Lektorat: Dr. Friedrich Kögel
Herstellung: Hermann Maxant

Satz: Uhl & Massopust, Aalen

Gedruckt auf chlorfrei gebleichtem Papier

Printed and bound in Germany · ISBN 3-405-16610-1

Die Geheimnisse der Natur entdecken

Claus-Peter Lieckfeld/
Veronika Straaß
Mythos Vogel
Der Vogel in der Natur- und Kulturgeschichte, in Wissenschaft, Mythologie und Brauchtum; Porträts von 40 in diesem Zusammenhang wichtigen Arten – von Adler, Storch und Lerche bis Rabe, Taube und Eule.

Gertrud Scherf
Zauberpflanzen – Hexenkräuter
Die Kulturgeschichte der Zauberpflanzen: Mythos, Magie, Brauchtum; 70 Pflanzen im Porträt mit Biologie, Geschichte, Bedeutung, Verwendung als Heilpflanze.

Doris Laudert
Mythos Baum
Die wichtigsten mitteleuropäischen und mediterranen Gehölzarten in ausführlichen Porträts sowie die Kulturgeschichte der Bäume mit vielen Abbildungen und Details: der Baum in Geschichte, Mythologie, Religion, Brauchtum usw.

Stefan Kühn/Bernd Ullrich/
Uwe Kühn
Deutschlands alte Bäume
Begegnungen mit faszinierenden Persönlichkeiten: 150 alte Bäume in ausdrucksstarken Fotos, die speziell für diesen Bildband entstanden; zu jedem Baum: Biographie mit historischen und aktuellen Fakten, Sagen und Mythen; Übersichtskarte mit Standorten und Wegbeschreibungen.

Veronika Straaß/
Claus-Peter Lieckfeld
Mythos Pferd
Für alle, die Pferde lieben und sich für Kulturgeschichte interessieren: das Pferd in der Geschichte, in Kunst und Literatur, in Mythologie und Religion, in Kino, Werbung und vieles mehr; Geschichten von berühmten Pferden und deren Menschen.

Gertrud Scherf
Pflanzengeheimnisse aus alter Zeit
Von Lilie, Hanf und Feigenbaum – alte Pflanzen neu entdeckt: überliefertes Wissen aus historischen Kloster-, Bauern-, Burg- und Schlossgärten; Kulturgeschichte, Mythologie, Brauchtum, rund 100 Pflanzen im Porträt.

Im BLV Verlag finden Sie Bücher zu den Themen: Garten und Zimmerpflanzen • Natur • Heimtiere • Jagd und Angeln • Pferde und Reiten • Sport und Fitness • Wandern und Alpinismus • Essen und Trinken

Ausführliche Informationen erhalten Sie bei:

BLV Verlagsgesellschaft mbH
Postfach 40 03 20 • 80703 München
Tel. 089/127 05-0 • Fax -543 • http://www.blv.de